"十三五"江苏省高等学校重点教材(编号:2017-2-091)

过程流体机械

主　编　高光藩　庞明军
副主编　彭　剑　邱水才

科学出版社

北　京

内 容 简 介

本书是江苏省高等学校重点教材，介绍了过程工业中常用的流体机械，内容包括：过程流体机械的用途、分类及发展趋势，往复活塞式压缩机，其他容积式压缩机，离心泵，其他泵，离心式压缩机，离心机，高速回转件的强度以及高速转轴的临界转速。侧重于介绍流体机械的工作原理，涉及流体力学、热力学和动力学理论以及基本结构和典型实例等，并对重要知识点配有导学视频，读者可随时在线学习。

本书可作为过程装备与控制工程专业以及流体机械相关专业的本科教材，也可供涉及流体机械技术学习、研究、制造和应用等方面的工程技术人员参考。

图书在版编目（CIP）数据

过程流体机械/高光藩，庞明军主编. —北京：科学出版社，2018.9

"十三五"江苏省高等学校重点教材

ISBN 978-7-03-059302-3

Ⅰ. ①过… Ⅱ. ①高…②庞… Ⅲ. ①化工过程–流体机械–高等学校–教材 Ⅳ. ①TQ021.5

中国版本图书馆 CIP 数据核字（2018）第 251042 号

责任编辑：李洁汁 曾佳佳/责任校对：彭 涛
责任印制：张 伟/封面设计：许 瑞

科学出版社出版

北京东黄城根北街 16 号
邮政编码：100717
http://www.sciencep.com

中煤（北京）印务有限公司印刷
科学出版社发行 各地新华书店经销

*

2018 年 9 月第 一 版 开本：787×1092 1/16
2025 年 1 月第五次印刷 印张：18 1/2
字数：438 000

定价：**79.00 元**

（如有印装质量问题，我社负责调换）

前　言

现代国民经济的支柱及重要产业中，不少与气体、液体等流程性物料密切相关，如石油和天然气、管道运输、医药、食品、化学、化纤、水利、电力、环保、热力、冶金等。当走进相关企业，可发现纵横交错的管道将各种类型的单元设备连接在一起，按照设定的工艺流程，不同压力及温度的气体和液体等流程性物料在管道及设备的内部有序地发生流动，给这些流体提供动力的机器即为"过程流体机械"。

过程流体机械种类繁多，就每一种机器而言，涉及原理、结构、流体理论、强度、材料、设计、工况调节、故障分析、运行维护等多方面的知识。本书系统地介绍了过程工业中常用的流体机械，内容主要包括：过程流体机械的用途、分类及发展趋势，往复活塞式压缩机，其他容积式压缩机，离心泵，其他泵，离心式压缩机，离心机等，以及和高速旋转机械密切相关的高速回转件的强度和高速转轴的临界转速。

本书凝聚了编者所在过程流体机械课程团队的多年教学和实践经验，以及历届学生对教材使用的反馈情况，吸取已有兄弟院校教材的长处，在体现知识体系完整性的同时，突出如下特色：

(1)加强基础知识，重点阐明基本结构、基本理论、基本概念与基本计算方法。

(2)偏重于三种代表性机器：活塞式压缩机(容积式气体压缩设备)、离心式压缩机(动力式气体压缩设备)、离心泵(动力式液体输送设备)，兼顾其他类型机器，同时介绍现代过程流体机械的发展状况及趋势。

(3)重要的知识点录制了微视频，在教材中嵌入微视频二维码链接，以强化重点与难点，提升教材的整体质量。

(4)附有汉英过程流体机械主要技术词汇，便于检索国外相关技术文献。

本书第1~3章及附录由高光藩编写，其中1.6节由高光藩、庞明军、彭剑共同编写；第4、5章由庞明军编写；第6章由邱水才、张玲艳编写；第7、9章由彭剑编写；第8章由高光藩、彭剑编写。全书由高光藩统稿。

本书承蒙常州大学裴峻峰教授主审，提出了许多宝贵的修改意见，谨此致以诚挚的谢忱。同时感谢研究生费洋、陆敏杰、谢程程、牛瑞鹏和李凯尚等在图表编辑过程中给予的帮助。

本书为江苏高校品牌专业建设工程资助项目(项目号 PPZY2015B124)，在此表示感谢。

由于编者水平有限，书中疏漏及不妥之处在所难免，恳请读者批评指正。

编　者

2018 年 6 月

目　　录

第1章 绪 论

1.1 过程流体机械的作用

1.1.1 过程工业概述

过程工业是现代国民经济支柱产业之一，过程工业是指以流程性物料为主要生产对象，完成各种生产过程的工业。流程性物料一般是液体、气体或粉体。过程工业涉及石油化工、化学化工、冶金、矿业、轻工、机械、建筑、医药、电力、交通运输、食品、水利、农业、环保、航空航天、国防等行业。

过程工业生产在"软件"上是通过工艺过程实现的，在"硬件"上是通过成套过程装置实现的。

1.1.2 过程设备与过程流体机械

成套过程装置是由一系列的单元过程设备(静设备)和过程流体机械(动设备)，按照一定的流程方式用管道、阀门等连接起来的，再配以必要的控制仪器仪表，使流程性材料在装置内部经历必要的物理和化学过程，制造出所需产品。

单元过程设备主要包括储存设备、换热设备、反应设备、塔设备等静设备。过程流体机械主要包括泵(液体工作介质)、压缩机(气体工作介质)、离心机(气、液、固混合工作介质)等动设备。

过程流体机械指的是以流体为基本工作介质进行能量转换、处理、增压与输送的机械。过程流体机械应用场合多，发挥不同的作用，三个基本功用是：①给流体增压，或者为流体输送；②参与生产环节，满足生产工艺的需要；③提供动力气源或进行环境通风等。

如同人体的心脏与肺一样，过程流体机械是过程工业的动力和核心设备。其能量消耗约占总能量生产的 1/3。相对于静设备，过程流体机械具有一定的复杂性，原因在于高速运动件的存在以及流体与固体的相互作用。

1.2 过程流体机械的分类

1.2.1 按能量转换分类

按照能量转换方式的不同，过程流体机械分为原动机和工作机。原动机是将流体的能量转换为机械能，用来输出轴功率。汽轮机、水轮机、燃气轮机就属于原动机。工作机是将机械能转变为流体的能量，用来改变流体的状态与输送流体。像活塞式压缩机、离心泵、往复泵等属于工作机。原动机与工作机的理论基础、作用原理以及结构形式相似。但是所进行的过程相反，所起的作用也相反，就像内燃机与活塞压缩机一样。本课程的内容只关注工作机。

1.2.2　按流体形态分类

按照流体介质的不同，过程流体机械分为压缩机、泵、分离机等。压缩机是将机械能转变为气体的能量，用来给气体增压或输送气体的机械。压缩机内的流体介质是气体，根据排气压力(表压)大小，又可细分为压缩机(排气压力≥0.2 MPa)、鼓风机(排气压力为0.015～0.2 MPa)、通风机(排气压力<0.015 MPa)。泵内的流体介质是液体，泵是将机械能转变为液体的能量，用来给液体增压或输送液体的机械。分离机是用机械能将混合介质分离开来的机械，有多种结构形式。

1.2.3　按结构特征分类

按照工作原理及结构特征的不同，过程流体机械主要有动力式和容积式两大类，不属于上述两类机型的所占比例较小，归为其他形式(表1.1)。

表1.1　过程流体机械按照结构特征的分类

分类		工作机示例	原动机示例	特点
动力式	叶片式	离心(泵、压缩机、风机)、轴流(泵、压缩机)、混流泵、旋涡泵、液环真空泵、水轮泵	汽轮机、燃气轮机、烟气轮机、风力机、透平膨胀机、水轮机、叶片式液压马达	压力与流量关系密切 性能与介质关系密切
	流体作用式	喷射器、射流泵	喷气发动机、喷水推进器、柱塞式液压马达、气波制冷机	热效率较低 结构相对简单
容积式	往复式	活塞压缩机、隔膜压缩机、活塞泵、柱塞泵、隔膜泵	柴油发动机、汽油发动机	压力与流量关系弱 性能与介质关系弱
	回转式	齿轮泵、螺杆(泵、压缩机)、罗茨(泵、鼓风机)、滑片压缩机	齿轮马达、螺杆马达	热效率较高 结构较复杂
其他形式		水锤泵、电磁泵、酸蛋泵		

动力式流体机械细分为叶片式和流体作用式。叶片式顾名思义以叶片为核心元件，有许多种具体的形式，如离心泵、旋涡泵、离心式压缩机、轴流压缩机等，在流体机械中占有重要的地位。流体作用式没有叶轮那样的做功元件，采用的是流体动力学原理，如蒸汽喷射器、水力射流泵等。

容积式流体机械的结构特征是可形成封闭的空间，其容积可以变化。具体有往复式和回转式两类。往复式的代表形式有活塞泵、活塞压缩机等，回转式的代表形式有齿轮泵、螺杆压缩机等。

1.3 气体性质与热力过程

1.3.1 气体种类及状态方程

流体机械内部被压缩与输送的介质主要是液体和气体。要学好过程流体机械,必须熟悉流体的行为。液体几乎不可压缩(压力不是很高时),研究起来相对简单。气体是可压缩介质,压强、比容、温度等可能随时变化,研究起来相对复杂,因此必须对气体有基本的认识。

1. 气体分类

《瓶装气体分类》(GB/T 16163—2012)将气体分为以下四类:

(1)压缩气体(亦称永久气体)。临界温度≤−50℃的气体,如空气、氩、氧、氢、一氧化氮、一氧化碳、甲烷等。

(2)高压液化气体。−50℃<临界温度≤65℃的气体,如二氧化碳、氯化氢、六氟化硫、乙烷、乙烯等。

(3)低压液化气体。临界温度>65℃的气体,如氯、二氧化硫、氨、硫化氢、丙烷、丙烯、液化石油气等。

(4)溶解气体。如乙炔。

2. 理想气体与实际气体

(1)理想气体。现实中并没有理想气体,是为了简化问题分析而假定的气体。假设分子是不占有体积的弹性质点;分子之间没有作用力;分子碰撞完全弹性,无动能损失。这样,状态参数的关系可用简单的表达式描述。

实际气体压力$p→0$,比容$v→∞$,温度T不太低时,即处于远离液态的稀薄状态时,可认为接近于理想气体。一些气体,在一定条件下,产生误差不大时可近似按理想气体处理。

(2)实际气体。实际气体分子间有复杂的作用力,分子本身占有体积。分子间的作用力有范德瓦耳斯力、氢键、相斥力、偏心力等。热力性质复杂,状态参数的关系描述不再简单,工程计算中经常用图表来表示。

3. 气体的状态方程

1)理想气体状态方程

理想气体在任一平衡状态时p、v、T之间关系的方程式即理想气体状态方程式,或称克拉佩龙(Clapeyron)方程。

$$pv = RT \tag{1.1}$$

式中,R为气体常数,单位为J/(kg·K),其数值取决于气体的种类,与气体状态无关,如干空气,287 J/(kg·K);压强p的国际标准单位是Pa,即N/m²;比容v的单位是m³/kg;

热力学温度 T 的单位是 K。

克拉佩龙方程可看作是描述 1kg 气体的状态方程。如果是 m kg，气体的状态方程可表达为

$$pV = mRT \tag{1.2}$$

式中，V 表示气体的体积，单位是 m^3。

对于 1kmol 气体，气体的状态方程可表达为

$$pV_M = MRT = R_M T \tag{1.3}$$

式中，V_M 为千摩尔体积，单位是 $m^3/kmol$；M 是摩尔质量，单位为 g/mol，即 kg/kmol；$MR=R_M$，$R_M=8314\ J/(kmol\cdot K)$，$R_M$ 被称为通用气体常数（也叫摩尔气体常数），由阿伏伽德罗（Avogadro）定律可知，在同温、同压下不同气体的摩尔体积是相同的，因此通用气体常数不仅与气体状态无关，与气体的种类也无关。

如果是 n kmol，气体的状态方程可表达为

$$pV = nR_M T \tag{1.4}$$

2）实际气体状态方程

实际气体状态方程要比理想气体复杂，有许多不同的表述方法。下面介绍最典型的两种方法。

一种方法是对理想气体的两个基本假定（分子不占有体积、除碰撞外分子间没有相互作用力）进行修正，如范德瓦耳斯（van der Waals）方程，引入物性常数 a、b，分别修正压力项与体积项。

$$\left(p + \frac{a}{V_M^2}\right)(V_M - b) = R_M T \tag{1.5}$$

另外一种方法是采用总修正系数修正理想气体状态方程，这种方法压缩机较多采用。

$$pv = ZRT \tag{1.6}$$

式中，Z 称为气体压缩因子（compressibility factor），也叫做气体压缩性系数。

气体压缩因子 Z 基于对比参数通过通用气体压缩因子图（图 1.1）查取。通用气体压缩因子图的横坐标是对比压力 p_r，即压力与临界压力的比值；不同的对比温度 T_r 用曲线簇表示，对比温度是温度与临界温度的比值。对比压力 p_r 与对比温度 T_r 的交点所落纵坐标即为压缩因子 Z。

1.3.2 气体热力过程

依次了解理想气体的四个基本热力过程：等容过程、等压过程、等温过程和等熵过程以及工程中较多出现的多变过程。

（1）等容过程。等容过程即比容不变，过程方程式：

$$v = const$$

由状态方程可导出状态参数关系式：

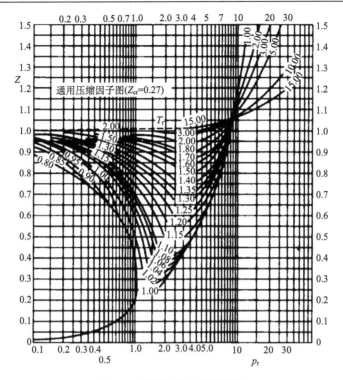

图 1.1　通用气体压缩因子图

$$v_1 = v_2 \; ; \quad \frac{T_2}{T_1} = \frac{p_2}{p_1}$$

(2) 等压过程。等压过程即压力不变，过程方程式：

$$p = \text{const}$$

由状态方程可导出状态参数关系式：

$$p_1 = p_2 \; ; \quad \frac{T_2}{T_1} = \frac{v_2}{v_1}$$

(3) 等温过程。等温过程即温度不变，也即 pv 值恒定，过程方程式：

$$T = \text{const} \; ; \quad pv = \text{const}$$

由状态方程可导出状态参数关系式：

$$T_1 = T_2 \; ; \quad \frac{p_2}{p_1} = \frac{v_1}{v_2}$$

(4) 等熵过程。等熵过程即可逆绝热过程，过程方程式：

$$pv^k = \text{const}$$

由状态方程可导出状态参数关系式：

$$\frac{p_2}{p_1} = \left(\frac{v_1}{v_2} \right)^k \; ; \quad \frac{T_2}{T_1} = \left(\frac{p_2}{p_1} \right)^{\frac{k-1}{k}} \; ; \quad \frac{T_2}{T_1} = \left(\frac{v_1}{v_2} \right)^{k-1}$$

式中，k 为等熵指数，对于理想气体，$k = c_p/c_V$。

（5）多变过程。多变过程与可逆绝热过程的过程方程式相似，只是指数值不同。多变过程的指数值是 m，过程方程式：

$$pv^m = \mathrm{const}$$

状态参数关系式与等熵过程类似：

$$\frac{p_2}{p_1} = \left(\frac{v_1}{v_2}\right)^m; \quad \frac{T_2}{T_1} = \left(\frac{p_2}{p_1}\right)^{\frac{m-1}{m}}; \quad \frac{T_2}{T_1} = \left(\frac{v_1}{v_2}\right)^{m-1}$$

多变过程方程式可以看作热力过程的通式，当 $m=0$，相当于等压过程；当 $m=1$，相当于等温过程；当 $m=k$，相当于等熵过程；当 $m=\pm\infty$，相当于等容过程。

将各种热力过程的过程线合并表达在一起（图 1.2），可以看出不同热力过程的区别。压缩机应用中，多变指数 m 一般介于 1 和等熵指数 k 之间。冷却效果越好，离等温过程越近；冷却效果差，热量来不及转移，就越靠近绝热过程。

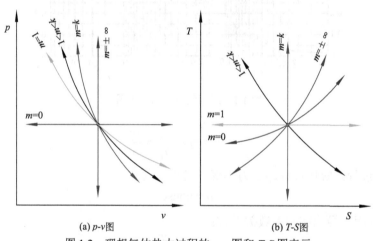

(a) p-v 图　　　　　　　　　　　　(b) T-S 图

图 1.2　理想气体热力过程的 p-v 图和 T-S 图表示

1.3.3　气体的物化性质及流动性质

1. 气体的物化性质

气体的其他物理性质有黏度、热导率、溶解度等。气体的化学性质主要有可燃性、爆炸性、热稳定性、腐蚀性、毒性以及对环境的污染与破坏性等。

1）黏度

黏度分为绝对黏度和相对黏度两大类。绝对黏度分为动力黏度和运动黏度两种。动力黏度定义为流体中任意点上单位面积的切应力与速度梯度的比值，常用 μ 表示，单位是 Pa·s。动力黏度与介质密度的比值为运动黏度，即 $\mu/\rho = \upsilon$，运动黏度的单位是 m²/s。

2）热导率

热导率是物质导热能力的量度，其定义为单位温度梯度在单位时间内经单位导热面所传递的热量。热导率的单位是 W/(m·K)。热导率与物质种类、温度及压力（高压时影响较大)等有关。

3)溶解度

气体的溶解度通常指的是该气体 1 标准大气压时在一定温度下溶解在单位体积溶剂里的体积数。压缩机应用中主要关注气体工质在水和润滑油中的溶解度。

4)闪点

闪点是指可燃性液体在规定结构的容器中加热挥发出可燃气体,与液面附近的空气混合,达到一定浓度时可被外部火源点燃时的最低温度(压力为 101.3 kPa)。闪点是可燃性液体储存、运输和使用的一个安全指标,同时也是可燃性液体的挥发性指标。

5)燃点

燃点是指将物质在空气中加热时,开始并继续燃烧的最低温度,火源移走后,仍能继续燃烧的最低温度,也叫着火点。

6)爆炸性

可燃性气体在空气中混合达到一定浓度范围(称为爆炸极限)时,遇到火源能瞬时闪火发生爆炸。在此浓度范围以下,即使遇到明火也不会爆炸,但在此浓度范围以上时,遇到火源能燃烧。气体的爆炸性常用爆炸极限来描述。

7)热稳定性

热稳定性主要指气体受热后自身起化学变化,会发生分解和爆炸。这些气体主要是一些不饱和的烃类,如乙烯、丙烯、乙炔、丙炔等。

8)腐蚀性

腐蚀可分为化学腐蚀和电化学腐蚀。化学腐蚀是指单纯由化学作用而引起的腐蚀,如干燥气体(氧、硫化氢、氯等)与金属接触,在金属表面生成相应的化合物(氧化物、硫化物、氯化物等)。电化学腐蚀是指当金属与电解质溶液接触时,由于电化学作用而引起的腐蚀,如潮湿空气对钢铁的腐蚀属于电化学腐蚀。

9)毒性

《职业性接触毒物危害程度分级》(GBZ 230—2010)以急性毒性、扩散性、蓄积性、致癌性、生殖毒性、致敏性、刺激与腐蚀性、实际危害后果与预后等指标为基础,将毒性分为轻微危害、轻度危害、中度危害、高度危害和极度危害五种危害程度。《压力容器中化学介质毒性危害和爆炸危险程度分类》(HG/T 20660—2017)可查出属于中度危害、高度危害和极度危害的具体介质。

10)对环境的影响

气体对环境的影响除了毒性、腐蚀性、可燃性、爆炸性等外,对于地球环境的影响,主要是温室效应以及对臭氧层的破坏。温室气体有二氧化碳、氨、甲烷、氧化亚氮、六氟化硫等,破坏臭氧层的气体如氟利昂、二氧化硫、一氧化氮等。

2. 气体的流动性质

1)雷诺数 Re

雷诺数是用以判别黏性流体(包括液体与气体)流动状态的一个无量纲参数,可判定流体状态是层流还是湍流(紊流),也可用来确定物体在流体中流动所受到的阻力。

$$Re = \frac{du\rho}{\mu} \tag{1.7}$$

式中，d 为特征尺寸；u、ρ、μ 分别为流体的流速、密度与动力黏度。

2) 马赫数 Ma

马赫数是流体力学中表征流体可压缩程度的一个重要的无量纲参数，定义为流场中某点的速度 u 同该点的当地声速 c 之比，即 $Ma = u/c$。按照马赫数的大小，气体流动可分为低速流动、亚声速流动、跨声速流动、超声速流动和高超声速流动等不同类型。当马赫数小于 0.3 时，气体的压缩性影响可以忽略不计。

3) 黏性流体与理想流体

自然界存在的各种流体都具有黏性，称为黏性流体。理想流体是假想不可压缩、无黏性的流体。理想流体在自然界中并不存在，是真实流体的一种近似模型。

4) 绝热节流

绝热节流是指气体在管道中流过突然缩小的流通截面，因气流速度极快，未来得及与外界发生热量交换的过程。绝热节流过程的焓值不变。流体通过缩孔时产生强烈涡流扰动和摩擦，节流过程是不可逆过程。

因理想气体的焓值是温度的单值函数，理想气体节流前后的温度不变。实际气体的焓值是温度和压力的函数，所以实际气体节流前后的温度通常会发生变化。

1.4　压缩机概述

1.4.1　压缩机的应用及分类

1. 压缩机的应用

压缩机是一种将吸入气体进行压缩以提高气体压力的流体机械。

我国早就采用的鼓风用木质风箱是活塞式压缩机的前身，1280 年《演禽斗数三世相书》和 1637 年《天工开物》中有明确记载。18 世纪末，第一台工业用往复活塞空气压缩机在英国问世。1900 年，第一台离心式压缩机在法国获得应用。之后，第一台多级轴流式压缩机(1934 年，瑞士)、螺杆压缩机样机(1937 年，瑞典)、高压离心式压缩机(1963 年，美国)陆续出现。到了现代，气动力学三元流动分析、先进制造技术、计算机软件、新材料、密封技术、控制理论等促进了压缩机的巨大进步。1949 年后，我国压缩机行业在最初仿制国外产品的基础上，通过消化吸收和技术创新，已形成较为完整的工业体系。

压缩机的用途十分广泛，涉及石油化工、化学化工、机械制造、空调制冷、能源动力、航空航天、交通运输、深海、国防乃至日常生活等诸多领域。这些应用大致归纳为如下几类。

1) 化工工艺用压缩机

满足化学等过程工艺对气体压力的需求。如氨合成工艺，氢气和氮气的合成压力需要达到 20.3 MPa(哈伯-博施法)、30.4 MPa(佛瑟法)、10.1～15.2 MPa(蒙特·赛尼斯-伍德法)等。其他如二氧化碳与氨生产尿素(15～21 MPa)、丙烯合成橡胶(2 MPa)、乙烯聚合生产塑料(150～350 MPa)等。在有气体工质参与生产物质的过程中,多数对操作压力提出具体的要求,需要通过压缩机来满足生产工艺参数的需要。

2)制冷和气体分离用压缩机

经过压缩的气体或混合气体通过节流膨胀或形成激波等可以实现冷热分离以达到降温的目的,如膨胀机、气波制冷机(也称热分离机)等。混合气体被压缩液化后利用不同组分蒸发温度的不同进行气体分离,如分离空气获得氧、氮等。

3)气体输送用压缩机

气体输送需要采用压缩机提高压力。管道输送需要足够的压力以克服一定直径管道的流动阻力,并实现需要的输送流率。如当前占据重要地位的天然气管道输送,管道全长可达数千千米,一般集气管道压力约在 10 MPa 以上,输气压力 7～8 MPa,需要依靠起点压气站和沿线压气站加压输送。气体的罐装和瓶装存储及输送也是一种重要的气体运输形式,为了提高装量,需要较高的充装压力。如车用天然气气瓶(20 MPa),氩气、氧气瓶(14～15 MPa)。

4)动力用压缩机

通常采用空气压缩机获得压缩空气,以驱动各种风动机械、吹扫或完成启动与关闭等控制,应用于许多行业,如风镐、砂轮机、气锤、铆枪、气钻、气动阀、搅拌、喷砂、清扫等,此外国防领域潜艇沉浮、鱼雷和导弹发射等均需要压缩空气。

2. 压缩机的分类

压缩机的种类和结构形式越来越多,下面介绍几种常用的分类方法。

1)按工作原理分类

按工作原理的不同,压缩机分为容积式和速度式(动力式)两大类(图 1.3)。容积式压

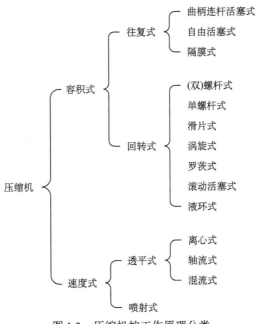

图 1.3 压缩机按工作原理分类

缩机的特征是可形成封闭工作腔，通过工作腔容积逐步缩小来提高气体的压力，容积式压缩机的理论基础是气体状态方程。速度式压缩机的特征是高速旋转的叶轮或者有高速的工作流体，通过叶轮或工作流体对气体做功来提高被压缩气体的压力能和动能。

2) 按排气压力分类

排气压力(表压)大于等于 0.2 MPa 才称之为压缩机，排气压力(表压)低于 0.2 MPa 时称为风机，如图 1.4 所示。

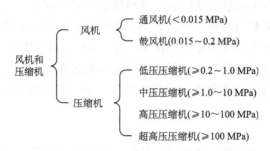

图 1.4　压缩机按排气压力大小分类

3) 按压缩级数分类

经过工作腔或叶轮完成气体压力提升的基本单元构成压缩机的一个基本压缩单元。一个基本压缩单元构成一级(一级不一定只有一个工作腔，如单级双缸活塞式压缩机，两个气缸的吸气与排气条件相同，共同构成一级)，根据气体被压缩过程经过的基本压缩单元数将压缩机分为单级、两级和多级压缩机(图 1.5)。

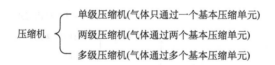

图 1.5　压缩机按压缩级数分类

4) 按功率分类

压缩机为主要的耗能机械，根据驱动功率的大小分为微型、小型、中型和大型压缩机，如图 1.6 所示。

图 1.6　压缩机按驱动功率大小分类

1.4.2　各种压缩机的特点

压缩机种类繁多,各种压缩机适用的流量范围和提压能力以及结构复杂性、性能可靠性、使用维护性等存在较大的区别。就每一种具体的压缩机形式,随着科学和技术的发展,其性能特点也发生着进步和完善。

一般说来,活塞式压缩机的排气压力最高,轴流式压缩机的排气量最大,离心式压缩机兼有排气压力高和排气量大的特点。常见几种压缩机的热力性能及其结构特点的比较见表 1.2。

表 1.2　几种压缩机性能及特点比较

项目	活塞式	离心式	轴流式	螺杆式
排气压力/MPa	一般 0.2~32,工业上可达 320,实验室可达 800	一般 0.2~15,可达 90	一般 0.2~0.8	一般 0.2~1.2,可达 4.5
排气量(N)/(m³/min)	一般 0.1~400,最小 0.01,最大 800	10~3000,可达 10 000	200~25 000	2~600,最大 1500
转速/(r/min)	大型 250~500,一般不超过 3000	2000~15 000,可达 25 000	2500~20 000	1500~3000
绝热效率	较高	一般	较高	一般
结构复杂性	复杂	简单	简单	较简单
排气压力稳定性	稳定	随流量变化	随流量变化	稳定
寿命	一般	长	长	较长
可靠性	一般	高	高	高
制造难度	一般	高	高	较高
安装维修	较复杂	较简单	较简单	较简单
气体带液适应性	差	不可	不可	强

1.4.3　压缩机的基本术语

1)大气压、绝对压力和表压力

包围着地球的厚厚空气构成了大气层,大气层对地球表面及各个方向所形成的压强称为大气压。直接作用于物体或容器表面的压强称为绝对压力,绝对压力以绝对真空作为起点。用压力表、真空表、U 形管压力计等测量的压力称为表压力,表压力以大气压为起点。气体性质、状态及热力分析采用绝对压力,结构承载能力(强度、刚度、稳定性等)分析采用表压力。

2)标准状态与基准状态

标准状态指温度 273.15 K(0℃)、压强 101.325 kPa 的状态。基准状态指温度 20℃、压强 101.325 kPa 的状态。基准状态的温度规定在国际上并不一致,美国、英国、加拿大、澳大利亚等国是 15℃,欧洲、日本为 0℃,我国有些领域也采用 0℃。

3）压力比

压力比也称压缩比，是过程中两个不同位置处气体绝对压力的比值。压缩机中常采用各级压力比和总压力比，总压力比的大小表示了压缩机的提压能力。

4）排气量

排气量指单位时间内压缩机末级排出气体的容积，折算到进口状态（压力、温度等条件）下的值，需要计入压缩过程中冷凝分离掉的液体或级间抽气或加气量，单位是 m^3/min 或 m^3/h。

5）供气量

供气量是用户要求的气量，是指单位时间内标准状态或基准状态下，压缩机能处理的有效气体成分的容积量或质量，单位是 m^3/h 或 kg/h。供气量不能直接用于压缩机的设计，需要换算成当时条件的排气量。

6）排气压力

排气压力是指压缩机末级排出气体的压力（排气法兰接管处）。排气压力的大小会受到排气管网的影响，在管网消耗气体量条件下获得平衡。压缩机铭牌上标注的排气压力为允许的最大压力，又称为额定压力。

7）排气温度

排气温度是指压缩机末级排出气体的温度（排气法兰接管处），受气体性质、压缩机结构、冷却效果等的影响，是需要加以限制的参数。排气温度过高，可能会明显影响被压缩气体性质，以及造成润滑油结焦积炭、腐蚀性加剧、密封变形等后果。

1.5　泵　概　述

1.5.1　泵的应用及分类

1. 泵的应用

泵是指把原动机的机械能转化为液体能量的流体机械，实现液体输送或增压的目的。

1689 年法国的 Papin 发明了离心泵，1754 年瑞士的 Euler 建立了离心泵的理论分析方法，1818 年美国开始了离心泵的批量生产，之后陆续出现多级离心泵（1851 年，英国）、高压离心泵（1904 年，德国）等产品。到了现代，随着先进制造技术、计算机技术、新材料等的迅猛发展，泵业生产获得了巨大进步。目前，各种类型泵产品的种类已超过 5000 种，除了离心泵，还有轴流泵、混流泵、旋涡泵、活塞泵、柱塞泵、隔膜泵、齿轮泵、螺杆泵、滑片泵、喷射泵、水锤泵、真空泵、磁力驱动泵、斜流泵等许多类型，性能指标获得不断提升。

现在，泵作为一种通用机械，广泛应用于多个行业领域。如传统的农田灌溉、水利工程，以及石油、化学、采矿、冶炼、电力、交通运输、航空航天、国防等工业。起初，泵主要用于清水的输送，现在可被泵送液体已覆盖至高温、低温、黏性、腐蚀性、易燃、易爆、多相等几乎所有的液体种类。

2. 泵的分类

泵的类型多样,根据工作原理可将泵分为三大类:叶片式泵、容积式泵和其他类型泵(图 1.7)。叶片式泵利用叶片和液体的相互作用将机械能传递给液体,如离心泵、轴流泵等。容积式泵运转中可形成封闭的工作腔,利用容积的周期变化将机械能传递给被压送的液体。容积式泵形成封闭容积的方式有两大类,分别是往复式的和回转式的,前者如活塞泵、隔膜泵等;后者如齿轮泵、螺杆泵等。既不属于叶片式也不属于容积式的划归其他类型泵,形式多样,其中以工作流体能量来输送液体为主要形式,如喷射泵、水锤泵、酸蛋泵;气泡泵是靠外部热能产生蒸气泡,通过气泡上升运动促使液体循环。

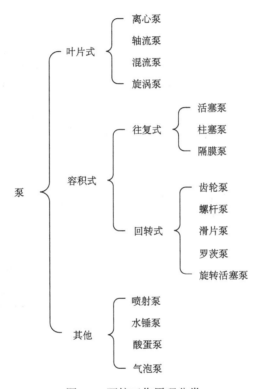

图 1.7 泵按工作原理分类

按照工作时产生的压力大小,泵可分为低压、中压、高压和超高压泵。一般流体压力低于 2.5 MPa 的为低压泵,流体压力为 2.5～10 MPa 的为中压泵,流体压力为 10～100 MPa 的为高压泵,流体压力 ≥100 MPa 时划为超高压泵。真空应用日益广泛,真空泵技术得到了很大发展,其抽气速率范围从每秒零点几升到每秒几十万乃至数百万升。真空泵的结构形式多样,如螺杆真空泵、水环泵、往复泵、滑阀泵、旋片泵、罗茨泵、喷射真空泵、吸附泵等。

1.5.2 各种泵的特点

泵类型多种多样,其特性各有千秋。如应用最广的离心泵,其扬程与流量所涵盖的范围最大，但离心泵也存在一些短处，如启动前必须关闭出口阀进行灌泵操作，流体黏度对性能影响大，容易发生汽蚀现象，小流量效率低等。表 1.3 列出几种典型泵的特点。

表 1.3　几种泵性能及特点比较

项目	离心泵	旋涡泵	轴流泵	往复泵	回转泵
流量/(m³/h)	1.6～30 000	0.4～10	150～24 500	0～600	1～600，可达 2000
流量均匀性	均匀	均匀	均匀	不均匀	较均匀
流量稳定性	不恒定，受管路影响	不恒定，受管路影响	不恒定，受管路影响	恒定	恒定
流量调节方法	出口阀调节，改变转速	不能用出口阀调节，只能用旁路调节	出口阀调节，改变叶片安装角度	旁路调节，调节转速和行程	不能用出口阀调节，只能用旁路调节
扬程或排出压力	10～2800 m	8～150 m	2～20 m	一般 0.2～100 MPa，可达 640 MPa	0.2～60 MPa，可达 70 MPa
扬程特点	与流量存在对应关系	与流量存在对应关系	与流量存在对应关系	压力与流量几乎无关	压力与流量几乎无关
效率	0.5～0.8	0.25～0.5	0.7～0.9	0.7～0.85	0.6～0.8
效率特点	偏离设计点越远，效率越低	偏离设计点越远，效率越低	偏离设计点越远，效率越低	高扬程时，效率降低较小	高扬程时，效率降低较大
适用场合	黏度较低的各种液体	小流量，较高压力的低黏度清洁液体	大流量，低扬程，黏度较低的各种液体	高压力、小流量的清洁液体	中低压力，中小流量，黏性高的液体
自吸作用	一般没有	部分型号有	没有	有	有
启动	灌泵，出口阀关闭	灌泵，出口阀全开	出口阀全开	出口阀全开	出口阀全开
汽蚀现象	易产生	易产生	易产生	不产生	易产生

1.5.3　泵的基本术语

1）流量(Q)

泵的流量指单位时间内泵排出口所输出液体的体积。常用单位为 m³/s、m³/h 或 L/s。

2）额定流量

泵的额定流量指在规定的保证工况点输出的液体流量。

3）扬程(H)

泵的扬程也称压头或有效能量头。指单位质量液体从泵进口法兰到出口法兰所获得的能量的增值。常用单位为 m。

4）轴功率(P_{sh})

指泵工作时由驱动机传到泵轴的功率。常用单位为 W 或 kW。

5）有效效率(P_e)

指泵在单位时间内对液体所做的功。常用单位为 W 或 kW。

6）效率（η）

泵的效率是泵的有效功率与轴功率之比。

$$\eta = P_e / P_{sh} \tag{1.8}$$

1.6 过程流体机械技术进展

我国流体机械行业已初步形成了集教育、科研、设计、制造、安装、监理、成套服务于一体的门类齐全、规模庞大的体系。20 世纪 70 年代末期至 80 年代中期，较大规模引进了国外的先进设计与制造技术，促进了我国流体机械行业技术水平的整体提高。当今，我国流体机械设计制造水平与国外先进水平仍然存在较大差距，实现最佳工况运行较难，实际运行效率比最高效率点低 20%～30% 的情况较多存在，流体机械节能潜力巨大。偏设计工况下压缩机的喘振与防止策略、泵的汽蚀联合磨损机理与防护、流体非定常激振等课题仍然需要继续研究。

我国过程流体机械现状尚不能满足国家对重大装备节能减排及国产化的需求，需要着重进行一些重要的基础理论及关键技术研究。例如，多级流体机械非定常流动理论及控制，流体机械多学科优化设计方法与流固耦合，流体机械噪声预测理论与控制，极端条件下的流体机械关键部件的设计与精密制造，流体机械高可靠性及环境友好运行理论等。

1.6.1 大型化与微型化

一个发展趋势特点是"大"。石化工业的发展趋于具有国际竞争力的大型化、炼化一体化和基地化，如百万吨级乙烯装置、百万吨级精对苯二甲酸（purified terephthalic acid, PTA）装置和千万吨级炼油成套装备等。重大装备中包括大型离心式压缩机、活塞式压缩机、低温泵、计量泵等流体机械，如大型循环氢压缩机、1250 kN 大活塞力新氢压缩机、大型裂解气压缩机组、大型迷宫压缩机、大型无油润滑螺杆压缩机、大型加氢进料泵、大流量原油进料泵、大功率焦化装置高压切焦泵、大型卧式螺旋沉降式离心机等。

随着国家重大装备节能减排发展战略的实施，过程流体机械大型化需要面对的课题有：节能设计理论，全三维非定常可压缩黏性流动与大型回转机械结构动力学耦合理论、计算方法、数值模拟和实验技术，大型透平机械失速形成机制、准确物理描述及控制方法，大功率泵内部非定常流动诱导振动与噪声产生机理等。

另一个发展趋势特点是"宽"。各种类型过程流体机械稳定工况范围的拓宽，如最高压力与最低压力、最大流量与最小流量等。

还有一个发展趋势特点是"微"。微型化是今后科技发展的新兴方向和大趋势之一，微型机械泛指尺度范围为毫米、微米或纳米级，集微机构、微执行器、微驱动器、微传感器和微控制器为一体的微型系统。微型流体机械如微泵、微压缩机等以低消耗、快响应、高效益为特点，会逐步成为研究的热点。微/纳制造、多物理场跨尺度耦合、微纳尺寸效应、微构件力学性能、微纳摩擦磨损及黏附、微传热学、微测试方法等会成为首先面对的课题。

1.6.2　透平机械流体动力学研究

第一阶段：经验知识积累时期(早时期～1850 年前后)

从早时期到约 1850 年期间，由于条件限制，透平机械内部流动理论没有得到专门、系统的研究。在该时期，有关转子泵的所有理论见解，均由相关发明者个人提出。而且当时有两个重要的因素制约着透平机械的发展，一是往复活塞式基本能满足当时的使用要求，二是填料密封的制造水平有限，不能有效解决泄漏问题。尽管如此，该时期诞生了一个重要的理论突破，即欧拉涡轮方程： $H_T = (c_{2u}u_2 - c_{1u}u_1)/g$ 。该公式是叶轮机械能量转化的基本方程，一直沿用到现在，它是基于理想流体导出的。

第二阶段：准静态理论研究时期(1850～1950 年前后)

从 1850 年开始，为了满足大规模的使用要求，基于流体力学理论基础，开始对透平机械理论开展专门系统的研究，并开始在学术研究的指导下设计相关透平机械，如离心泵等。1890 年，瑞士苏尔寿泵业公司利用实验手段，开始科学系统地测试泵的性能。描述透平机械性能的基本参数有流量 Q、叶轮功 H、功率 P、效率 η 等。除此之外，还有转速 n 和比转数 n_s。该阶段有关透平机械的基本理论均停留在准静态流体力学基础上。

第三阶段：稳态和非稳态研究时期(1950～2010 年前后)

随着透平机械的广泛应用和研究手段的发展，该阶段透平机械的研究内容非常丰富，例如：①叶轮、扩压器等部件内流体的流动现象；②透平机械总体性能的分析和预测；③汽蚀和喘振形成机理以及产生的危害；④多相流泵的流动和性能问题；⑤计算流体动力学方法(RANS、LES、DNS 等)在透平机械设计和性能改进方面的应用；⑥先进的流场测速法(如 PIV、PTV 等)在透平机械设计和性能改进方面的应用。

该阶段的研究，一方面是利用准三维和三维理论代替二维理论来研究透平机械；二是关于非稳态方面的问题，如设备内部流场的不稳定性，边界层效应，叶片颤振，空化、汽蚀，旋转失速，喘振，叶片尾迹性能，静子和转子的接触、密封等问题，以及这些现象与设备参数的联系和对设备运行产生的影响，开展了大量的研究。

第四阶段：物理现象耦合机理研究(2010 年至今)

尽管在第三阶段，对泵内的非稳定流动问题开展了大量的研究，但由于问题的复杂性、透平机械内的流动不稳定性问题和动态响应问题仍未解决，仍需进一步的研究。特别是目前对透平机械使用要求的提高，如高效节能、噪声控制、强度高、质量轻等，应从多物理场的角度出发来研究透平机械涉及的基本物理问题，不仅仅是流动问题。基于高精度的数值分析和流场测量方法，深入分析透平机械内部不稳定流动产生机理和分布规律；进一步分析空化和喘振诱导的噪声和振动机理及其传播机理，以及综合研究流固耦合、流动噪声耦合、流动振动耦合问题，研究透平机械内部流动引发的振动、噪声及其产生和传播机理。

另外，值得注意的是在研究和发展透平机械理论本身的同时，应同时开发适合于模拟和测量透平机械内部流场的算法和测量工具。只有这样才能准确、深入地理解物理现象的本质，以便对机械设备开展优化设计。

1.6.3　先进成型制造技术

过程流体机械的三多(多设计工况、多目标函数、多约束条件)、二非(非定常流动、非稳定流动)设计以及全三维理论及模拟，使得核心元件结构日益精细和复杂。此外，微型流体机械不断研发，日益增多。这两种技术发展均需要先进的成型制造技术予以配合。具体技术有：

(1)高性能凝固精确成型；

(2)轻质高强板材复杂件精确成型；

(3)高性能精确体积成型；

(4)超常条件焊接；

(5)特大型构件成型成性一体化制造；

(6)低成本微成型；

(7)高性能精确成型多场多尺度全过程仿真与优化；

(8)载能粒子束(电子束、离子束、等离子体等)、光(紫外线、X 射线、同步辐射、激光等)与特种能场(声波、微波、磁场、电场等)制造；

(9)微制造(MEMS 微加工、介观机械微加工等)；

(10)纳米制造；

(11)微/纳复合加工。

1.6.4　故障诊断技术

过程流体机械在工作过程中受到多种载荷(包括力、温度、振动、疲劳、摩擦、磨损等)作用，其运行状态随着服役时间的累积会产生劣化直至发生故障。目前故障诊断技术在过程流体机械上得到了大量的应用，并形成了诸多案例，例如离心式压缩机喘振问题的监测与诊断，高压给水泵振动诱因的诊断，混流式喷水推进泵叶轮刮擦故障的诊断，利用油样分析技术的泵与压缩机润滑系统故障诊断等。故障诊断技术在过程流体机械中得到了诸多实际应用，促使机器的维修技术由事后维修和定期维修向基于状态的维修进行革新，故障诊断技术在过程流体机械上的应用能够有效地预防或减少机器的非正常停机次数，优化维修方案，降低机器的维护成本，预防机器事故的发生，提高机器运行的安全性。

故障诊断技术的基本思路是以各种传感器为基础对诊断对象的特征参量(包括振动量、温度、噪声等参量)进行信号采集，在此基础上结合信号分析处理系统对故障特征信号进行提取，随后与故障档案库中各种故障的标准故障特征或者理论分析得到的故障特征进行状态识别，最终得到故障诊断结论。机械故障诊断的基本流程如图1.8 所示，包括信号采集、信号处理以及诊断决策三部分。常用的故障诊断技术有振动诊断技术、红外热分析诊断技术、超声诊断技术、声发射诊断技术、油样分析诊断技术、噪声诊断技术，其中振动诊断技术与油样分析诊断技术在过程流体机械中运用最为广泛。

故障诊断技术在过程流体机械的应用与发展，对于保障流体机械的正常工作起到了至关重要的作用。故障诊断技术为多学科融合与交叉而形成的一门新兴学科，随着相关学科的发展与带动，故障诊断技术正处于快速发展时期，目前还存在许多发展机遇与挑战。①信号采集系统与故障信息样本系统是准确诊断机器故障的基础，进一步提高采集信号的精度，完善故障信息的样本系统仍是故障诊断技术发展的关键；②随着微型电子机械技术的快速发展，研发及应用高集成的信号采集、处理、诊断一体化传感器成为机械故障诊断技术的一个重要方向；③随着计算机网络系统的快速发展，针对过程流体机械开发基于大数据、云计算的故障诊断平台；④人工智能的发展方兴未艾，基于人工智能构建能够实现自动化、智能化的故障诊断技术。

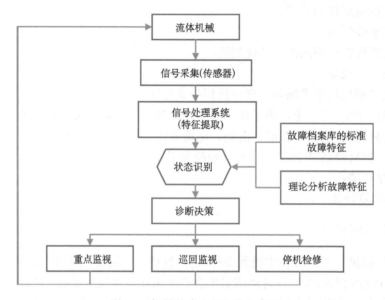

图 1.8　机械故障诊断的基本流程

1.6.5　其他技术进展

过程流体机械类型多、应用广，与流体力学、固体力学、工程热物理、机械工程、传热学、材料学、电工电子学、控制工程等多个学科相关，学科交叉特点明显，相关技术有：

(1) 基于仿生学原理的叶轮机械节能降噪及优化；

(2) 主动流动控制技术；

(3) 物理化学流体力学(电磁流体力学、多尺度流体力学、非平衡流体力学等)；

(4) 现代系统工程理论在过程流体机械中的应用。

 思考题

1. 简述过程流体机械在过程工业中的作用。

2. 过程流体机械总体上有哪些分类？

3. 压缩机按工作原理是如何分类的？

4. 称之为压缩机的排气压力需满足的条件是什么?

5. 泵按工作原理是如何分类的?

6. 分别推导出在 1 kg、m kg、1 kmol、n kmol 下理想气体的状态方程, 标明各物理量及气体常数的单位。

7. 分别推导出等容过程、等压过程、等温过程、等熵过程和多变过程的状态参数关系式。

8. 简述过程流体机械的发展趋势。

第 2 章 往复活塞式压缩机

2.1 概 述

2.1.1 活塞压缩机基本结构及工作原理

往复活塞式压缩机常常简称为活塞压缩机，是一种利用活塞在圆筒形气缸内做往复运动，以提高气体压力的流体机械。图 2.1 是一台大型曲柄连杆活塞式压缩机(卧式四列五级对称平衡 M 型)总体结构的示意图，为化工工艺用高压压缩机。图 2.2 所示为活塞压缩机基本结构组成的示意图。通过曲柄连杆机构将曲轴的旋转运动转化为活塞组件的往复运动，活塞位于圆筒形气缸内，气缸圆筒形内壁、气缸盖、活塞端面所包围的空间称为工作腔，气缸上安装有吸气阀和排气阀。随着曲轴的转动，获得动力的活塞做往复运动，工作腔容积发生周期变化，以此完成气体吸入、压缩增压以及气体排出的任务。

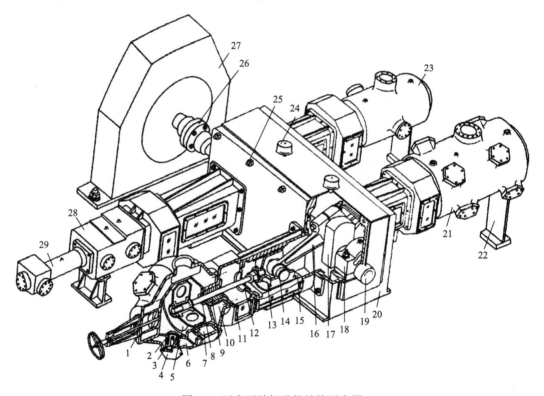

图 2.1 活塞压缩机总体结构示意图

1. 气量调节装置；2. 气阀；3. 气阀压筒；4. 气阀盖；5. Ⅰ级活塞；6. Ⅰ级缸气道；7. Ⅰ级缸夹套；8. 活塞杆；9. 密封填料；10. Ⅰ级气缸；11. 中间接筒；12. 刮油环；13. 十字头；14. 十字头销；15. 中体；16. 连杆；17. 曲柄；18. 主轴承；19. 曲轴；20. 机身；21. Ⅱ级气缸；22. 支座；23. Ⅲ级气缸；24. 放气罩；25. 拉紧螺柱；26. 联轴器；27. 驱动电机；28. Ⅳ级气缸；29. Ⅴ级气缸

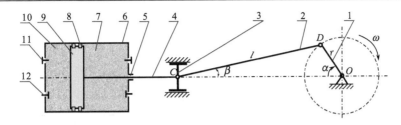

图 2.2　活塞压缩机基本结构组成

1. 曲轴；2. 连杆；3. 十字头；4. 活塞杆；5. 填料密封；6. 气缸；7. 轴侧工作腔；8. 活塞环；9. 活塞；10. 盖侧工作腔；
11. 排气阀；12. 吸气阀

曲轴中心 O 到连杆大头中心 D 之间的部分称为曲柄，D 也即曲柄销中心，曲柄半径为 r，活塞内外止点间往复移动的最大距离就为 $2r$，称为行程 s，$s = 2r$。为了实现可靠及高效运行，活塞压缩机的结构除了图 2.2 所示基本构件外，通常还有润滑系统、冷却系统、密封装置、气体储存及缓冲装置、控制系统等。活塞压缩机的结构由三个部分组成(表 2.1)。

表 2.1　活塞压缩机基本结构

组成部分	作用	组成结构
基本部分	传递动力，连接基础与气缸部分	机身、中体、曲轴、连杆、十字头等
气缸部分	形成工作容积和止漏	气缸、气阀、活塞、填料、气量调节装置
辅助部分	润滑、冷却、过滤、分离、安全防护	冷却器、缓冲器、油水分离器、滤清器、安全阀、油泵、注油器、管路系统

2.1.2　活塞压缩机的特点

活塞压缩机的优点：

(1)适用压力范围最广，从低压到数千大气压都适用。

(2)压缩效率较高，绝热效率可达 80%。由于工作原理不同，活塞压缩机的效率高于离心压缩机。回转式压缩机存在较大气流阻力损失以及内泄漏等原因，效率较低。

(3)适应性较强，排气量比较稳定且范围广。较小排气量条件，对于速度式压缩机来说，往往难以实现，对于活塞式压缩机容易实现。此外，活塞式压缩机对气体性质不如速度式压缩机敏感。

活塞压缩机的不足：

(1)无油润滑活塞压缩机占比有限，通常气体带油污，需要考虑净化。

(2)受到往复惯性力、填料密封、气阀寿命等因素的限制，活塞压缩机的转速不能过高，在所有压缩机类型中转速几乎是最低的。

(3)排气量较大时，外形尺寸及基础都较大。

(4)排气不连续，气体压力有波动，严重时脉动共振，可造成管网或机件的损坏。

(5)气阀、填料、活塞环、轴套、轴瓦等易损件多，维修量较大。

2.1.3　活塞压缩机的分类

活塞压缩机的主要分类详见表 2.2。

表 2.2　活塞压缩机的分类

分类项目	名称	说明
排气量/(m³/min)	微型	<1
	小型	[1，10)
	中型	[10，100)
	大型	≥100
排气压力/MPa	低压压缩机	[0.2，1)
	中压压缩机	[1，10)
	高压压缩机	[10，100)
	超高压压缩机	≥100
气缸排列方式	立式	气缸中心线垂直于地面
	卧式	气缸中心线平行于地面
	对称平衡式	卧式，气缸分布在曲轴两侧，相对列曲拐错角为 180°，相对列活塞对动运动
	对置式	卧式，气缸分布在曲轴两侧，各列活塞运动并非对动
	角式	气缸中心线互成一定角度(L、V、W、扇、星型)
气缸容积利用方式	单作用式	仅活塞一侧的气缸容积工作
	双作用式	活塞两侧的气缸容积交替工作
	级差式	同列一侧中有两个以上不同级的活塞组装在一起工作
压缩级数	单级	气体仅经一次压缩即达排气压力
	两级	气体经两次压缩即达排气压力(级间有冷却器)
	多级	气体经多次压缩(级间有冷却器)
冷却方式	风冷式	采用空气冷却
	水冷式	采用水冷却
安装方式	固定式	固定在基础上
	移动式	可移动使用
轴功率/kW	微型	<5
	小型	[5，150)
	中型	[150，500)
	大型	≥500

2.2　活塞式压缩机热力分析

压缩机主轴转动一圈，活塞在气缸内往复一次，完成一个工作循环。压缩机内流体工质为气态，工作循环过程中气体容积在变化，气体的基本状态参数(压力、温度和比容)

亦在改变。为了获得排气量、排气温度和功率等这些重要的参量，需要进行相应的热力分析与计算。实际工作循环中，受许多因素的影响，气体状态的变化十分复杂，为了便于分析，首先进行理想化的循环分析，之后研究实际的工作循环。

2.2.1　活塞压缩机的理论循环

为了简化分析，先对实际情况作一些理想假设：①气缸无余隙容积，即开始吸气时，缸内容积为零；②密封良好，缸内气体无泄漏发生；③吸气阀、排气阀可瞬时全开或全关，气体在吸气和排气过程中，无阻力损失，缸内压力保持不变；④气体在吸气和排气过程中无热交换，缸内气体的温度保持不变；⑤气体为理想气体，被压缩过程是按不变的热力指数值进行。这种理想化了的工作循环称为压缩机的理论循环。

图 2.3 所示为压缩机理论循环过程示意图，横坐标表示缸内容积，纵坐标表示缸内气体压力。假设吸气管内压力为 p_1，排气管内压力为 p_2，图 2.3(a) 表示活塞位于外止点，此时缸内容积为零。活塞向曲轴侧运动的同时开始吸气，运动至内止点时吸气终了，这一阶段为吸气过程，该过程中压力不变，与吸气管内压力 p_1 相同，如图 2.3(b) 的 4—1

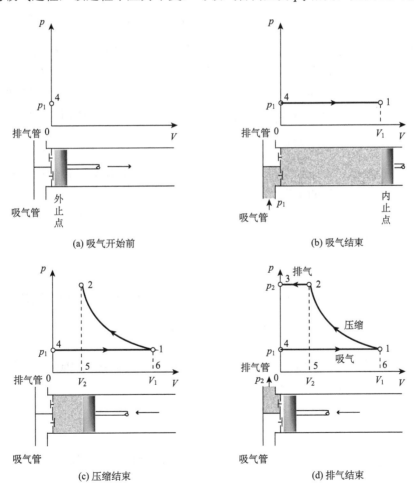

(a) 吸气开始前　　　　(b) 吸气结束

(c) 压缩结束　　　　(d) 排气结束

图 2.3　活塞压缩机理论循环分析

水平线。活塞在内止点折返，缸内气体体积逐渐缩小，压力随之升高，压力升高至与排气管内压力 p_2 相同时，压缩过程结束，如图 2.3(c) 的 1—2 曲线所示。此时排气阀迅速被顶开，开始排气阶段，直至活塞运动至外止点，排气过程中缸内压力与排气管内压力 p_2 相同，为一水平线，如图 2.3(d) 2—3 水平线所示。这样，压缩机的一个理论循环完成，如图 2.3(d) 中的 4—1—2—3—4 所示（其中 3—4 表示排气终了和吸气初始时，缸内压力的瞬时变化关系，不占据任何时间）。

可以发现，在上述理论循环的三个过程中，吸气过程和排气过程属于气体的流动过程，气体的状态参数没有发生改变，只有压缩过程属于热力过程。为此，在分析压缩机循环时，不采用 p-v 图（压力-比容图），而是采用 p-V 图（压力-容积图）。

下面来分析完成一个理论循环需要多少功量。p_1、p_2 分别称为名义吸气压力和名义排气压力，用绝对压力表示。按照热力学规定，外界对系统输入功为"负"。

吸气过程（4—1 线）为一般气体流动，压力不变，体积增大，相当于缸内气体对活塞做功。功量相当于 p-V 图中 4—1—6—0—4 所包围的矩形面积，其值等于 p_1V_1。

压缩过程（1—2 线）为热力过程，气体体积逐渐缩小，气体压力随之升高，相当于活塞对气体做功。功量相当于 p-V 图中 1—2—5—6—1 所包围的面积，其值等于 $-\int_2^1 p\mathrm{d}V$。

排气过程（2—3 线）为一般气体流动，压力不变，体积逐渐缩小，相当于活塞对缸内气体做功。功量相当于 p-V 图中 2—3—0—5—2 所包围的矩形面积，其值等于 $-p_2V_2$。

如上所有过程功量的和，大小相当于 p-V 图中 1—2—3—4—1 所包围的面积，即为每一个理论循环所需要的总功量（因此，p-V 图常称为示功图），简称指示功，用 W_i 表示。

$$W_i = p_1V_1 - \int_2^1 p\mathrm{d}V - p_2V_2 = \int_2^1 V\mathrm{d}p = -\int_1^2 V\mathrm{d}p \tag{2.1}$$

可见，在理论循环中压缩定量气体所耗功大小，不但和压缩过程的初、终热力状态有关，而且还与压缩过程的历程（1—2 线）密切相关。

压缩机典型的压缩过程有等温、绝热及多变过程，理论循环也分为等温、绝热及多变三种，分别研究如下。

1. 等温理论压缩循环

$T = T_1 = T_2$，$pV = p_1V_1$，$V = p_1V_1 / p$，代入式 (2.1) 可得等温理论压缩循环功为

$$W_{\mathrm{is}} = -\int_1^2 V\mathrm{d}p = -\int_1^2 p_1V_1 \frac{1}{p}\mathrm{d}p = -p_1V_1 \ln\frac{p_2}{p_1} \tag{2.2}$$

式中，V_1 为每个理论循环的吸气量，m^3；p_1 为名义吸气压力（绝），Pa；p_2 为名义排气压力（绝），Pa；W_{is} 为等温理论压缩循环功，J。

2. 绝热理论压缩循环

$pV^k = p_1V_1^k$，$V = p_1^{\frac{1}{k}}V_1 p^{-\frac{1}{k}}$，代入式 (2.1) 可得绝热理论压缩循环功为

$$W_{ad} = -\int_1^2 V dp = -\int_1^2 p_1^{\frac{1}{k}} V_1 p^{-\frac{1}{k}} dp = -p_1 V_1 \frac{k}{k-1} \left[\left(\frac{p_2}{p_1} \right)^{\frac{k-1}{k}} - 1 \right] \qquad (2.3)$$

式中，k 为等熵指数。

3. 多变理论压缩循环

类似绝热过程，可得多变理论压缩循环功为

$$W_{pol} = -p_1 V_1 \frac{m}{m-1} \left[\left(\frac{p_2}{p_1} \right)^{\frac{m-1}{m}} - 1 \right] \qquad (2.4)$$

式中，m 为多变指数。

三种理论循环功的比较如图 2.4 所示，由图可见，$1<m<k$ 时，

$$|W_{is}| < |W_{pol}| < |W_{ad}|$$

表明在同一压缩范围内，等温过程（路径 $1—2_T$）耗功最少，绝热过程（路径 $1—2_k$）耗功最多，多变过程（路径 $1—2_m$）介于二者之间。故从节省功量的观点，希望压缩过程尽量接近等温压缩过程，但由于冷却能力的限制，难以实现等温过程，一般都为多变过程，多级压缩中高压级更接近于绝热过程。

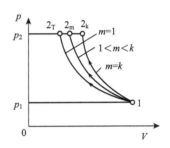

图 2.4　不同压缩过程比较

单一组分气体的等熵指数 k 可通过资料查得。含多种组分混合气体的等熵指数可按下式计算：

$$\frac{1}{k-1} = \sum_{i=1}^n \frac{r_i}{k_i - 1} \qquad (2.5)$$

式中，k 为混合气体的等熵指数；k_i 为各组分气体的等熵指数；r_i 为各组分气体的体积分数。

例题 2-1　某化工厂用氮-氢气压缩机，第一级吸入口处压力 p_1 为 105kPa（绝），排气压力 p_2 为 175kPa（表），吸气量（吸入状态）$V_1 = 140$ m³/min，该气体组成（体积分数）见下表。吸气温度 40℃。试分别计算等温、绝热及多变（$m = 1.35$）理论压缩循环的功量消耗及排气温度各为多少。

气体	H₂	CO₂	N₂	CO	CH₄	O₂	合计
组分/%	50.60	30.15	16.80	2.00	0.38	0.07	100

解：

(1)先求混合气体的等熵指数，查得各组分的等熵指数如下：

气体	H_2	CO_2	N_2	CO	CH_4	O_2
等熵指数 k	1.41	1.31	1.40	1.40	1.31	1.40

代入式(2.5)，

$$\frac{1}{k-1} = \frac{0.506}{1.41-1} + \frac{0.3015}{1.31-1} + \frac{0.168}{1.4-1} + \frac{0.02}{1.4-1} + \frac{0.0038}{1.31-1} + \frac{0.0007}{1.4-1}$$

得混合气体的等熵指数 $k = 1.37$。

排气压力 $p_2 = 175 + 101 = 276\ \text{kPa}$。

(2) 功量消耗

等温压缩循环：

$$W_{is} = -p_1 V_1 \ln\frac{p_2}{p_1} = -105 \times 10^3 \times 140 \times \ln\frac{276}{105} = -1.42 \times 10^7\ \text{J/min}$$

绝热压缩循环：

$$W_{ad} = -p_1 V_1 \frac{k}{k-1}\left[\left(\frac{p_2}{p_1}\right)^{\frac{k-1}{k}} - 1\right] = -105 \times 10^3 \times 140$$

$$\times \frac{1.37}{1.37-1}\left[\left(\frac{276}{105}\right)^{\frac{1.37-1}{1.37}} - 1\right] = -1.63 \times 10^7\ \text{J/min}$$

多变压缩循环：

$$W_{pol} = -p_1 V_1 \frac{m}{m-1}\left[\left(\frac{p_2}{p_1}\right)^{\frac{m-1}{m}} - 1\right] = -105 \times 10^3 \times 140$$

$$\times \frac{1.35}{1.35-1}\left[\left(\frac{276}{105}\right)^{\frac{1.35-1}{1.35}} - 1\right] = -1.61 \times 10^7\ \text{J/min}$$

(3) 排气温度

可采用 1.3.2 节的表达式计算。

等温压缩循环：

$$T_{is} = T_1 = 40 + 273 = 313\text{K}$$

绝热压缩循环：

$$T_{ad} = T_1\left(\frac{p_2}{p_1}\right)^{\frac{k-1}{k}} = 313 \times \left(\frac{276}{105}\right)^{\frac{1.37-1}{1.37}} = 406.35\text{K}$$

多变压缩循环：

$$T_{pol} = T_1 \left(\frac{p_2}{p_1} \right)^{\frac{m-1}{m}} = 313 \times \left(\frac{276}{105} \right)^{\frac{1.35-1}{1.35}} = 402.12\text{K}$$

2.2.2　活塞压缩机的实际循环

在分析理论循环时，略去了许多影响因素，但这些因素客观上常常难以避免，有时这些因素的影响甚至可能比较显著。如气缸的余隙容积，指在排气过程终了和吸气过程之前的瞬时，气缸内多余的容积。实际压缩机的余隙容积很难如理论循环所假设的为零，考虑到工作中连接零件装配关系、磨损、受力变形等以及运行中的安全，活塞端面与气缸盖间的间隙不可能为零；此外，还有气阀阀体、活塞组件在缸体的残留空间等因素。余隙容积的客观存在，直接影响了实际循环的示功图形状。排气终了时，余隙内残留气体的压力为排气压力，在活塞从外止点回行时，吸气阀不能马上开启，而是随着活塞的回行，残留气体的压力逐渐降低，当压力低于吸气管内压力一定程度时，在压力差的推动下，吸气阀才开启。因此，压缩机实际循环较理论循环多了一个过程，即膨胀过程。

如果是在用压缩机，示功图可以通过传感器及信号采集处理等组成的系统获得。不同的压缩机，示功图是不同的；同一型号的压缩机，相互间的示功图也存在差别；即便是同一台压缩机的示功图，也会因操作工况、运行时间等条件变化而有所不同。下面通过如图 2.5 示意性的示功图进行实际循环的分析。

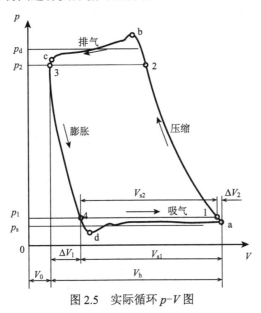

图 2.5　实际循环 p-V 图

图 2.5 所示为活塞压缩机往复一次气缸内气体压力 p 及容积 V 实际变化情况，同前，p_1、p_2 分别表示吸、排气管内的名义压力，机器正常运转中，p_1、p_2 是稳定的。

（1）当活塞从右止点 a 向左移动时，吸气阀关闭，开始压缩过程。2 点时，虽然缸内压力等于 p_2，但排气阀两侧无压差，保持闭合状态，只有继续压缩达到足够压差，达到点 b，顶开排气阀时，才开始排气。a—b 为压缩阶段。

（2）从 b 点开始排气，直至 c 点（排气时，缸内压力不可能小于 p_2）。b—c 为排气阶段。

（3）前述余隙容积的存在，在活塞向右回行时，在缸内出现的是气体膨胀过程。回行初期并不能吸气，当压力膨胀到小于 p_1 并达一定压差后（达到 d 点），才能吸入气体。c—d 为膨胀阶段。

（4）从 d 点开始吸气，当行至右止点 a，压力小于 p_1，并达到一定压差时吸气阀关闭，d—a 为吸气阶段，接着开始新的重复循环。

受到活塞运动速度变化及阀片动作的影响，吸气、排气过程线都呈波浪状。图中 p_s、p_d 分别表示吸气和排气过程的平均压力。

压缩机理论循环与实际循环的区别总结如下：

（1）实际循环由吸气、压缩、排气、膨胀四个过程组成，较理论循环多了一个过程，即膨胀过程。

（2）实际的有效容积 V_s 总是小于气缸的行程容积 V_h。图中 ΔV_1 表示因膨胀过程减小了的容积，ΔV_2 表示实际吸气状态折算到名义吸入压力 p_1 时减小了的容积，此外，还要考虑吸气温度条件的影响。

（3）吸气阀和排气阀存在压力损失，实际吸、排气压力与理论不同。即吸气时缸内平均压力 $p_s < p_1$，排气时缸内平均压力 $p_d > p_2$。$\varepsilon' = p_d / p_s > p_2 / p_1 = \varepsilon$，即压缩机的实际压力比大于名义压力比。

（4）同样排气量条件下，实际循环功大于理论循环功。

（5）存在气缸壁不稳定热交换等实际复杂情况，压缩过程指数和膨胀过程指数都不是定值，变化比较复杂。

（6）难以完全避免泄漏，造成排气量减少及功率损失。

2.2.3 活塞压缩机的排气量

压缩机的排气量通常指单位时间内，最后一级排出的气体量及压送过程中凝析的液体量（如水），换算到第一级吸入状态时的容积流量，常用单位是 m³/min。反映压缩机供气能力的称为标准容积流量（也称供气量），与排气量的区别是，压送过程中凝析的液体量不计入；换算到标准工况（温度 0℃，压强 101.325 kPa）。

排气量是压缩机的重要性能参数之一，不但是工艺生产上的重要指标，也是确定机器驱动功率以及机器参数、结构形式和尺寸的重要依据。新设计一台压缩机时，总希望在功率小、结构紧凑、尺寸小、质量轻的前提下，获得最大限度的排气量。

对于理论循环，压缩机每一工作循环理论上所能吸入的气体体积量应等于活塞工作面在内、外两止点间所扫过的总行程容积 V_h。

$$V_h = \begin{cases} Fs & \text{单作用气缸} \\ (2F - f)s & \text{双作用气缸} \end{cases} \tag{2.6}$$

式中，V_h 为气缸行程容积（每转），m³；F 为活塞工作面积，m²；f 为活塞杆横截面积，

m^2；s 为活塞行程，m。

实际循环中，如图 2.5 所示，气体量 V_{s2} 要比行程容积小 ΔV_1 和 ΔV_2 两部分，其中 ΔV_1 是由于余隙容积膨胀占据部分行程而减小了的容积，ΔV_2 是实际吸气状态折算到名义吸入压力 p_1 减小了的容积。容积为 V_{s2} 的吸入气体，由于气缸壁对气体加热，其温度总是高于吸气管中的气体温度，最后将气体量 V_{s2} 折算到吸入温度 T_1 时，就获得了实际吸入气体容积 V_s。

令 V_s 与 V_h 之比为吸气系数 λ_s，即

$$\lambda_s = \frac{V_s}{V_h} \tag{2.7}$$

式 (2.7) 可表示为

$$\lambda_s = \frac{V_{s1}}{V_h} \frac{V_{s2}}{V_{s1}} \frac{V_s}{V_{s2}}$$

其中，$\lambda_V = \dfrac{V_{s1}}{V_h}$，$\lambda_p = \dfrac{V_{s2}}{V_{s1}}$，$\lambda_T = \dfrac{V_s}{V_{s2}}$。$\lambda_V$ 为称为容积系数，反映余隙对吸气量的影响；λ_p 为压力系数，反映吸气压力损失对吸气量的影响；λ_T 为温度系数，反映吸气处温度条件对吸气量的影响。

实际循环的吸气量可表示为 (m^3/r)：

$$V_s = \lambda_V \lambda_p \lambda_T V_h \tag{2.8}$$

1. 容积系数 λ_V

前已述及，为防止活塞与气缸端盖发生冲撞以及气阀通道等结构因素，总有余隙容积 V_0 存在，由此导致了膨胀过程的出现，气缸工作容积减少了 ΔV_1，成为 V_{s1}。

参见图 2.5，列出余隙容积 V_0 膨胀起点 3（压力为 p_2）与点 4（压力为 p_1）之间的热力过程方程式：

$$p_2 V_0^m = p_1 (V_0 + \Delta V_1)^m$$

$$\frac{\Delta V_1}{V_0} = \left(\frac{p_2}{p_1}\right)^{\frac{1}{m}} - 1$$

容积系数：

$$\lambda_V = \frac{V_{s1}}{V_h} = \frac{V_h - \Delta V_1}{V_h} = 1 - \frac{V_0}{V_h} \frac{\Delta V_1}{V_0} = 1 - \frac{V_0}{V_h}\left[\left(\frac{p_2}{p_1}\right)^{\frac{1}{m}} - 1\right]$$

如令 $\alpha = V_0/V_h$，称为气缸相对余隙容积；

$$\lambda_V = 1 - \alpha(\varepsilon^{\frac{1}{m}} - 1) \tag{2.9}$$

可见，行程容积 V_h 一定时，$V_0 \uparrow \to \alpha \uparrow \to \lambda_V \downarrow$，降低了气缸的利用率，余隙容积 V_0 应严格控制。

对于同一气缸，$\varepsilon \uparrow \rightarrow \lambda_{\mathrm{V}} \downarrow$，当 $\varepsilon = (1+1/\alpha)^m$ 时，$\lambda_{\mathrm{V}} = 0$，即膨胀过程占据整个行程，无法吸气。此外，名义压力比 ε 过大，还可使机器排气温度过高，一般每级 $\varepsilon \leqslant 4$。对于移动式或运载用压缩机等特殊应用场合，效率要求不是首位时，压力比可达 8 或更高。

2. 压力系数 λ_{p} 和温度系数 λ_{T}

实际吸气终了，气缸内的压力 p_{a} 小于名义吸气压力 p_1（相应于吸气管中的压力），需要预压缩，相当于在压缩初期损失了一部分气缸有效容积。影响因素是吸气阀的弹簧力和吸气管中的压力波动。压力系数 λ_{p} 一般取经验值，吸气压力接近常压时，$\lambda_{\mathrm{p}} = 0.95\sim$ 0.98，吸气压力较高时，$\lambda_{\mathrm{p}} = 0.98\sim 1$，还应综合考虑吸气管长度、气流速度等具体情况。

影响吸气结束时气缸内气体温度的主要因素有：吸气过程与气体接触的气缸和活塞的壁面传给气体热量的大小；余隙容积残留气体温度的高低；吸气过程中阻力损失的大小，这些流阻转化为热能会使气体温度上升。温度系数 λ_{T} 一般取经验值，可参考图 2.6 的推荐范围进行选取。查图时注意以下几点：①大、中型压缩机取较大值，小型压缩机取较小值；②气缸冷却良好的取较大值；③高转速压缩机取较大值，低转速压缩机取较小值；④相对余隙容积 $\alpha = V_0/V_{\mathrm{h}}$ 小时取较大值，大时取较小值。

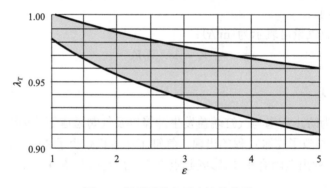

图 2.6 温度系数与压力比的关系

3. 泄漏系数 λ_1

压缩机的实际排气量 V_{d} 要小于实际吸气量 V_{s}，原因是存在泄漏气量 V_1，即

$$V_{\mathrm{d}} = V_{\mathrm{s}} - V_1 = \lambda_1 V_{\mathrm{s}}，\ \ 即\ \lambda_1 = V_{\mathrm{d}}/V_{\mathrm{s}}$$

式中，λ_1 为泄漏系数，反映外泄漏所造成容积流量的损失。对于单级压缩机，泄漏气量 V_1 包括第一级吸气阀、填料、活塞环（单作用气缸）等向环境或第一级进气系统的泄漏。对于多级压缩机，泄漏气量 V_1 还包括 I 级后面所有级的外泄漏气量。

各级排气阀、除 I 级外进气阀的泄漏，双作用气缸或级差式气缸工作腔间通过活塞环的泄漏等属于内泄漏，为系统内高压区向低压区的泄漏，不影响压缩机的实际容积流量，但会增大功率消耗，改变级间压力比分配，也影响各级行程容积的设计。

泄漏系数 λ_1 的取值范围一般为 0.90~0.98。根据具体情况考虑，如：①结构复杂，填料密封部位多，特别是存在压力差大的密封部位时取较小值；②气缸直径较小时取较小值；③高转速压缩机取较大值；④分子量小的气体、低黏度的气体易泄漏，取较小值；⑤无油润滑较有油润滑的泄漏系数取较小值；⑥主要零部件加工精度低，容易泄漏，取较小值。

4. 排气量 V_d 计算

在上述每一循环(或每一转)吸气量及泄漏气量分析的基础上，可写出压缩机排气量 V_d 的计算式如下：

$$V_d = \lambda_V \lambda_p \lambda_T \lambda_l V_h n \tag{2.10}$$

式中，V_d 为排气量，m^3/min。

提高活塞压缩机生产能力(排气量)的途径有：

(1) 提高转速 n。排气量与转速成正比，但惯性力与转速的平方成正比(动力分析中将讲到)，气阀动作频率、阻力等将发生明显变化，需要综合考虑机器强度和振动等问题。

(2) 增加行程容积 V_h。单作用结构改为双作用结构，适当增加行程，加大气缸直径等。应考虑活塞力平衡及整机刚度、强度问题等。

(3) 提高容积系数 λ_V。减小相对余隙容积，控制压力比。

(4) 提高压力系数 λ_p。调整吸气管网及其附件的配置等。

(5) 提高温度系数 λ_T。改善气缸冷却效果，其他如夏季防晒、管外喷冷却水或管外涂刷反光银光漆等方法。

(6) 提高泄漏系数 λ_l。结构合理布置，减少泄漏。

2.2.4　活塞压缩机的功率和效率

活塞压缩机是一种主要的耗能机械，大型活塞压缩机的功率可达数千千瓦甚至上万千瓦，降低功耗、提高效率是活塞压缩机设计必须面对的问题。

2.2.4.1　理论循环指示功率

单位时间内所消耗的指示功量，称作指示功率。对于理论循环，称作理论指示功率。

2.2.1 节中式(2.2)~式(2.4)给出的理论循环功为主轴每旋转一圈的耗功(J/r)，结合转速 (r/min)可导得单位时间内的功量(J/s)，即理论指示功率(W)，该功率是压缩机完成压缩任务时理想的功率下限。

由于活塞压缩机实际运行与理想假定(如余隙容积为零、气阀无阻力损失等)并不符合，其实际功率要比理论指示功率高出许多。理论指示功率可以成为压缩机完善程度的一个比较基准，典型的基准理论循环是等温理论压缩循环和绝热理论压缩循环。

理论等温指示功率：

$$P_{is} = \frac{1}{60} W_{is} n = \frac{1}{60} p_1 V_1 n \ln \frac{p_2}{p_1} = \frac{1}{60} p_1 Q_1 \ln \frac{p_2}{p_1} \tag{2.11}$$

式中，Q_1 为进气流量，$Q_1 = nV_1$，m^3/min。

理论绝热指示功率：

$$P_{ad} = \frac{1}{60}W_{ad}n = \frac{1}{60}p_1V_1n\frac{k}{k-1}\left[\left(\frac{p_2}{p_1}\right)^{\frac{k-1}{k}}-1\right] = \frac{1}{60}p_1Q_1\frac{k}{k-1}\left[\left(\frac{p_2}{p_1}\right)^{\frac{k-1}{k}}-1\right] \qquad (2.12)$$

2.2.4.2　实际循环指示功率

实际循环获得指示功率的方法一般有两种，分别是实测法和解析法。实测法用于在运行活塞压缩机的功率测量，解析法主要用于活塞压缩机设计的热力计算中。

1. 实测法

首先通过压力和位移等传感器和数据采集处理系统，测得压缩机气缸各工作腔的压力-位移指示图(p-x图，可转换为p-V图)，如图 2.7 所示。采用求积仪或计算机辅助软件等方法测出指示图的面积 A_i，则指示功为

$$W_i = A_i m_p m_V \qquad (2.13)$$

式中，W_i 为指示功，J；A_i 为指示图的面积，mm^2；m_p 为压力比例尺，Pa/mm；m_V 为容积比例尺，m^3/mm。

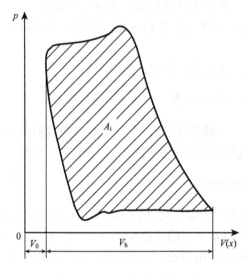

图 2.7　由示功图求指示功率

可求得指示功率为

$$P_i = \frac{1}{60}W_i n \qquad (2.14)$$

压缩机的指示功率为各级(严格讲为各工作腔)指示功率的总和。

2. 解析法

用等功法对实际示功图给予简化，分别以压缩过程出发点和膨胀过程出发点为起点，作出当量压缩线和当量膨胀线，把吸、排气过程的压力波动曲线用平均值代替，压缩与

膨胀过程指数相等并假定为常数 m。按理论循环的计算公式,可求得各级指示功率为

$$P_{i} = \frac{1}{60} p_1 (1 - \delta_s) \lambda_V V_h n \frac{m}{m-1} \left\{ \left[\varepsilon (1 + \delta_d) / (1 - \delta_s) \right]^{\frac{m-1}{m}} - 1 \right\} \tag{2.15}$$

对于实际气体,

$$P_{i} = \frac{1}{60} p_1 (1 - \delta_s) \lambda_V V_h n \frac{m}{m-1} \left\{ \left[\varepsilon (1 + \delta_d) / (1 - \delta_s) \right]^{\frac{m-1}{m}} - 1 \right\} \frac{Z_s + Z_d}{2 Z_s} \tag{2.16}$$

式中,δ_s、δ_d 分别称为吸气相对压力损失与排气相对压力损失,可按图 2.8 中曲线查取,对于具有较大阻力的气阀和管路系统,从实线查取;具有较小阻力损失时,可从虚线查取。ε 表示名义压力比 p_2/p_1。过程指数 m 对低压级可取 $m = (0.95 \sim 0.99) k$;中、高压级接近于绝热过程,可取 $m = k$;Z_s、Z_d 分别为该级进气和排气状态时的压缩性系数。

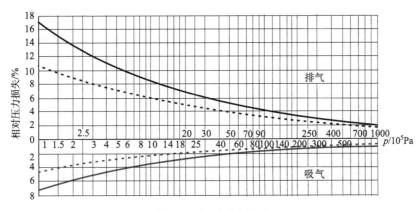

图 2.8 相对压力损失

2.2.4.3 效率

活塞压缩机的效率是评价其经济性的重要指标,反映了压缩机结构设计或工作状态的热力学完善程度。为了分析并明确压缩机的效率,先了解相关能量的转换及其分配关系。

气体压力的升高是因驱动机(如电动机)对其做功引起的,那么电机是如何将自身的能量传递给气体的呢?以电机驱动带传动为例来讨论,电机利用皮带将自身的旋转运动传递给与曲轴固连的皮带轮;其次,皮带轮带动曲轴一起做旋转运动;曲轴的旋转运动借助连杆、十字头和活塞杆将旋转运动转化为活塞的往复运动,而活塞与气体直接接触,对其进行压缩,便将能量传给气体。这样,能量由电机经皮带、皮带轮、曲轴、连杆、十字头、活塞杆、活塞一步一步地传递给气体,使气体的压力获得提高。

电机输入给压缩机的能量并不是全部用来提高气体的压力。首先,当电机的输出有效功率 P_{dr} 通过带传动传给曲轴时,小部分的能量用来克服传动损失 P_{tr};其次,曲轴获得的轴功率 P_{sh} 部分用来克服机械摩擦损失 P_f 以及驱动注油器等附属机构的少量能量 P_a,大部分用于完成实际压缩循环所需的能量 P_i;最后,实际循环的能量部分用来克服诸如

气阀、流道阻力和泄漏等带来的各种能量损失，而剩余的能量才是气体真正获得的能量。上述所涉及各种能量之间的关系如图2.9所示。

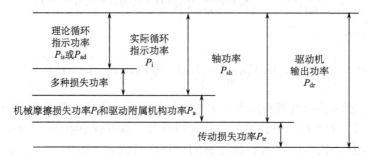

图2.9   压缩机能量分配关系图

机械摩擦损失包括往复摩擦损失和旋转摩擦损失，往复摩擦损失主要发生在活塞环与气缸内壁镜面、活塞杆与密封填料、十字头滑履与滑道之间；旋转摩擦损失主要发生在连杆大端轴瓦与曲柄销、连杆小端轴套与十字头销以及曲轴主轴颈与轴承之间。往复摩擦损失的能量要比旋转摩擦损失能量占的比例大。

活塞压缩机各部件摩擦功所占的比例汇总在表2.3，可以看出，活塞环与气缸之间的摩擦损失所占的比例最大。

表2.3   压缩机摩擦损失

摩擦损失	发生部位名称	占比/%
往复摩擦损失	活塞环(气体压力作用)与气缸	38～45
	活塞环(本身初弹力)与气缸	5～8
	活塞杆与填料	2～10
	十字头与滑道	6～8
旋转摩擦损失	十字头销与连杆小端轴瓦	4～5
	曲柄销与连杆大端轴瓦	15～20
	主轴颈与轴承	13～18

1. 等温指示效率

等温指示效率是理论等温压缩指示功率与实际循环指示功率之比，反映了压缩机实际压缩循环所耗功率与最小功率接近的程度。

$$\eta_{i-is} = \frac{P_{is}}{P_i} \tag{2.17}$$

2. 绝热指示效率

绝热指示效率是理论绝热压缩指示功率与实际循环指示功率之比。压缩机级的实际压缩过程与绝热过程更为接近(相对于等温过程)，可较好地反映气阀阻力损失以及泄漏的影响。

$$\eta_{i-ad} = \frac{P_{ad}}{P_i} \tag{2.18}$$

3. 等温效率

等温效率是理论等温压缩指示功率与轴功率之比。

$$\eta_{is} = \frac{P_{is}}{P_{sh}} \tag{2.19}$$

4. 绝热效率

绝热效率是理论绝热压缩指示功率与轴功率之比。

$$\eta_{ad} = \frac{P_{ad}}{P_{sh}} \tag{2.20}$$

5. 机械效率

机械效率是实际循环指示功率与轴功率之比。

$$\eta_m = \frac{P_i}{P_{sh}} \tag{2.21}$$

压缩机结构类型、制造质量、润滑状况等对机械效率都有影响，主要反映了各种摩擦损失的影响。不同大小压缩机机型的机械效率的统计数据是：中、大型压缩机 0.86～0.92；小型压缩机 0.85～0.90；微型压缩机 0.82～0.90。

6. 传动效率

传动效率是轴功率与驱动机输出有效功率之比。

$$\eta_{tr} = \frac{P_{sh}}{P_{dr}} \tag{2.22}$$

一般传动效率为 0.90～0.99，带传动取较低值，齿轮传动取较高值，联轴器直联传动可取 1。

最终确定驱动机功率时，一般要在有效功率的基础上留有 5%～15% 的富余量，此计算结果经圆整后即为选择驱动机功率的最终依据。

7. 比功率

工程实际中，为了能够更准确地衡量压缩机热力性能的好坏，对于空气压缩机，提出了比功率 P_r 的概念。用单位排气量所消耗的轴功率来衡量空气动力压缩机热力性能的好坏。比功率是反映压缩机效率的另外一种方式。

$$P_r = \frac{P_{sh}}{V_d} \tag{2.23}$$

式中，P_r 为比功率，$W/(m^3/min)$。

2.2.5 多级压缩

单级压缩所能提高的压力范围是有限的。对于需要高压力的场合，比如某工况工作压力要求为 32MPa，进气压力为 0.1MPa，进气温度为 20℃/293K，多变指数为 1.25。若仅通过单级压缩达到该工况工作压力，根据多变压缩循环排出气体的温度计算式 $T_2 = T_1(p_2/p_1)^{\frac{m-1}{m}}$，单级压缩的排气温度为 656℃/929K。显然，活塞式压缩机无法承受如此高温。在这种情况下必须采用多级压缩的方式进行。

2.2.3 节中也讨论了，当压力比过大，容积系数 λ_v 会大为降低，甚至当 $\varepsilon = (1+1/\alpha)^m$ 时，容积系数 λ_v 为零，导致无法吸气。需要通过多级压缩降低每级的压力比。

下面围绕多级压缩，依次从多级压缩流程、优势、级数选择和压力比分配四个方面进行介绍。

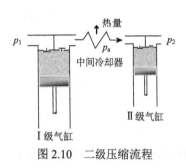

图 2.10　二级压缩流程

2.2.5.1　多级压缩过程

多级压缩是将气体的压缩过程分在若干级中进行，连续依次地进行压缩，并在每级压缩后将气体导入中间冷却器进行等压冷却。以二级压缩为例，其流程如图 2.10 所示。

为了简化分析过程，设各级无吸气和排气阻力损失，各级压缩按绝热压缩过程，每一级冷却后的温度与第一级的吸气温度相同，不考虑泄漏以及余隙容积的影响。基于这些假设可以得到各级压缩过程的 p-V 图和 T-S 图，如图 2.11 所示。

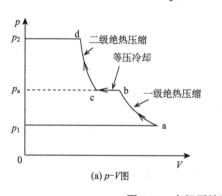

(a) p-V 图

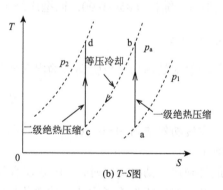

(b) T-S 图

图 2.11　多级压缩过程的 p-V 图和 T-S 图

结合 p-V 图和 T-S 图，可以分析多级压缩过程中气体的压力、体积、温度和熵的变化过程。

（1）气体进入第一级气缸假设为绝热压缩过程，吸入压力为 p_1，经过第一级气缸气体压力由 p_1 提高至中间压力 p_a，在 p-V 图中给出了气体的吸气与压缩过程的压力与体积变化；从 T-S 图中可以看到，虚线分别表示 p_1 和 p_a 的等压线，绝热压缩过程从 p_1 到 p_a 气体的熵不发生变化，但是温度随着压缩过程不断升高。

（2）第一级气缸排出的气体进入中间冷却器进行等压冷却，在 p-V 图中压力不变，随着温度的降低，体积减小；在 T-S 图中，气体的温度与熵值均沿着 p_a 等压线降低。

（3）冷却后的气体进入第二级气缸，p-V 图中在中间压力的基础上再次压缩得到排气压力 p_2，T-S 图中熵值不变，温度升高。

这就是二级压缩过程中压力、体积、温度和熵的变化过程。

2.2.5.2　多级压缩优势

多级压缩除了降低排气温度的优势外，还能节省功耗，降低活塞上的气体力以及提高容积系数。下面结合例子来分析这四个优势。

1. 降低排气温度

首先说明降低排气温度的优势，根据某工况（工作压力要求为：32MPa，进气压力：0.1MPa，进气温度：20℃/293K，多变指数：1.25）要求，图中对比了采用不同级数时压缩机排气温度的大小，各级压力比按等压力比方式计算。如图 2.12 所示，随着级数的增加，排出口温度快速降低，单级压缩的排气温度为 656℃，4 级压缩的排气温度降为 118℃。可见多级压缩降低排气温度的优势明显。

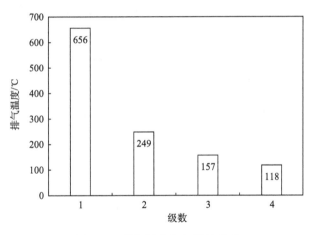

图 2.12　排气温度与级数的关系

2. 节省功耗

p-V 图中围成的面积表示压缩过程中的功耗。如图 2.13 所示，假设为理论压缩循环，各级压缩为绝热过程，分别按照单级压缩和二级压缩完成由 p_1 到 p_2 的压缩任务。单级压缩线 ae 与纵坐标所围成的面积为单级绝热压缩消耗的功；abcd 线与纵坐标所围成的面积为二级绝热压缩消耗的总功。两者对比可知，多级压缩所耗功明显小于单级压缩耗功，图中的阴影区域（bcde）面积

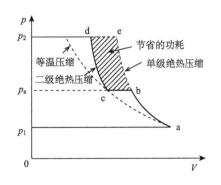

图 2.13　多级压缩与单级压缩功耗对比图

为节省的功量。

　　同时可以注意到，等温压缩过程最理想，耗功最低。多级压缩过程级数越多，且回冷完全(各级的出口气体均冷却到第一级进气温度)，越接近于等温压缩过程，耗功也越低。在多级压缩过程中，中间冷却器起了关键的作用，多级压缩能够节省功量也是因为由于进入中间冷却器进行等压冷却，使进入下一级气体的体积减小才能实现节省功耗的优势。如果多级压缩过程不经过中间冷却器，前一级气缸的气体排出后直接被吸入下一级气缸，那么多级压缩过程就与单级压缩过程功耗相等。

3. 降低活塞上的气体力

　　当总压力比相同时，采用多级压缩的最大气体力比单级压缩小，使压缩机各列所受的载荷减小，因此使运动机构质量减轻，机器效率提高。

　　举例说明，如图 2.14 所示，两台压缩机转速、行程、原始进气条件都相同。将气体从 0.1MPa 压缩到 0.9MPa，其中一台用单级压缩，另一台用二级压缩。

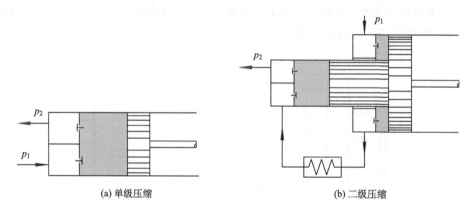

(a) 单级压缩　　　　　　　　　　　　(b) 二级压缩

图 2.14　多级压缩对活塞上气体力的影响

　　若为单级压缩，设活塞的面积为 F_1，气体压力从 $p_1 = 0.1$MPa 压缩到 $p_2 = 0.9$MPa，活塞在外止点时所受的最大气体力为

$$P_{max} = (0.9-0.1)F_1 = 0.8\,F_1$$

　　若采用二级压缩，设第一级活塞面积仍为 F_1，第二级活塞面积为 F_2，设第一级的压力从 0.1MPa 提高到 0.3MPa，第二级的压力从 0.3MPa 提高到 0.9MPa，这时活塞在外止点时所受的最大气体力为

$$P'_{max} = (0.3 - 0.1)F_1 + (0.9 - 0.1)F_2 = 0.2F_1 + 0.8F_2$$

　　假设级间的冷却完善，即第二级的吸气温度与第一级的吸气温度相同，按等温条件可导得第二级活塞面积 $F_2 = F_1/3$，则最大气体力为

$$P'_{max} = 0.47F_1$$

　　较单级压缩降低了约 42%。由此可见，采用多级压缩能够显著降低活塞上的气体力。

4. 提高容积系数

气缸余隙容积的存在是不可避免的，容积系数的表达式为 $\lambda_V = 1 - \alpha(\varepsilon^{\frac{1}{m}} - 1)$，由此式可知，随着压力比的增加，容积系数不断降低，气缸容积利用率降低。当压力比达到一定程度时，容积系数甚至为零，气缸无法吸气。在这种情况下需要采用多级压缩，随着级数增加，每级的压力比 ε 减小，气缸的容积系数提高，从而提高了气缸容积的利用率。

上述分析了多级压缩的优势，包括：①降低排气温度；②节省功耗；③降低活塞上的气体力；④提高容积系数。多级压缩尤其适用于压力比较高的场合。但是多级压缩也存在一些劣势，包括：①结构复杂；②整机尺寸、质量增加；③维修困难；④气阀、管路系统、设备中的阻力损失增加。因此级数也不宜过多，需要选取恰当的级数。

2.2.5.3　级数选择与压力比分配

1. 级数选择

正确选择级数对保证机器的可靠性和经济性具有重要意义。级数选择数量过少，会造成排气温度升高、功耗大并且影响气缸容积的利用率。但是级数选择也不是越多越好，级数越多，结构越复杂，相应的各级损失累积增大，设备的投资也会提高。因此压缩级数的选择需要权衡多级压缩的优点与不足，一般原则是保证运转可靠，功率消耗低，结构简单，易于维修并结合具体工况进行合理选择。

比如对比大型化工用压缩机和小型移动式压缩机，它们的需求是不同的，级数选择上也存在差别。对于大型化工用压缩机，它需要长期连续运转，因此在保证机器可靠运转的前提下，级数的选择主要应从最小功耗来考虑。但是对于小型移动式压缩机，它需要减轻质量、结构紧凑，因此可以适当增加压力比减少级数。此外，化工用压缩机级数选择还与工艺流程密切相关。

表 2.4 给出了目前常用的从常压进气的级数选择经验统计值，经过实践证明，这些压缩机具有较好的可靠性和较高的经济性，可供设计选型参考。

表 2.4　常见压缩机级数统计

终压/10^5Pa	3～6	6～30	14～150	36～400	150～1000	800～1500
级数	1	2	3	4	5～6	7

2. 压力比分配

当级数确定后，各级压力比还应进行合理分配，分配压力比的过程中，考虑的是使压缩机功耗最低。

以两级压缩过程为例来分析如何分配压力比，第一级进气压力为 p_1，中间压力为 p_a，第二级排气压力为 p_2，两级的多变压缩指数相等为 m，假设中间冷却器冷却完善，第二级的进气温度与第一级进气温度相同，则总功耗方程为

$$\sum W = W_1 + W_2 = -p_1 V_1 \frac{m}{m-1}\left[\left(\frac{p_a}{p_1}\right)^{\frac{m-1}{m}} + \left(\frac{p_2}{p_a}\right)^{\frac{m-1}{m}} - 2\right]$$

为了求得最低压缩功耗，对方程取极值，使方程对中间压力 p_a 求导：

$$\frac{\mathrm{d}(\sum W)}{\mathrm{d}p_a} = 0, \qquad \frac{\mathrm{d}^2(\sum W)}{\mathrm{d}p_a^2} > 0$$

得到 $p_a = \sqrt{p_1 p_2}$，由此可得二级压缩的压力比为 $\varepsilon_1 = \varepsilon_2 = \varepsilon^{1/2}$。同理可得多级压缩的各级压力比 $\varepsilon_i = \varepsilon^{1/z}$，其中 z 为级数。

由上述分析可知，当各级压力比相等时，总的理论循环功最小。该结论是基于理论压缩循环得到的。在实际压缩机工作过程中还会有各种压力损失，而且低压级的相对压力损失较大，高压级较小。所以各级压力比一般并不相等，其分配关系的确定需结合最省功的原则并考虑各级的相对压力损失。

2.3　活塞式压缩机动力分析

活塞式压缩机的知识结构中，存在两个基础模块，一个基础模块是热力分析，描述了不同热力过程中气体基本状态参数、气量、功、功率等的关系，如 2.2 节所述。另外一个基础模块就是活塞压缩机的动力分析，从机构的运动关系入手，搞清楚运动惯性力以及气体压强产生的气体力等的大小及变化规律，为压缩机动平衡分析、强度设计等打好基础。

2.3.1　曲柄连杆机构运动分析

结合图 2.15 所示结构，分析曲柄连杆机构的运动关系。O 为主轴中心，D 为曲柄销中心(只做旋转运动)，C 为连杆小头中心(相连十字头销或活塞销中心，只做往复运动)。

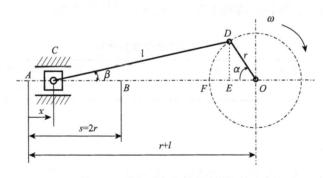

图 2.15　曲柄连杆机构的运动关系

当曲柄与连杆向外拉直时，即 D 位于 F 点时，C 位于 A 点，A 称为外止点，B 是内止点，活塞行程 $\overline{AB} = s = 2r$。规定 A 为位移 x 的 0 点，向内为 x 正向，该点也是曲柄转

角 α 的 $0°$ 位置，当曲柄顺时针转过 α 角时，连杆摆动了 β 角，此时活塞由 A 点运动到 C 点。

AO 间距离为曲柄与连杆向外拉直时曲柄销半径 r 与连杆长度 l 之和，利用 AO、CE、EO 线段间的几何关系，可以导出位移的关系式：

$$x = \overline{AC} = \overline{AO} - \overline{CO} = \overline{AO} - (\overline{CE} + \overline{EO}) = l + r - (l\cos\beta + r\cos\alpha) \tag{2.24}$$

位移关系式中的摆角 β 希望用曲轴转角 α 来表示，利用直角三角形 CDE 与 ODE 共边，可找到 β 角与 α 角的关系，即

$$\overline{DE} = l\sin\beta = r\sin\alpha, \quad 即 \sin\beta = \lambda\sin\alpha$$

$$\cos\beta = (1 - \lambda^2\sin^2\alpha)^{\frac{1}{2}} = 1 - \frac{1}{2}\lambda^2\sin^2\alpha - \frac{1}{8}\lambda^4\sin^4\alpha - \cdots$$

$$\cos\beta \approx 1 - \frac{1}{2}\lambda^2\sin^2\alpha$$

代入式 (2.24)，有

$$x \approx l + r - \left(l - \frac{1}{2}l\lambda^2\sin^2\alpha + r\cos\alpha\right) = r(1 - \cos\alpha) + \frac{1}{2}r\lambda\sin^2\alpha$$

$$x \approx r\left[(1 - \cos\alpha) + \frac{\lambda}{4}(1 - \cos 2\alpha)\right] \tag{2.25}$$

式中，$\lambda = r/l$ 称为连杆长径比，λ 的范围一般为 $1/3.5 \rightarrow 1/6$（高速 $\rightarrow$ 低速）。

当曲轴以转速 $n\,(\mathrm{r/min})$ 做均匀旋转时，

$$\omega = \frac{\mathrm{d}\alpha}{\mathrm{d}t} = \frac{\pi n}{30} \quad \mathrm{s}^{-1} \tag{2.26}$$

导出速度 v 与加速度 a：

$$v = \frac{\mathrm{d}x}{\mathrm{d}t} = \frac{\mathrm{d}x}{\mathrm{d}\alpha}\frac{\mathrm{d}\alpha}{\mathrm{d}t} = \frac{\mathrm{d}x}{\mathrm{d}\alpha}\omega = \omega r\left(\sin\alpha + \frac{\lambda}{2}\sin 2\alpha\right) \tag{2.27}$$

$$a = \frac{\mathrm{d}v}{\mathrm{d}t} = \frac{\mathrm{d}v}{\mathrm{d}\alpha}\frac{\mathrm{d}\alpha}{\mathrm{d}t} = \frac{\mathrm{d}v}{\mathrm{d}\alpha}\omega = \omega^2 r(\cos\alpha + \lambda\cos 2\alpha) \tag{2.28}$$

2.3.2　曲柄连杆机构惯性力分析

活塞压缩机中存在两种惯性力：往复运动件的往复惯性力和旋转运动件的旋转惯性力。连杆做平面摆动，其惯性力转化到上述两种惯性力中。

所有的运动件质量可简化为两类：①集中于活塞销或十字头销中心点 C 处，只做往复运动；②集中于曲柄销中心点 D 处，且仅绕曲轴中心点 O 做旋转运动。

1. 曲轴的质量转化

曲轴是主要的旋转件，但曲轴的质心并不在 D 处，需要进行质量转化，曲轴结构类型多样，比较好的办法是把曲轴分成三部分区域分别考虑（图 2.16，表 2.5）。

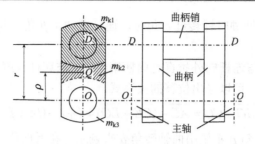

图 2.16　曲轴的质量转化

表 2.5　曲轴质量的三部分组成

质量	特点	说明
m_{k1}	对称于 D	含曲柄销质量，可认为质量集中于 D，质量全部计入
m_{k2}	质心在 Q 点	距 O 为 ρ，质量增或减，质量折算计入
m_{k3}	对称于 O	含主轴颈质量，旋转时不产生不平衡离心力，质量不计入

一部分是对称于主轴中心的部分 m_{k3}，旋转时离心力自身平衡，这部分质量不计入旋转惯性力计算的质量中。对称于曲柄销中心 D 处的质量 m_{k1}，这部分有一算一，直接计入旋转惯性力质量中。其余部分质量就是曲轴前两部分质量之外的质量 m_{k2}，这部分质量基于产生离心力（旋转惯性力）不变的考虑，折算转换到 D 处。

质量 m_{k2} 产生旋转惯性力 $m_{k2}\omega^2\rho$，转化成等效旋转惯性力（作用于 D 处）$m_{r1}\omega^2 r$，得等效质量：

$$m_{r1} = m_{k2}\frac{\rho}{r}$$

由此，集中于 D 点、曲轴未得到平衡的总质量为

$$m_k = m_{k1} \pm m_{k2}\frac{\rho}{r} \tag{2.29}$$

r 较小时，m_{k1} 区与 m_{k3} 区出现重叠时，上式取负号。

2. 连杆的质量转化

连杆的大头和曲轴一起旋转，小头和十字头（或活塞）一起做直线往复运动，杆身做平面运动。连杆的质量转化采用了简化的方法：把连杆质量 m_1 分为两个集中质量，分别在大头与小头两端，中间连接杆没有质量。大头端质量 m_{l2} 做旋转运动，小头端质量 m_{l1} 做往复运动，如图 2.17 所示。

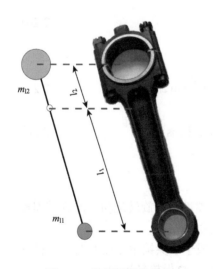

图 2.17　连杆质量的简化

转化条件是总质量不变、连杆质心不变，即

$$m_1 = m_{l1} + m_{l2}, \quad m_{l1} = m_1\frac{l_2}{l}, \quad m_{l2} = m_1\frac{l_1}{l}$$

3. 往复运动质量与旋转运动质量

设活塞、活塞环、十字头等完全往复运动件的质量为 m_p，往复运动件总质量(C 处)：

$$m_s = m_p + m_{11} \tag{2.30}$$

旋转运动件总质量(D 处)：

$$m_r = m_{12} + m_k = m_{12} + m_{k1} \pm m_{k2} \frac{\rho}{r} \tag{2.31}$$

4. 往复惯性力

惯性力=质量×加速度，方向与加速度相反(规定使连杆或活塞杆受拉伸的力为正值)，往复惯性力：

$$I = m_s a = m_s \omega^2 r (\cos \alpha + \lambda \cos 2\alpha) \tag{2.32}$$

为了便于分析，往复惯性力拆成两部分，分别称为一阶往复惯性力 I_1 与二阶往复惯性力 I_2，一阶往复惯性力的周期为 2π，二阶往复惯性力的周期为 π。

$$I = I_1 + I_2 \tag{2.33}$$

$$I_1 = m_s \omega^2 r \cos \alpha \tag{2.34}$$

$$I_2 = m_s \omega^2 r \lambda \cos 2\alpha \tag{2.35}$$

往复惯性力随转角的变化规律如图 2.18 所示。

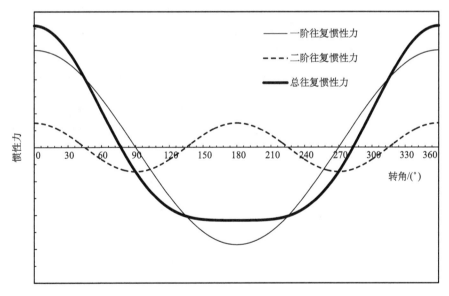

图 2.18 一、二阶及总往复惯性力变化曲线

总结往复惯性力的特点：①力的方向始终沿该列气缸的中心线，大小和拉/压力随曲柄转角 α 呈周期性变化；②一阶惯性力起主要作用；③惯性力与 ω^2 成正比，也就是与转速的平方成正比，这是活塞压缩机转速不能过高的一个重要原因。

5. 旋转惯性力

旋转惯性力即旋转运动总质量与向心加速度的乘积:

$$I_{\mathrm{r}} = m_{\mathrm{r}}\omega^2 r \tag{2.36}$$

旋转惯性力的特点是: ①使曲柄受拉伸(规定为正); ②旋转惯性力的大小是定值; ③方向始终沿曲柄半径向外。

2.3.3 活塞压缩机中的作用力和力矩

2.3.3.1 综合活塞力分析

在活塞压缩机的所有载荷中,综合活塞力 P_{Σ} 最为重要,它的作用线位于气缸中心线,由往复惯性力 I(因往复运动件加速或减速所产生)、气体力 P(被压缩气体的压强所致)和摩擦力 R_{s}(往复接触运动摩擦所引起)三部分组成。

$$P_{\Sigma} = I + P + R_{\mathrm{s}} \tag{2.37}$$

1. 气体力

气体力是气体压力与活塞工作面面积乘积的代数和。气体力的正负规定与往复惯性力一样,使活塞杆(或连杆)拉伸为正,压缩为负。如果是双作用气缸,盖侧的气体力使活塞杆受压,规定为负的,轴侧的气体力相反,是正的。

以前人们习惯的是气体压力随容积的变化(即示功图的形式),现在需要改变为随转角 α 的变化,其中要用到位移 x 与转角 α 的函数关系。这种转化现在变得十分简单,如用 Excel 软件,很容易就可以实现(图 2.19)。

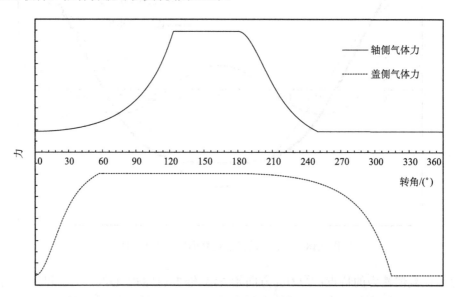

图 2.19　气体力变化曲线

2. 往复运动摩擦力

所有发生往复运动接触的部位都会产生往复摩擦力，如活塞环与气缸壁、活塞杆与填料、十字头滑履与滑道等处。严格讲，往复摩擦力 R_s 因往复速度的变化而随时改变，规律复杂。但考虑到其绝对值相对气体力与惯性力要小许多，常常将其按照定值考虑，其方向与活塞的运动方向相反。

往复摩擦力的正负符号规定是使活塞杆（或连杆）拉伸为正，简化后的往复运动摩擦力线如图 2.20 所示。

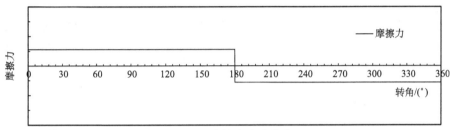

图 2.20　摩擦力变化曲线

3. 综合活塞力

忽略运动构件自身质量，综合活塞力为气体力 P、往复惯性力 I 和往复摩擦力 R_s 的代数和。

综合活塞力曲线在三种力叠加后，如图 2.21 所示，其大小一直在变化，分区域表现为正值或负值。从中可以找到最大拉力与最大压力，为结构承载能力设计或校核提供载荷数据。

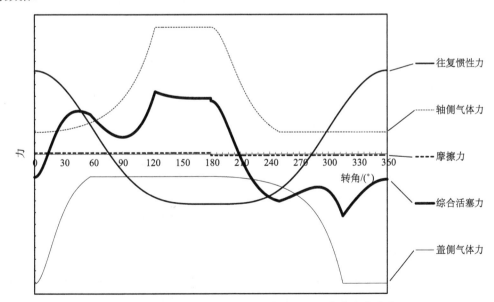

图 2.21　惯性力、气体力、摩擦力与综合活塞力变化曲线

2.3.3.2　运动件的受力分析

在分析综合活塞力的基础上，现在讨论活塞压缩机主要零部件的受力情况，这些零部件有活塞组件(活塞、活塞杆)、十字头、曲轴、机身等。受力分析中，一般略去构件的自重。连杆的力学模型是二力杆，受力比较简单，不进行专门讨论。但需要指出，如果是高转速活塞压缩机(如转速 n 大于 1500 r/min)，需要考虑连杆摆动加速度产生的惯性力所致附加弯矩。

1. 活塞组件的受力分析

假想断开活塞杆，活塞与活塞杆等构成的活塞组件受力图如图 2.22 所示，受到气体力 P、往复惯性力 I、综合活塞力 P_Σ 以及往复运动摩擦力 R_s (设向外止点运动)的作用。P_Σ 为 P、I 和 R_s 的代数和。

2. 十字头的受力分析

去除活塞杆、连杆等的约束，取十字头为隔离体(图 2.23)，十字头受到活塞杆传递的综合活塞力 P_Σ、连杆传来的连杆力 P_t 以及与十字头滑道的约束力(侧向力)N。

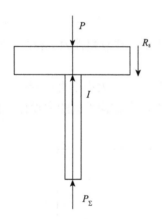

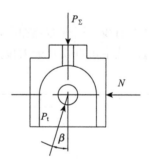

图 2.22　活塞组件受力图　　　　　　图 2.23　十字头受力图

根据静力平衡条件，可以导得

$$\begin{cases} \sum Y = 0, & P_t = P_\Sigma / \cos\beta = \dfrac{P_\Sigma}{\sqrt{1-\lambda^2\sin^2\alpha}} \\[3mm] \sum X = 0, & N = P_t\sin\beta = \dfrac{P_\Sigma\lambda\sin\alpha}{\sqrt{1-\lambda^2\sin^2\alpha}} \end{cases} \tag{2.38}$$

3. 曲轴的受力分析

去除连杆的约束，轴承对曲轴为固定铰链约束。连杆传递来的连杆力 P_t 平移到曲轴中心 O (图 2.24)，平移附加的弯矩称为曲轴阻力矩(h 为平移距离):

$$M_k' = P_t h = P_t r \sin(\alpha + \beta) = P_\Sigma r \frac{\sin(\alpha + \beta)}{\cos \beta} \tag{2.39}$$

曲轴与轴承旋转接触摩擦力矩(与转向相反)用 M_f 表示,则旋转阻力矩为

$$M_k = M_k' + M_f \tag{2.40}$$

曲轴上还作用着由原动机传入的驱动力矩(与转向相同)M_d 和旋转惯性力 I_r(如未获得平衡)。

压缩机的阻力矩由驱动机提供的驱动力矩来平衡,在压缩机一转中,旋转阻力矩所消耗的功与驱动机所供给的功是相等的。然而阻力矩随转角周期性变化,而原动机的驱动力矩基本上是个定值。在一转中的某一瞬间两者的数值一般是不相等的,这就会引起曲轴的加速和减速现象。即

$$M_d - M_k = J\varepsilon \tag{2.41}$$

式中,J 为全部旋转质量的转动惯量(单位 kg·m²);ε 为主轴的角加速度(单位 rad/s²),$\varepsilon = \dfrac{\mathrm{d}\omega}{\mathrm{d}t} = \dfrac{\mathrm{d}^2\alpha}{\mathrm{d}t^2}$。

为防止 ε 的较大波动,设计时人为用加飞轮的办法提高 J 值,来降低 ε。

4. 机身和基础的受力分析

去除曲轴、十字头、活塞等运动件,取机身为隔离体,分析其受力情况(图 2.25)。

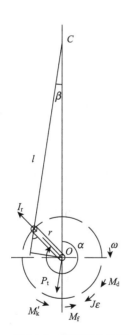

图 2.24　曲轴受力分析

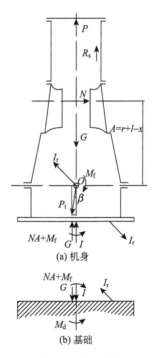

(a) 机身

(b) 基础

图 2.25　机身和基础受力分析

(1) 气缸盖上气体力 P；

(2) 往复运动摩擦力 R_s（十字头、填料函等处往复摩擦力合并表达于此）；

(3) 十字头滑道所受侧压力 N；

(4) 主轴承处 O 作用有主轴传来的连杆力 P_t；

(5) 主轴承处作用着旋转惯性力（I_r 的未平衡部分）及其基础反力；

(6) 重力 G 及基础反力；

(7) 往复惯性力未平衡部分基础反力；

(8) 倾覆力矩 NA 及其基础反力矩；

(9) 摩擦力矩 M_f 及其基础反力矩。

对安放活塞压缩机的基础进行受力分析（图 2.25）：

(1) 地脚螺栓和底板传来未获得平衡的惯性力 I 和 I_r；

(2) 传给基础的机器重力 G；

(3) 倾覆力矩 NA；

(4) 摩擦力矩 M_f；

(5) 如果原动机与压缩机在同一基础上时，通过机壳传到基础上的驱动力矩 M_d。

如果原动机的输出力矩是 M_d，那么原动机壳必有一个与 M_d 大小相等、方向相反的反力矩传到基础上，而反力矩的方向与曲轴转向相反。$NA = P_t h$，基础受到的净力矩为

$$M_d - NA - M_f = J\varepsilon$$

基础振动源分析：

(1) 未获平衡的旋转惯性力 I_r 的方向随时改变，使基础振动；

(2) 未获平衡的往复惯性力 I 的方向沿气缸中心线，但大小和上下方向是变化的，引起基础上下振动（对立式而言）；

(3) 净力矩正负因角加速度 ε 正负而交替变化，引起基础振动。

即除重力 G 外，都将造成基础振动，对机器工作十分不利。

2.3.4　活塞压缩机的动力平衡

活塞式压缩机与离心式压缩机是压缩机的两大主要产品，占据了大部分的市场份额。如中华人民共和国成立初期采用的合成氨工艺，氮气与氢气需要压缩到 32MPa 左右，提压任务靠的是活塞式压缩机。20 世纪 80 年代我国建了一些年产 30 万 t 合成氨的化肥厂，氮气与氢气压缩到 15MPa 左右，提压任务靠的是离心式压缩机。

活塞式压缩机相对于离心式压缩机，一个明显的弱点是许多零部件在做往复运动，存在很大的往复惯性力。为了避免过大的惯性力存在，活塞压缩机设计时必须考虑惯性力以及惯性力矩的平衡问题。

在 2.3.2 节中分析了活塞压缩机的往复惯性力和旋转惯性力，共同点是：两种惯性力与相应的质量成正比，与角速度或转速的平方成正比。同时存在明显的不同，如表 2.6 所列。

表 2.6　活塞压缩机两种惯性力的区别

惯性力	作用线	作用方向	是否定值
往复惯性力	气缸中心线	向盖侧或向轴侧	否，不断变化
旋转惯性力	曲柄半径线	沿半径向外	是

惯性力的特点是数值大，零部件需要足够的尺寸，才可满足承载要求，惯性力的存在会引起压缩机以及基础的振动。惯性力的应对思路是：最好能够在压缩机内部将惯性力及惯性力矩全部抵消；退而求其次是在压缩机内部将惯性力及惯性力矩部分抵消；至少要努力在压缩机内部将惯性力及惯性力矩尽可能减小。

先分析旋转惯性力的平衡，然后讨论单列压缩机往复惯性力的平衡，最后探讨多列压缩机惯性力和惯性力矩的平衡。

1. 旋转惯性力的平衡

旋转惯性力由于具有如表 2.6 所示的特点，其平衡比较容易实现，要比往复惯性力的平衡容易得多。

一般可用平衡重来平衡。在旋转惯性力 I_r 的反向加一总质量为 m_0 的平衡重，其重心距曲轴中心为 r_0（图 2.26），使 $m_0\omega^2 r_0 = m_r\omega^2 r$，即 $m_0 r_0 = m_r r$，便可实现旋转惯性力的平衡。

如果是多列压缩机，可设法利用结构对称性，使得旋转惯性力 I_r 得到平衡。

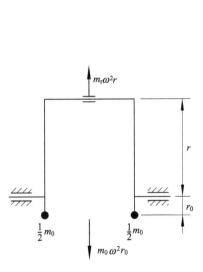

图 2.26　旋转惯性力的平衡

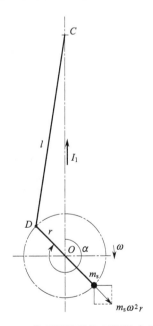

图 2.27　单列压缩机往复惯性力的平衡

2. 单列压缩机往复惯性力的平衡

往复惯性力的平衡分析从单列压缩机开始讨论，把往复惯性力拆成一阶与二阶分别表达(式(2.34)，式(2.35))，尝试类似旋转惯性力平衡方法在曲柄反向加平衡重平衡的效果。为便于分析，设平衡重质量为 m_s，其重心距曲轴中心为 r(图2.27)。

该平衡重产生的离心惯性力：$m_s\omega^2 r$，垂直方向分力：$m_s\omega^2 r\cos\alpha$，该值与一阶往复惯性力 I_1 等值、反向，可平衡；水平方向分力：$m_s\omega^2 r\sin\alpha$，该分力无法得到平衡。设计中，有时候为了改善地脚螺栓和基础受力或者为了改善滚动轴承受力情况，可通过加平衡重的方法将 I_1 的全部或部分旋转 $90°$。

二阶往复惯性力 I_2，因其周期为 π，故不能用加平衡重的方法平衡或转向。

3. 多列压缩机惯性力和惯性力矩的平衡

现在分析多列活塞压缩机惯性力和惯性力矩的平衡。多列活塞压缩机提供了多种抉择方案，可通过其结构的合理布置使惯性力得到部分或全部平衡。平衡方法主要有两种：

(1)通过各列曲拐错角的合理布置，使惯性力全部或部分抵消。

(2)通过角度式压缩机夹角的合理布置，使合成惯性力大小不变，方向沿曲柄向外，就可以用加平衡重的方法平衡惯性力。

具体的结构形式有很多，举3个例子分析讨论。

示例1：两列气缸平行配置于曲轴同侧，曲拐错角 $\delta=180°$（图2.28）。

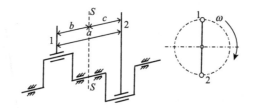

图2.28　多列活塞压缩机往复惯性力平衡示例1

根据转角 α 的定义，当第1列处于外止点，即转角 $\alpha=0$ 时，第2列的转角为 π；当第1列处于 α 时，第2列的转角为 $\pi+\alpha$。这样就可以找到两列存在的相位差。

分别列出两列的一阶往复、二阶往复以及旋转惯性力(表2.7)，随后表2.8列出了惯性力及力矩在重心平面 S-S 的合成结果。

表2.7　示例1惯性力

惯性力	1列	2列
一阶往复	$I_{11}=m_{s1}\omega^2 r\cos\alpha$	$I_{12}=m_{s2}\omega^2 r\cos(\pi+\alpha)$
二阶往复	$I_{21}=m_{s1}\omega^2 r\lambda\cos2\alpha$	$I_{22}=m_{s2}\omega^2 r\lambda\cos2(\pi+\alpha)$
旋转	$I_{r1}=m_{r1}\omega^2 r$	$I_{r2}=m_{r2}\omega^2 r$

表 2.8　示例 1 转化到压缩机重心平面 $S\text{-}S$ 上的惯性力和惯性力矩

项目	惯性力	惯性力矩
一阶	$I_1 = (m_{s1} - m_{s2})\,\omega^2 r\cos\alpha$	$M_1 = (m_{s1}b + m_{s2}c)\,\omega^2 r\cos\alpha$
二阶	$I_2 = (m_{s1} + m_{s2})\,\omega^2 r\lambda\cos2\alpha$	$M_2 = (m_{s1}b - m_{s2}c)\,\omega^2 r\lambda\cos2\alpha$
旋转	$I_r = (m_{r1} - m_{r2})\,\omega^2 r$	$M_r = (m_{r1}b + m_{r2}c)\,\omega^2 r$

留意表 2.8 所列表达式中存在"－"的项，可以发现，如果两列运动质量相等，重心位置居中，则有一阶往复惯性力 I_1、旋转惯性力 I_r、二阶惯性力矩 M_2 都为零，其他 3 项不为零，但是旋转惯性力矩 M_r 可通过加平衡重的方法获得平衡。

示例 2：两列气缸对称配置于曲轴两侧，曲拐错角 $\delta = 180°$（图 2.29）。

与示例 1 结构布置的区别只是两列气缸由同侧改变为两侧对置。当第 1 列处于外止点，即转角 $\alpha = 0$ 时，第 2 列的转角 α 也是 0。但两列是相对布置，力的方向正好相反。

如果两列的往复运动质量相等，旋转运动质量也相等，则一阶往复惯性力、二阶往复惯性力、旋转惯性力都相互抵消，惯性力矩没有得到平衡。

旋转惯性力矩 $M_r = m_r a\omega^2 r$ 可通过加平衡重 m_0 予以平衡（图 2.30），需要满足的条件可以通过简单的运算求得

$$m_0 r_0 b = m_r r a\,, \quad \text{即}\ m_0 = m_r \frac{a}{b}\frac{r}{r_0}$$

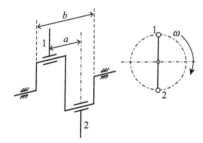

图 2.29　多列活塞压缩机往复惯性力平衡示例 2

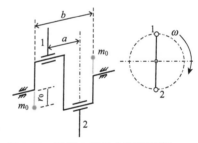

图 2.30　示例 2 惯性力矩的平衡

像示例 2 这种对置式压缩机，如果采用四列以上，只要曲拐错角设计合适，不仅惯性力可以获得完全平衡，惯性力矩也可以得到平衡。这样的活塞压缩机称为对称平衡型压缩机，大型压缩机设计中优先采用。

示例 3：角度式压缩机，中心线夹角 90°（图 2.31）。

角度式压缩机是活塞压缩机的主要结构形式之一，有 L 型、V 型、W 型、扇型等多种类型。本例以 V 型活塞压缩机为例说明。当第 1 列处于外止点，即转角 $\alpha_1 = 0$ 时，第 2 列的转角为 $3\pi/2$，两列的相位差是 $3\pi/2$：$\alpha_2 = \alpha_1 + 3\pi/2$。分别列出第 1 列、第 2 列一、二阶往复惯性力，如表 2.9 所示。

如果两列往复运动总质量相同（$m_{s1} = m_{s2}$），则一阶往复惯性力合力的大小是 $I_1 = m_s\omega^2 r$，是个定值，方向正好沿曲柄方向（$\theta_1 = \alpha_1$），可通过加平衡重进行平衡。旋转惯性力 I_r 可通过加平衡重平衡。

二阶往复惯性力合力：

$$I_2 = \sqrt{2}m_s\omega^2 r\lambda\cos 2\alpha_1$$

表 2.9　示例 3 惯性力

惯性力	1 列	2 列
一阶往复	$I_{11} = m_{s1}\omega^2 r\cos\alpha_1$	$I_{12} = m_{s2}\omega^2 r\cos(\alpha_1+3\pi/2)$
二阶往复	$I_{21} = m_{s1}\omega^2 r\lambda\cos 2\alpha_1$	$I_{22} = m_{s2}\omega^2 r\lambda\cos 2(\alpha_1+3\pi/2)$

I_2 随转角周期性变化，夹角固定为 45°（作用方向不变），I_2 不能用加平衡重的方法平衡。角度式活塞压缩机列间距较小，往复惯性力矩数值也较小。

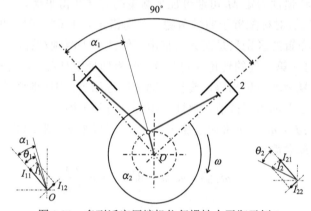

图 2.31　多列活塞压缩机往复惯性力平衡示例 3

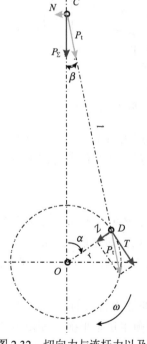

图 2.32　切向力与连杆力以及
综合活塞力的关系

2.3.5　切向力

式 (2.38) 反映了活塞压缩机工作中，连杆力与综合活塞力以及侧向力的关系，如图 2.32 所示，作用于曲柄销上的连杆力 P_t 可分解为垂直曲柄方向的切向力 T 和沿着曲柄方向的法向力 Z（是曲轴强度计算的重要依据）。

$$T = P_{\Sigma}\frac{\sin(\alpha + \beta)}{\cos\beta} \tag{2.42}$$

T 对曲轴回转中心 O 形成的力矩 Tr，亦即前面分析中的 $P_t h$，$Tr = P_t h = M_k'$。由于 r 为常数，因此，只要研究曲轴回转一周中切向力 T 的变化规律，就可反映出曲轴一转中阻力矩 M_k' 的变化规律，进而也就可分析出压缩机驱动力矩 M_d 与阻力矩 M_k' 间的平衡特性。T 对机器旋转稳定性有直接影响，切向力 T 随转角 α 的变化关系曲线称为切向力图，如图 2.33 所示，该图可直接反映旋转运动的平稳性。

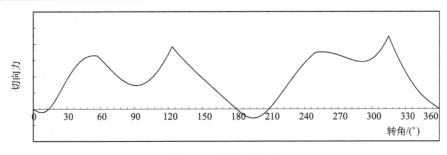

图 2.33　切向力曲线

2.4　活塞式压缩机总体结构

2.4.1　活塞压缩机的结构形式

活塞压缩机在空间的布置方式，有立式、卧式和角度式三大类。运动机构设计中有带与不带十字头两种选择，微小型压缩机有时采用不带十字头结构，连杆小头直接与活塞(筒形)通过活塞销连接，这时的气缸利用方式只有盖侧工作腔，为单作用式或级差式。多级压缩时常采用级差式气缸(两个以上不同级的活塞组装在一起工作)，如出现在图 2.34(b)、(c)、(d)、(e)中的级差式活塞。多列卧式压缩机常采用对置型结构，并优先采用对称平衡型，对称平衡型又有 M 型(驱动机位于曲轴一侧)和 H 型(驱动机位于曲轴中间)之分。角度式压缩机有 L 型、V 型、W 型、扇型和星型等不同的布置形式。

从上可见，活塞压缩机的总体结构布置存在较大的选择余地，特别是多列多级时，更能够体现设计者的学识与智慧。总体结构设计时，通常需要考虑动力平衡性能、曲轴刚性、占用空间、加工制造、安装维护等方面的因素。图 2.34 选择表示了活塞压缩机几种常见的结构布置。

2.4.2　设计原则

(1)满足用户提出的供气量、排气压力及有关使用条件的要求；

(2)大修时间间隔长，正常运转率高；

(3)有较高的运转经济性；

(4)有良好的动力平衡性；

(5)维护检修方便；

(6)尽可能采用新结构、新技术、新材料；

(7)制造工艺性良好；

(8)机器的尺寸小、质量轻。

上述原则，难以兼顾，抓住主要要求，兼顾其他要求。

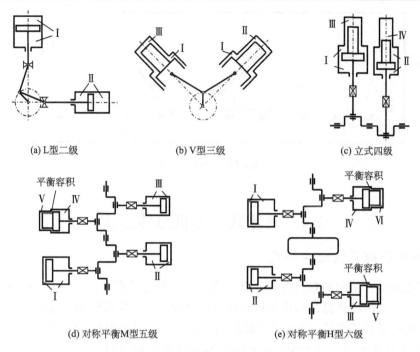

(a) L型二级   (b) V型三级   (c) 立式四级

(d) 对称平衡M型五级   (e) 对称平衡H型六级

图 2.34   活塞压缩机总体结构方案示例

2.4.3   主要参数的选择

活塞压缩机设计时，确定的基本参数(如转速、行程等)是否合理，将直接影响压缩机的热力性能和动力性能，并对加工制造难易程度、标准化水平、运行可靠性、维护是否方便等产生重大的影响。合理且科学地选择活塞压缩机的主要参数是压缩机设计的首要任务。

转速和行程与活塞平均速度直接相关，关系式如下：

$$C_m = ns/30 \tag{2.43}$$

式中，C_m 为活塞平均速度，m/s；n 为压缩机转速，r/min；s 为活塞行程，m。

活塞压缩机设计参数选择一般从活塞平均速度入手。

1. 活塞平均速度 C_m

活塞平均速度过高，运动接触件(活塞环与气缸内壁、活塞杆与密封填料、十字头滑履与滑道等)的摩擦和磨损会加剧，另外气阀在气缸上的布置可能得不到足够的安装面积。会造成易损件寿命缩短、阻力损失加大、功率消耗增加、排气温度升高等，严重影响压缩机运行的可靠性和经济性。

一般活塞平均速度控制在 2.5～4.5 m/s，移动式压缩机为了减小尺寸和质量，可取 4～5 m/s。无油润滑压缩机，为了减少泄漏，取值略高一些。压缩气体如为易爆危险介质，出于安全考虑，取值低于一般压缩机的活塞平均速度。

2. 活塞行程 s

在一定的活塞平均速度下，活塞行程 s 的选取，一般基于如下考虑：

(1) 与排气量相关，排气量较大时行程取得长些，反之则取短些。

(2) 与压缩机的结构形式有关，对于立式、V 型、W 型和扇型等结构形式，考虑到维护等因素，行程取值适当短些。

(3) 与气缸的结构有关，第一级气缸直径 D_1 与行程 s 的比例首先需要重点考虑，如果行程太小，气阀在气缸上的布置会变得困难，甚至难以实现。常压进气情况下，一般在转速低于 500 r/min 时，$s/D_1 = 0.4\sim0.7$；转速 500 r/min 以上时，$s/D_1 = 0.32\sim0.45$。

3. 转速 n

从排气量计算式 (2.10) 可以看出转速对压缩机生产能力的重要影响。对于已使用压缩机，提高转速则生产能力成比例增加，对于新设计压缩机，提高转速可使机器尺寸变小，质量变轻，当代总的趋势是提高转速。

从惯性力计算式 (2.32) 和式 (2.36) 可见，转速增加，惯性力成平方关系显著增加，平衡不好的压缩机，转速的提高会加剧机器的振动。此外，转速越高，易损件寿命越短，特别是气阀阀片寿命大致与转速 n 成反比。转速增加，气阀中气流速度增大，阻力损失加大，使效率降低。

活塞压缩机转速范围一般推荐为：微型和小型（1000～3000 r/min），中型（500～1000 r/min），大型（250～500 r/min）。

总体结构形式和这些基本参数确定后，随后进行热力分析，进行气缸行程容积、排气温度、排气量、指示功率、驱动功率等的计算或核算。在热力计算基础上，进行运动件质量、气体力、惯性力、摩擦力、综合活塞力、切向力、飞轮矩等的动力计算。在受力分析的基础上，进行曲轴、连杆、活塞组件、气缸、气阀、机身等的强度设计或校核。

需要指出，上述这些计算环节之间的关系不都是显式的，有些项目需要初算和复算，才能实现较为合理的设计。如活塞杆直径的大小影响气缸的行程容积，同时也影响往复运动总质量，进而影响往复惯性力乃至综合活塞力，同时活塞杆直径的大小还需满足强度和稳定性的要求。

2.5 活塞式压缩机主要零部件结构

2.5.1 气缸

气缸是活塞压缩机非运动构件中最为重要的部件，是组成基本压缩单元并承受气体压力的核心构件。气缸设计中需要考虑如下要素：

(1) 工作腔表面具有良好的耐磨性；

(2) 工作腔表面具有良好的润滑性；

(3) 具有足够的强度和刚度；

（4）借助于水夹套、风冷翅片等措施，可形成良好的冷却效果；

（5）布置气阀、容纳活塞组件等所残留的余隙容积小，气流阻力小；

（6）与气缸盖等结合处的连接和密封可靠；

（7）具有良好的制造及加工工艺性能，装拆方便；

（8）气缸直径、气阀安装尺寸、连接件等符合机械设计标准化、系列化和通用化的要求。

气缸一般由工作腔、气阀室、填料函、冷却水套及其连接、气路及其连接等组成。气缸的结构形式多种多样，按冷却方式分有水冷和风冷两种；按容积利用方式分有单作用、双作用和级差式气缸；按材质可区分为铸铁气缸、铸钢气缸、锻钢气缸和结构钢气缸等；按有无缸座或缸盖，分为开式和闭式气缸。

一般而言，气缸有工作腔、水路和气路，连接结合面多，使得气缸形状比较复杂。铸铁具有优良的铸造性能，适合于复杂结构的成型，具有一定的强度、耐磨性、减振性和良好的切削加工性，价格低廉。灰铸铁为气缸最早采用的材料，如 HT200、HT250 和 HT300 等，灰铸铁气缸最高许用工作压力限制在 7 MPa 以下，现在仍是优先考虑的材料，铸铁气缸的结构形式多样，列举如下几例。

图 2.35 为单作用式风冷单层壁铸铁气缸，气阀设置在气阀端部的缸盖上，微型和小型角度式空气压缩机上采用较多。中型和大型活塞压缩机一般设有冷却水夹套，图 2.36 是带水套双层壁铸铁气缸，阀室突起，为一端带缸盖另外一端封闭的闭式结构。图 2.37 是带有冷却水套和阀室连通气路的三层壁铸铁气缸，为两端都配缸盖的开式结构。开式结构气缸便于铸造，气缸镜面加工便利，精度易于保证，铸造应力和温度应力小。

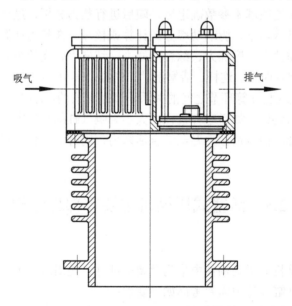

图 2.35　风冷单层壁铸铁气缸

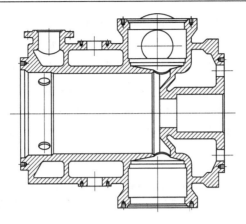

图 2.36 水冷双层壁铸铁气缸

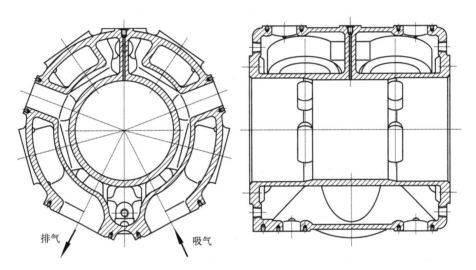

图 2.37 带水套气路三层壁铸铁气缸

球墨铸铁与灰铸铁的铸造工艺几乎没有差别，但强度要较灰铸铁高，如 QT450-10 和 QT600-3 等，气缸最高许用工作压力限制为 10 MPa。

铸钢的浇铸性能不如铸铁，铸钢气缸的形状要比铸铁气缸简单。铸钢可焊性高于铸铁，常通过焊接组成较复杂的结构。如 ZG230-450、ZG270-500、ZG15Cr12、ZG20Cr13 等，铸钢气缸最高许用工作压力限制在 18 MPa。

承受更高压力时采用锻钢气缸，锻钢气缸最高许用工作压力没有明确的限制，通过强度设计确定。如 35、45、40Cr、35CrMo、40CrNiMo、42CrMoA 等。锻钢原料常为块状体，机械加工量大，气缸形状非常简单。气缸常采用多层壁组合式，通过螺栓或焊接连接在一起。

气缸也可采用结构钢焊接而成，最高许用工作压力为 8.5 MPa。

此外，气缸还可以采用其他一些材料，如空气压缩机气缸和气缸套可以采用铸铝材料，如 ZL108、ZL109。

气缸体的强度设计类似于圆筒形压力容器的设计，也需考虑腐蚀减薄和非均匀等因素，强度计算厚度的基础上增加一定的厚度附加量。

气缸体、气缸盖、气缸座及(湿式)气缸套等零件的水腔，均应以最高工作压力的 1.5 倍且不低于 0.6 MPa 的压力做水压试验，保压时间不少于 30 min，应不渗漏。

气缸和气缸套的材料根据被压缩气体性质和所承受的气体压力选取，国家推荐标准《石油及天然气工业用往复压缩机》(GB/T 20322—2006)和美国石油学会标准《石油化工和天然气工业用往复式压缩机》(API 618—2007)规定了气缸材料最高许用工作压力的数值，如表 2.10 所示。

表 2.10　气缸材料最高许用工作压力

材料	最高许用工作压力/MPa
灰铸铁	7.0
球墨铸铁	10.0
铸钢	18.0
锻钢	无具体限制
焊接结构钢	8.5

2.5.2　活塞组件

一般将活塞、活塞杆和活塞环等合并称为活塞组件，它们在气缸内做往复运动，起压缩气体的作用，气体工质的压力作用在活塞端面上，通过活塞杆、十字头、连杆等机构传递到曲轴上。活塞组件与气缸构成了工作腔容积。活塞与活塞杆(或无十字头结构的活塞销)的连接和定位要可靠，活塞除了要具有足够的强度和刚度外，必须形成良好的密封。

活塞的基本结构形式有筒形、盘(鼓)形、级差式、组合式、柱塞等。

筒形活塞(图 2.38)用于微型和小型无十字头的压缩机，没有活塞杆，连杆小头直接与活塞销相连。活塞销座孔两端加工有环形沟槽，用以放置弹簧圈卡环，对活塞销定位。靠近活塞端面的几道是活塞环，靠近曲轴箱侧的一道或两道是刮油环，阻止曲轴箱油池润滑油飞溅后，较多带入气缸工作腔。

盘形活塞也称为鼓形活塞，常用于中、低压气缸中。盘形活塞一般是中空的，内有数条径向加强筋，以增加刚性。活塞端面每两条筋之间开清砂孔，运行时用螺塞可靠封闭。盘形活塞有铸铁活塞(图 2.39)、铝制活塞、焊接活塞、组合式活塞等多种形式。出于设置气阀的需要或为了增加活塞刚性，盘形活塞还有一种带锥形段的结构形式。无油润滑压缩机中，常设置支承环，作为活塞侧向力的承压表面，支承环用耐磨塑料等制成。

级差式活塞在多级压缩中被较多采用，用在串联两级以上不同直径的级差式气缸中，活塞杆有时兼作活塞。为降低密封压力差减少泄漏，一般将低压级活塞设置于轴侧(正级差结构)；出于受力平衡性、维修性等考虑，有时也采用低压级活塞设置于盖侧，高压级活塞设于轴侧的倒级差结构，对密封填料的要求更高。为了易于磨合并减少对气缸镜面的磨损，在活塞的支承面上铸有巴氏合金等轴承合金。

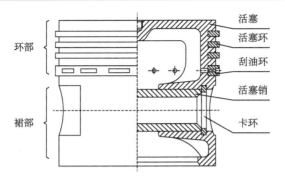

图 2.38　筒形活塞组件

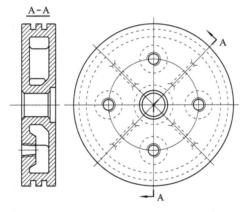

图 2.39　盘形活塞

　　活塞组件中，活塞与活塞杆的连接是否合理且可靠，对压缩机的运行产生很大的影响。活塞杆另外一端和十字头相连，在几级串联的列中，活塞杆还要将相邻活塞连接起来。活塞与活塞杆的连接主要有圆柱凸肩连接和锥面连接两种方法。

　　图 2.39 采用圆柱凸肩连接方法，活塞与活塞杆的同心度通过圆柱面的精加工来实现。两个方向活塞力的传递，分别由活塞杆凸肩和连接螺母来承担。图 2.40 所示为锥面连接方法，活塞杆与活塞锥孔形成精密配合，以保证活塞与活塞杆的垂直度。这种连接方法装拆方便，快速定位。但对加工精度要求高。

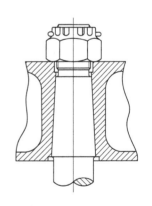

图 2.40　活塞与活塞杆的锥面连接结构

　　活塞与气缸镜面(内表面)间存在较大的缝隙，被压缩气体的密封通过套在活塞外周环槽内的活塞环来实现。活塞环为一开有切口的圆环，切口的形状一般有直口、斜口、单向搭接口和双向搭接口四种(图 2.41)。此外，还可以通过双环嵌套组合等形式(图 2.42)提高气密性。在自由状态下，活塞环的外径要大于气缸内径，套在活塞环槽装入气缸后，圆环被收缩，仅在切口处余下热胀间隙。此时，活塞环的弹性使得环紧贴在气缸镜面上，对气缸壁产生一定预紧力。活塞与气缸镜面间的径向缝隙被堵塞，初步形成了对气体泄漏的阻塞。

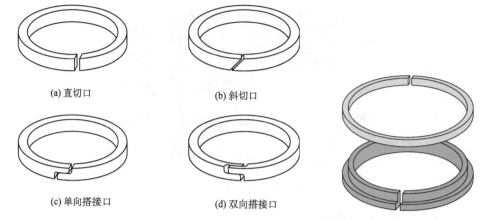

(a) 直切口 (b) 斜切口

(c) 单向搭接口 (d) 双向搭接口

图 2.41　活塞环的四种切口形式　　　　图 2.42　活塞环的双环组合式

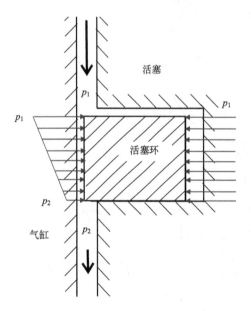

图 2.43　活塞环的密封原理

活塞环切口处存在微小的泄漏，相邻活塞环之间的切口是错开布置，泄漏气体经过切口的流动为节流收缩，压力由较高压侧气体压力 p_1 经过活塞环后压力衰减为 p_2。气缸轴线方向上，在压力差的作用下活塞环紧压在环槽的侧面上，实现该处的密封。在径向，活塞环内侧与环槽间隙内气体压力近似为 p_1，即活塞环内表面受 p_1 作用，而作用在活塞环外表面的气体压力是从 p_1 到 p_2 变化的(图 2.43)。于是在径向产生了向外的压力差，压力差越大，贴合越紧，形成自紧密封。每经过一个活塞环，泄漏气体压力降低一次，一般 2~4 道活塞环便可达到密封要求。

活塞材料主要有铸铁(HT200、HT250、QT450-10 等)、钢(35、16Mn、Q235B、ZG230-450 等)、铸铝(ZL104、ZL108、ZL109等)、铸造铝合金(ZALSi9Mg、ZALSi12Cu2Mg、YZALSi10Mg、YZALSi12Cu2 等)、锻铝(LD10)。活塞杆材料主要采用锻件(45、38CrMoA1A、42CrMoA 等)或锻造棒材(3Cr13、05Cr17Ni4Cu4Nb 等)。活塞环材料主要有灰铸铁(HT250)、耐磨铸铁(MTCuMoCr-300、MTCuMoCr-350)、填充聚四氟乙烯等。

活塞端面的力学模型是均匀气体压力作用下周边固定的圆平板，依此进行强度计算。此外，筒形活塞的销座、活塞销，活塞与活塞杆连接凸肩、螺纹，活塞杆，活塞环等，都需要进行相应挤压强度、剪切强度、弯曲强度等的校核，活塞杆的压缩稳定性需要满足要求。活塞的气腔应做水压试验，试验压力为最高工作压力的 1.5 倍，保压时间不少于 30 min，应不渗漏。

2.5.3 填料函

活塞压缩机气缸的密封除了活塞与气缸内壁间利用活塞环密封外，还有一处需要密封，就是活塞杆与气缸(气缸盖)之间存在的间隙，该处的密封采用填料函装置来实现。密封原理与活塞环类似，利用阻塞和节流作用，在压差下形成自紧作用进行密封。

填料属于易损件，要求密封性能良好并耐用。按密封圈结构形式，主要有平面填料和锥面填料两类，平面填料一般用于中低压压差(低于 10MPa)，锥面填料用于高压压差(10MPa 以上)。

图 2.44 为应用于低压压差(低于 1MPa)的三瓣密封圈，结构简单，易于制造，单向斜口结构，磨损不均匀，主要发生在锐角一侧，磨损后相邻两瓣接口产生缝隙，密封性下降。

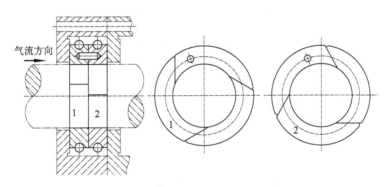

图 2.44 低压三瓣斜口密封圈

中压压差(10MPa 以下)多采用三、六瓣密封圈，如图 2.45 所示，两个密封圈安装在填料函的小室内，均有弹簧箍紧，靠近较高压侧的是挡气环，由三瓣组成，作用是在轴向挡住六瓣环的切口并让较高压力侧气体通过本身的径向切口流入密封小室。主密封圈是六瓣环，由内三瓣弧形片和外三瓣帽形片组成，弧形片抱住活塞杆，帽形片堵住

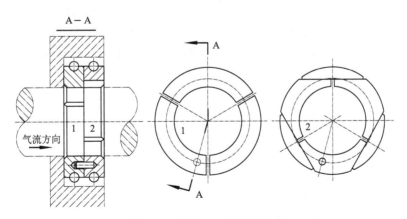

图 2.45 中压三、六瓣密封圈

弧形片的径向缝隙。密封原理类似于活塞环的密封，依靠压力作用下的自紧作用实现密封。

　　高压压差(10MPa 以上)的密封宜采用锥形密封圈，如图 2.46 所示，也是利用气体压力自紧作用实现密封。密封元件由一个 T 形环和两个锥形环组成，三个环各有一个切口，三个环的切口彼此错开 120°，用圆柱销定位，放置在支承环和压紧环里面。轴向弹簧的主要作用是在升压前能够压紧密封圈的锥面，使密封圈对活塞杆产生一定的预压力。

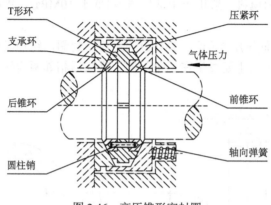

图 2.46　高压锥形密封圈

2.5.4　气阀

　　活塞压缩机气阀包括吸气阀和排气阀，分别控制气体吸入和排出气缸，是压缩机的重要部件，也是主要的易损件。气阀的多种故障形式都会影响示功图的形状，气阀性能及其运行情况直接影响压缩机排气压力、排气量、功率消耗等重要指标，影响压缩机运转的可靠性。

　　按工作原理，气阀有自动式气阀和强制式气阀两大类，压缩机中常用自动阀，其开启与关闭通过阀片两侧的压力差和弹簧力来决定。自动气阀有多种形式，但一般由阀座、启闭密封元件(阀片或阀芯)、弹簧和升程限制器(也称阀盖)四种构件组成。如图 2.47 所示。阀座为压力差的主要承载构件，阀片是启闭气阀气流通道的主要运动密封件，弹簧的作用是在关闭时提供作用和压紧力，在开启时缓冲阀片对升程限制器的冲击，升程限制器是弹簧的支承座，主要作用是限制阀片的升起高度(升程)。

　　对气阀的基本要求是：

　　(1)阀片和弹簧两种易损零件的使用寿命长；

　　(2)阀片启闭迅速且完全，与阀座和阀盖冲击小；

　　(3)气阀关闭严密，密封良好；

　　(4)气流流经气阀的阻力损失小；

　　(5)气阀结构的余隙容积小，提高了容积利用率；

　　(6)结构简单，安装维修方便，互换性好。

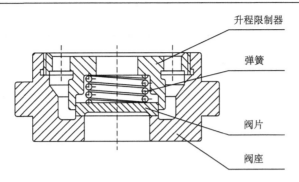

图 2.47　自动式气阀的结构组成

气阀的结构种类较多,按启闭元件的形状,常见的有环状阀、网状阀、孔阀(碟状阀、杯状阀、菌状阀)、直流阀等。其他还有如条状阀、槽状阀、组合阀、舌簧阀等。按启闭元件的材料,有金属气阀和塑料气阀等。按阀座通道的宽窄及形状,有宽通道气阀、窄通道气阀和圆孔气阀。按升程限制器结构,分为开式气阀和闭式气阀。

环状阀在国内应用较多,图 2.48 所示为开式结构环状阀,由阀座、阀片、弹簧、升程限制器、连接螺栓和螺母等零件组成。阀座配合安装在气缸壁上,用压阀罩压紧。阀片是不同直径的同心圆环形薄片,数量一至多片,阀座和升程限制器的环形气体通道相互错开。吸气阀与排气阀的工作原理相似,只是方向相反(图2.48 安装方向为排气阀)。气阀在处于关闭状态

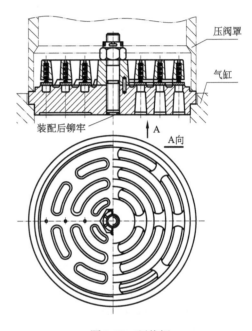

图 2.48　环状阀

时,弹簧将阀片压紧在阀座的密封面上,当阀内外压力差足以克服弹簧力及阀片的惯性力时,阀片便离开阀座密封面,直至阀全开,气体流过阀座和升程限制器的环形通道;当活塞运动到接近行程止点时,活塞速度以及气流速度急剧变小(在止点,活塞的速度为 0),阀片两侧压力差不断降低,当低于弹簧力时,阀片即被弹回,气阀重新进入关闭状态。

其他结构形式气阀的结构特征、性能特点及适用场合见表 2.11。

表 2.11　气阀的特点及适用场合

阀型	结构特征	优点	缺点	适用场合
环状阀	阀片呈环形	形状简单,应力集中部位少,抗疲劳性好;加工简单,成本低;坏一环换一环,经济性好	阀片各环分开,动作不易一致;阻力大,启闭缓冲差;导向部分易磨损,寿命短	用于大、中、小气量的高低压压缩机。不宜用于无油润滑

续表

阀型	结构特征	优点	缺点	适用场合
网状阀	阀片呈网状	整体阀片动作一致，阻力比环状小，有缓冲片，导向部分无磨损，弹簧力适应阀片启闭的需要	形状复杂，易引起应力集中；结构复杂，加工困难；阀片损坏需整片更换，经济性差	同环状阀，但使用于无油润滑
碟状阀	阀片呈碟形	结构强度高，圆弧形密封口，阻力损失小，加工简便	通流面积小，不适用大气量；运动件质量大，影响及时启闭	用于高压或超高压压缩机，小型压缩机
条状阀	阀片呈条状	阀片本身有弹性，不需要弹簧；运动质量小，升程低，适应高速要求	阀片材料及制造要求高	使用较少
直流阀	阀片安装方向与气流方向一致	通道面积大，流向不变，阻力小；阀片轻，有利于及时启闭	阀片厚度小，承压低，寿命短	用于低压、高速压缩机
塑料阀	阀片材料用尼龙、填充聚四氟乙烯、PEEK（聚醚醚酮）等非金属材料	阀片轻，有利于及时启闭；冲击力小，能延长寿命，升程大，阻力小；密封性好；可节省高强度合金钢	强度低，热变形大，耐温性不高	吸气阀使用较多
组合阀	吸、排气阀组合在一起	在高压级上可省去较大的锻造缸头，余隙容积小	结构复杂；吸气阀温度高，恶化了吸入口温度条件，降低了吸气量	小型压缩机的高压级或超高压压缩机
多层环状阀	环状阀片多层结构	节省气阀安装面积	余隙容积大，泄漏大	大型压缩机低压级气缸安装气阀的尺寸受到限制的场合

阀座材料主要有铸铁（HT250、HT300、QT450-10 等）、钢（35、45、40Cr、35CrMoA、10Cr13、06Cr19Ni10 等）。升程限制器材料有铸铁（HT200、HT250、HT300、QT400-18 等）、铸钢（35、ZG230-45045 等）。阀片材料主要有钢（30CrMnSiA、06Cr19Ni10、20Cr13、30Cr13 等）、模压塑料（纯聚四氟乙烯、填充聚四氟乙烯、尼龙、PEEK 等）。

气阀零件强度校核的内容有阀座密封面的比压校核，阀座和阀片静压力作用下的弯曲强度校核。

2.5.5 曲轴

曲轴又称主轴，是活塞压缩机的重要运动部件，接受驱动机传入的转矩，并通过连杆将动力传递给往复运动部件，从而完成气体的压缩任务。

曲轴的结构形式有曲柄轴和曲拐轴两类，分别如图 2.49 和图 2.50 所示。曲柄轴的结构特征是仅在曲柄销的一端有曲柄，连杆大头可从另一端套入。曲柄轴一般只能在卧式中使用，会使机器笨重，基础庞大，目前除微型活塞压缩机外，已很少采用曲柄轴结构。虽然曲拐轴的制造安装要求较曲柄轴高，但是采用曲拐轴可以实现对称平衡式、角度式、立式等多种结构形式，气缸列数设置几乎不受限制，结构较为紧凑。

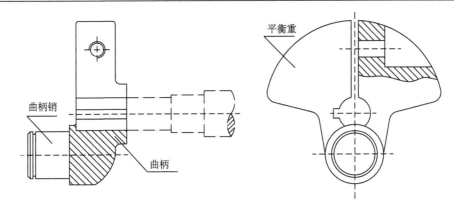

图 2.49　曲柄轴结构形式

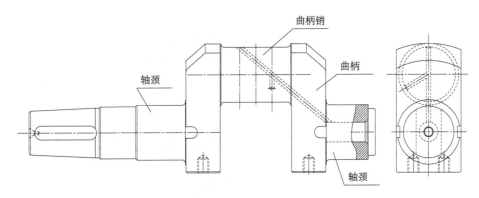

图 2.50　曲拐轴结构形式

　　曲轴通常采用铸件或锻件。连接轴颈和曲柄销的曲柄部分,以矩形为基本形式,一般把曲柄在曲柄销端靠外的棱角削去,降低质量的同时,有利于力的传递。曲柄在轴颈端通常制成平面,以便安装平衡铁(可拆式结构)。

　　轴颈与曲柄连接处,选择合理的过渡圆角,以避免过大的应力集中现象。圆角半径推荐取为曲柄销直径的 0.05～0.06 倍,如果是内挖式圆角,圆角半径取值较上述略小些。

　　曲轴油孔路线需合理设计,一般采用斜油孔与直油孔的结合,油孔直径约为轴颈直径的 5%～6%,且不小于 3 mm。

　　曲轴端部伸出曲轴箱处需设置轴封,以防润滑油外漏。轴封结构通常采取抛油圈与螺旋挡油槽组合结构,有两种结构形式,一种是固定在曲轴箱的端盖带螺旋挡油槽,螺旋旋向与轴的转向相同,如图 2.51(a)所示;另外一种是螺旋挡油槽装在曲轴上,螺旋旋向与轴的转向相反,如图 2.51(b)所示。

　　动力平衡用平衡铁与曲轴可以铸为一体(铸造曲轴),更多采用抗拉螺栓连接。平衡铁的基本形式是扇形,螺栓连接结构须防松且可靠。

　　曲轴的力学模型是弯曲和扭转组合变形,两拐以上的曲轴多是多支点的超静定系统,对可能的危险截面进行强度校核。疲劳强度校核可采用静强度校核的形式(加大安全系数),刚度校核的内容是挠度和转角。

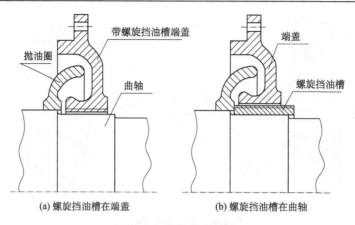

(a) 螺旋挡油槽在端盖 (b) 螺旋挡油槽在曲轴

图 2.51 轴封结构

曲轴材料主要有两类，球墨铸铁(QT600-3、QT700-2 等)和锻钢(40、45、42CrMoA、40CrNiMoA、40CrMnMo 等)。锻钢中 40、45 优质碳素钢使用最多，常采用调质处理和表面处理方法(淬火、氮化、滚压、喷丸等)，提高硬度、耐磨性和抗疲劳性能。

2.5.6 连杆

连杆是活塞压缩机旋转运动件与往复运动件的连接件，承担动力的传递，起着非常重要的作用。

连杆结构包括大头、小头和杆体三部分，如图 2.52 所示，大头套在曲柄销上转动，小头套在十字头销或活塞销(无十字头结构)上摆动，杆体是大头与小头的连接部分，杆体横截面有圆形、环形、矩形和工字形等。

小头通常为如图 2.52 所示的整体圆孔结构，内衬轴套或轴瓦。为了应对轴瓦磨损，有时采用轴瓦间隙可调整结构(利用螺钉拉紧斜铁)。有些压缩机需要降低机身高度，将小头制成叉形结构。

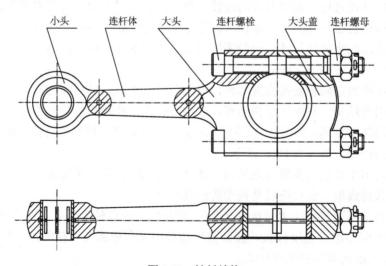

图 2.52 轴封结构

曲轴为曲拐轴时，出于安装原因，连杆大头采用剖分结构(图 2.52)，大头盖与杆体用螺栓连接，须有可靠的防松和锁紧装置。曲轴是曲柄轴时，可采用闭式结构。

一般情况下，连杆的力学模型是连杆力作用下的二力构件，式(2.38)反映了连杆力与综合活塞力的关系，通过综合活塞力曲线可以导出连杆力曲线，获得连杆的最大拉力和最大压力。如出现最大往复惯性力大于最大活塞力的情况，为了安全，以最大往复惯性力对应连杆力进行强度和稳定性的校核。

对于高转速压缩机，连杆在摆动时的惯性力不宜忽略，需要考虑横向弯曲应力，按组合变形进行强度校核。

连杆螺栓需要进行静强度和疲劳强度的校核。

连杆体材料主要有球墨铸铁(QT400-15、QT450-10、QT500-7、QT600-3 等)、钢(35、40、45、40Cr、30CrMo、35CrMoA、42CrMoA 等)、锻铝合金(LD10)。连杆螺栓材料有 45、40Cr、30CrMo、35CrMoA、40CrNiMoA、42CrMoA 等，连杆螺母材料有 35、40、45、30CrMo、20Cr、30Mn2、42CrMoA 等。

2.6　活塞式压缩机的运转

2.6.1　排气量调节

用户根据其最大耗气量来选择压缩机，而压缩机是按额定的排气压力、排气量等工艺条件进行设计和制造的，压缩机实际应用中，用气量等操作条件常常会有变化。从压缩机的工作原理得知，活塞压缩机的排气量不会随着背压的升高而自动降低。因此用气量明显减少时，需要有控制调节机构有效地调节压缩机的排气量，避免出现危险的事故。

排气量调节的理论基础是活塞压缩机排气量的计算式(2.10)，分析这些影响因素，与行程容积 V_h 相关的气缸直径 D 和活塞杆直径 d 难以改变，改变温度系数 λ_T 经济性差不宜采用，其他系数或参量的改变均可用于排气量的调节。

表 2.12 列出了活塞压缩机排气量调节的执行机构、调节方法及其特点。

表 2.12　排气量调节机构及方法

调节执行部位	序次	调节方法	特点及使用条件	调节的性质		
				间断	分级	连续
	1	单机停转	简单易行，适用于小功率压缩机	√		
	2	多机分机停转	大型压缩机站以及如化工厂多台压缩机时，方便简单		√	
驱动机	3	无级变速	采用内燃机或汽轮机驱动时，可分别调速至60%与25%；采用变频电动机驱动时，频率变化范围为30～120Hz；采用绕线式异步电动机驱动，增加转子电阻范围60%～100%			√
	4	分级变速	采用分级变速电动机驱动，改变定子电极对数，通常只能在1～3对极之间变化		√	

续表

调节执行部位	序次	调节方法	特点及使用条件	调节的性质		
				间断	分级	连续
气体管路	5	进气节流	大、中型压缩机的小范围调节(100%~80%)，或偶尔调节的场合			√
	6	截断吸气口	装置简单可靠，中型空压机中采用较多	√		
	7	进、排气管自由连通	主要用于启动释荷或很少调节时(排气管应设止回阀)，操作方便可靠，但不经济	√		
	8	进、排气管节流连通	经济性差，可用于辅助性微调			√
气阀	9	全行程压开吸气阀	各级吸气阀同时全部打开，除可降低气量外，亦可用于启动时卸荷	√		
	10	部分行程压开吸气阀	用于第一级与末级或用于调节需控制某级间压力的后级，范围 100%~60%，调节装置较复杂			√
气缸余隙	11	连通一个或多个固定补助余隙容积	多用于大型工艺用压缩机与空气压缩机，调节可靠	√	√	
	12	连通可变补助余隙容积	可用于大型工艺用压缩机，调节范围 100%~0，可靠性较差			√
	13	部分行程连通补助余隙容积	用于大型压缩机，调节范围 100%~60%，经济性较好，但结构复杂			√
活塞	14	改变行程	用于电磁压缩机、自由活塞压缩机、汽车空调中摆盘压缩机，调节范围 100%~0			√
综合调节	15	联合使用序次 10 与 11	大型多级压缩机第一级用部分行程压开吸气阀，末级用补助余隙容积	√		√
	16	联合使用 3 与 9 或 3 与 6	内燃机驱动时，100%~60%负荷由内燃机改变转速，60%~0 由压开吸气阀或截断吸气完成	√		√

2.6.2　润滑

压缩机中存在许多接触滑动的部位，如气缸部分的活塞环与气缸镜面、活塞杆与填料，曲柄连杆机构的十字头滑履与滑道、连杆小头衬套与十字头销、连杆大头轴瓦与曲柄销、曲轴与主轴承等处，除部分可采用自润滑材料外，均须注入润滑剂进行润滑。润滑的目的和作用主要有：

(1)减小摩擦力，降低压缩机功耗；

(2)在两摩擦表面间形成油膜，减少滑动部位的磨损，延长零件寿命；

(3)随润滑剂流动，带走磨损金属微粒，保持油膜质量；

(4)利用润滑剂的冷却作用，带走部分摩擦热，使滑动部位的温度不致过高，维持必要的运转间隙，防止出现咬死损伤；

(5)气缸部分润滑油膜，可起到辅助密封的作用；

(6)油润滑剂可防止零件生锈。

润滑主要有两种，飞溅润滑和压力润滑。

1. 飞溅润滑

飞溅润滑可用于传动机构和气缸的润滑，气缸飞溅润滑用于无十字头的压缩机，气缸的轴侧与曲轴箱直接相通，连杆上的打油杆不断打击油面，润滑油飞溅形成油雾或油滴，附到活塞和气缸壁上实现润滑。飞溅润滑方法简单，但一般只用于微小型无十字头的压缩机。原因是当活塞环、刮油环等运行不良时，带入气缸的润滑油量将明显增加，会影响气阀的正常工作，甚至可能发生积炭现象。

2. 压力润滑

在带十字头的压缩机中，飞溅润滑无法实现气缸的润滑，需采用压力润滑。通过注油器获得压力(注油器的背压为各级气缸内的压力)的润滑油，通过油管和油路送至各润滑点。

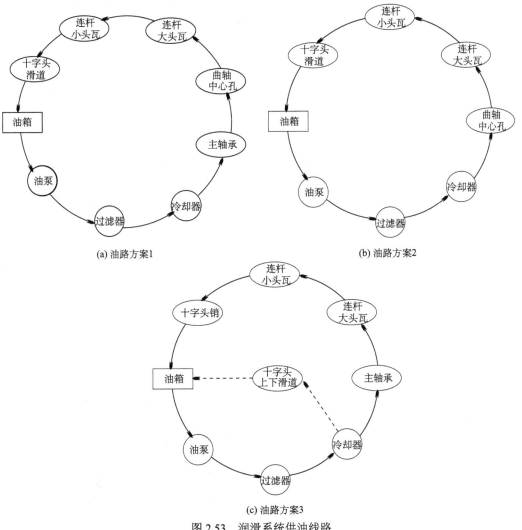

图 2.53　润滑系统供油线路

主轴承、曲柄销、十字头、连杆大头与小头等传动机构摩擦副的润滑依靠油泵供油。有些微小型压缩机的油泵由曲轴外伸轴同步驱动,在压缩机启动时没有形成正常润滑。大中型压缩机通常采用压力循环润滑系统,油泵由单独电动机驱动,在压缩机启动前形成良好润滑(可配备辅助油泵,用于压缩机开停车时使用)。一般配有油过滤器和冷却器,有些配置油加热器。循环润滑系统的油压一般在 0.2～0.4 MPa,高转速压缩机取较高值。

传动机构循环润滑系统有多种线路方案,应根据具体结构形式合理设计。图 2.53 所示为应用于压缩机传动机构的三种供油方案。

2.6.3　冷却

压缩机热力分析中知道,被压缩后气体温度会升高。出于安全运行、高效压缩、降低功耗等目的,气体必须及时冷却,把温度控制在较理想的范围。机身部位润滑油在运行中带走摩擦热,润滑油温度升高,为保持润滑效果,需要冷却,使油温保持在 50～60℃的范围。气体冷却可分为级中冷却(气缸冷却)、级间冷却和后冷却三种。冷却系统的配置原则是:①保证进入中间冷却器的水温在系统中为最低;②风冷式压缩机,最冷空气最先进入中间冷却器(多采用吸风式);③系统耗水量少,管路简单;④运行时检查和调节水量方便。

冷却系统有串联、并联和混联三种配置方案,分别以图 2.54、图 2.55 和图 2.56 为例表示。各自的特点如表 2.13 所列。

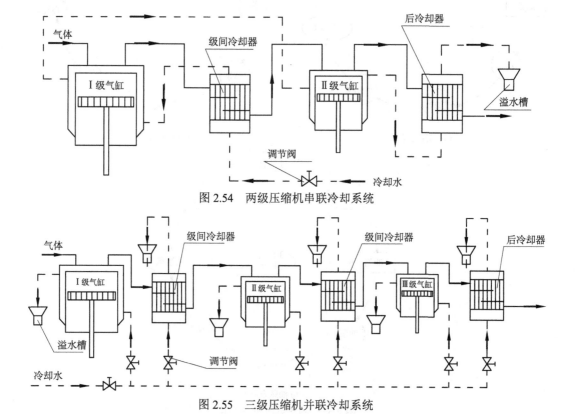

图 2.54　两级压缩机串联冷却系统

图 2.55　三级压缩机并联冷却系统

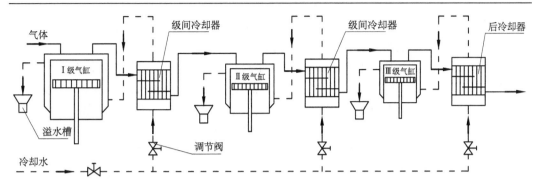

图 2.56 三级压缩机混联冷却系统

表 2.13 冷却系统配置方案及其特点

冷却系统方案	优点	缺点
串联	耗水量少，管路简单	管径大，安装不便；各冷却部分不能单独调节；如发生泄漏，气体漏入冷却水，泄漏位置不易发现；不适合三级及以上
并联	各级中间冷却器进水温度均为最低，气体冷却最完善；各冷却部分可单独调节；泄漏部位容易发现	耗水量大，管路复杂，调节和检查装置多
混联	冷却水量利用合理，各级冷却效果相同；调节和检查工作量适中	管路比串联复杂，冷却效果弱于并联

填料函冷却安置部分与气缸的冷却相同，润滑油冷却器通常配置在后冷却器之前。冷却水的流动分有压流动和溢流流动两种，溢流流动时，结构设计须满足溢流条件。有压流动时，气缸部分冷却水流速通常为 1～1.5 m/s，中间冷却器可取 2 m/s。溢流流动时，冷却水流速小于 1 m/s。

2.6.4 常见故障及维护

活塞压缩机运动构件多，易损件多，材料种类多，连接配合方式多，结构复杂，气体力、惯性力、摩擦力、温度等变化频繁，在设计、材料、加工制造、装配、运行、润滑、冷却、调节、维护等多个方面都有可能出现一些非正常因素，从而诱发事故的发生。活塞压缩机故障可分为性能故障和机械功能故障两大类，如表 2.14 所示。

表 2.14 活塞压缩机故障表现及总体分类

故障表现	故障类型	应对办法
排气量不足 压力异常 温度异常	非机械功能故障（性能故障）	可通过检测各级压力、温度、气量等参数，并通过对这些参数之间的内在联系来进行分析
振动异常 响声异常 过热	机械功能故障	根据故障特点，分类分析，查找原因

存在两个重要故障源：①活塞式压缩机故障原因约 60%发生在气阀上；②活塞杆断裂事故占重大事故的 25%左右。

压缩机重大事故原因及比例：①因设计不合理、制造缺陷而发生的事故占 35%；②因操作(误操作、违章操作)、维护管理不善而发生的事故占 40%；③因检修不良而发生的事故占 12%；④因其他原因(包括电气事故、自然灾害等)而发生的事故占 13%。

压缩机典型机械事故有：①活塞杆断裂；②气缸开裂；③气缸盖破裂；④曲轴断裂；⑤连杆断裂和变形；⑥连杆螺栓断裂；⑦活塞卡住与开裂；⑧机身断裂；⑨烧瓦。

故障发生的原因需要进行科学的分析，在基本理论的指导下，可起到事半功倍的效果。例如，级间压力出现不正常。知道任意相邻两级的吸气关系是

$$\frac{p_i V_i}{T_i} = \frac{p_{i+1} V_{i+1}}{T_{i+1}}$$

分析知：①若 i 级正常，如 V_{i+1} 减小，则 p_{i+1} 必增高。②若 $i+1$ 级前中间冷却器冷却恶化使 T_{i+1} 增高，则 p_{i+1} 相应增高；反之降低。③级间压力异常，会逐次往前面影响，影响程度递减，若级间压力不正常，问题一定出在压力变化最大的一级。

再举一例，排气压力降低。排出的气体量在额定压力下不能满足使用者的体积流量要求，则排气压力降低。所以，往往排气压力降低是现象，其实质是排气量不能满足使用者的要求。气量不够的两种可能：①压缩机故障使排气量减小了；②压缩机没有问题，是用户的气量要求增加了。

还举一例，排气温度升高。前面热力学分析中已知排气温度的计算式：

$$T_2 = T_1 \left(\frac{p_d}{p_s} \right)^{\frac{m-1}{m}}$$

总结可能的原因：①吸气温度增加(影响 T_1)；②有影响压力比增加的因素(影响 p_d/p_s)；③气缸水冷或风冷出现异常，导致压缩过程指数 m 增加；④排气阀泄漏，热的气体窜回气缸。

如可以在线测取活塞压缩机气缸工作的示功图，则通过观察测得示功图形状与正常示功图形状的偏离情况，对故障原因做出合理分析，相关情况可参考相关文献(《活塞式压缩机设计》编写组，1981)。排气量不足和响声异常两种故障表现的具体故障、原因分析及排除方法见表 2.15。

表 2.15　活塞压缩机故障分析及维护

故障表现	具体故障	原因分析	排除方法
排气量不足	滤清器故障	(1)因冬季结冰或结垢堵塞，阻力加大，影响吸气量	(1)更换或按规定时间清洗
		(2)安装位置不当，吸入不清洁的气体而被堵塞	(2)选择合适位置安装
		(3)吸气管太长，或管径过小，阻力增加	(3)按排气量设计管径，吸气管长度合适
	气缸故障	(1)气缸磨损或擦伤，形成漏气	(1)刮削或重新镗铣，加大活塞、活塞环
		(2)缸盖与缸体结合不严，形成漏气	(2)刮研缸盖与缸体结合面或换气缸垫
		(3)气缸冷却水供给不良	(3)保证合适的冷却水
		(4)活塞与气缸配合不当，间隙过大，形成漏气	(4)装配合适的活塞、活塞环

续表

故障表现	具体故障	原因分析	排除方法
排气量不足	吸、排气阀故障	(1)吸、排气阀装配不当，彼此位置弄错	(1)更正
		(2)阀座和阀片间掉入异物，关闭不严	(2)检查，若阀盖发热，则有故障，拆开修理
		(3)阀座和阀片接触不严	(3)刮研接触面，或更换
		(4)吸气阀弹簧不适当，弹力过强，开启迟缓；弹力太弱，则关闭不及时	(4)按规定弹簧力选择弹簧
		(5)吸气阀弹簧折断	(5)更换弹簧
		(6)吸气开启高度不够，气体流速加快，阻力增加	(6)调整升程开启高度
		(7)阀弹簧卡住或倾斜，使阀片关闭不严	(7)弹簧掉个或换新
		(8)气阀结炭过多，影响开、关	(8)打开气阀，清洗结炭
		(9)排气量减少，中冷器压力下降，同时前级气缸排气阀盖发热	(9)前级气缸排气阀有故障，检查气阀及垫片
		(10)排气量减少，中冷器压力偏高，同时后级气缸排气阀盖发热	(10)后级气缸排气阀有故障，检查气阀及垫片
	转速降低	(1)柴油机驱动马力不足	(1)检查柴油机
		(2)电动机皮带传动，皮带太松	(2)检查皮带松紧度，防止丢失转数
	活塞环故障	(1)活塞环因润滑油质量不良或注入量不够，使缸内温度升高，形成咬死现象。且可能引起压力在各级重新分配	(1)检查活塞环，清洗活塞槽。检查注油器及油路
		(2)活塞环用久磨损	(2)换新
		(3)活塞环或气缸磨损。圆锥度、椭圆度超过允差	(3)修理气缸和活塞，达到规定间隙，或更换新的气缸、活塞、活塞环等
	填料函不严，漏气	(1)填料函密封盘上弹簧损坏或弹力小	(1)检查弹簧是否折断，弹力小不合格的弹簧换新
		(2)填料函中金属密封盘装置不当，不能串动，与活塞杆有间隙	(2)重新装配密封盘
		(3)填料函中的金属密封盘内径磨损严重，与活塞杆密封不严	(3)检查或更换金属密封盘
响声异常	气缸内敲击声	(1)活塞与缸盖间死点间隙过小，直接撞击	(1)调整行程，增大死点间隙
		(2)活塞杆与活塞连接螺帽松动或脱扣，或防松垫开口销松动	(2)防松检查
		(3)气缸磨损，间隙超差太大	(3)镗磨气缸或换气缸套
		(4)活塞或活塞环磨损	(4)更换修理
		(5)润滑油或冷却水不够，高温致干摩擦，使活塞环卡在活塞上	(5)拆下活塞，清洗检查，更换烧伤的活塞环
		(6)曲轴-连杆机构与气缸中心线不一致	(6)检查、调整
		(7)润滑油过多或有污垢，使活塞与气缸磨损加大	(7)清洗，调整供油量
		(8)活塞端面丝堵松动，顶住缸盖	(8)更换及拧紧固定丝堵的顶丝
		(9)活塞杆与十字头紧固不牢，活塞上窜，碰撞气缸盖	(9)拧紧螺帽，防松检查，检查调整两端死点间隙

续表

故障表现	具体故障	原因分析	排除方法
响声异常	气缸内敲击声	(10)气缸中积聚水分	(10)检查积水原因，进行修理
		(11)气缸内掉入金属碎片等异物	(11)取出异物，气缸、活塞等如被拉伤，及时修理
	曲轴箱内发生撞击声	(1)连杆大头轴瓦与曲拐轴颈间隙过大	(1)检查修理，调整或更换
		(2)十字头销与衬套配合间隙过大	(2)检查修理，调整或更换
		(3)十字头销与十字头体松动	(3)检查开口销、防松垫等
		(4)曲轴轴颈磨损严重，曲轴椭圆度、圆锥度超差过大	(4)对超差大者修理或更换
		(5)曲轴瓦断油或过紧而发热以致被烧坏	(5)检查润滑油供油以及曲轴瓦配合间隙
		(6)曲轴箱内连接螺栓、螺帽等松动、脱扣等	(6)紧固，调整或更换
		(7)十字头滑履与机身导轨间隙过大	(7)调整修理
		(8)曲轴的圆锥形滚动轴承磨损严重，间隙过大	(8)更换滚动轴承
	吸、排气阀的敲击声	(1)吸、排气阀阀片折断	(1)检查，更换
		(2)阀弹簧松软或损坏	(2)更换阀弹簧
		(3)阀座深入气缸与活塞相碰	(3)采用加垫，使阀升高
		(4)阀座未放正，或阀室上的压盖螺栓没有拧紧	(4)检查，拧紧
		(5)阀片与压开进气调节装置上的减荷叉顶撞	(5)重新检查调整负荷调节器，使其动作灵敏可靠

 思考题

1. 简述活塞压缩机的特点。

2. 分别画出活塞压缩机理论循环与实际循环示功图的示意图(标出方向箭头、过程名称、特征点等)，并说明理论循环与实际循环之间存在的主要差别。

3. 活塞压缩机气缸容积利用方式有哪些？

4. 解释容积系数 λ_V 的物理意义，其大小主要与哪些因素有关？

5. 什么是活塞压缩机的排气量？影响排气量的因素有哪些？

6. 单级压缩机所能提高的压力范围有限，对更高压力的场合，需要采用多级压缩。采用多级压缩有哪些好处？

7. 分别写出活塞压缩机往复惯性力和旋转惯性力的计算式，说明式中各字母代表的含义。

8. 活塞压缩机有哪些易损件？

9. 活塞压缩机中做往复运动的零部件主要有哪些？

10. 活塞压缩机中做旋转运动的零部件主要有哪些？

11. 分别画出活塞组件、十字头、曲轴的受力分析简图。

12. 正常运转活塞压缩机的连杆在做什么样的运动？其质量在设计时是如何考虑

的？可能的破坏方式有哪些？

13. 活塞压缩机惯性力分析中，旋转运动件质量包括哪些部分？分别是如何处理的？

14. 活塞压缩机综合活塞力由哪几部分组成？对结构的强度设计有什么影响？

15. 简述单列活塞压缩机惯性力的动力平衡方法及其特点。

16. 简述多列活塞压缩机惯性力的动力平衡方法及其特点。

17. 为什么切向力的变化情况能够反映活塞压缩机旋转的平稳程度？

18. 活塞压缩机常用的冷却方法有哪些？为什么需要冷却？

19. 活塞压缩机采用多级压缩时，为何在级间设有中间冷却器和油水分离器？

20. 活塞压缩机总体结构布置方案主要有哪些类型？

21. 活塞压缩机排气量不足的原因可能有哪些？

22. 分析活塞环的密封原理。

23. 简述活塞压缩机润滑采用的方法及其特点。

24. 曲轴、连杆、活塞杆、活塞环、活塞、气缸、阀座、阀片的常用材料分别有哪些？

25. 活塞压缩机常见的故障有哪些？

26. 活塞压缩机设计的主要参数是哪些？设计中是如何考虑的？

 分析应用题

1. 某活塞压缩机压送理想气体，已知进口温度为 35℃，进口压力为 105 kPa(绝)，末级出口压力为 960 kPa(表)，出口温度为 175℃，排出状态下的气量为 2.5 m³/min，假设压缩机内的气体没有外泄漏，试分别求出进口状态下的气量和标准状态下的气量。

2. 已知某活塞压缩机吸气压力为 0.1 MPa(绝)，经两级等压力比压缩后，排气压力为 0.95 MPa(绝)，多变过程指数为 $m = 1.35$，假设两级压缩时各级吸气温度相同。试比较只有一级压缩与两级压缩时，压缩 1 m³ 气体工质所需多变理论循环功之间的差别。

3. 某动力用活塞式空气压缩机，吸气温度为 20℃，两级压缩，气缸均为单作用，气缸直径分别为 210 mm 和 120 mm，活塞行程 110 mm，转速 980 r/min。压缩和膨胀可近似按绝热过程考虑。吸入压力为 100 kPa(绝)，排气压力为 800 kPa(表)。一、二级相对余隙容积分别为 0.09 和 0.11，不考虑泄漏损失、气阀阻力和级间系统阻力，中间冷却完善(第二级与第一级的吸气温度相同)，第一级压力比为 2.85。试求：(1)第二级压力比；(2)各级容积系数；(3)各级排气温度；(4)各级指示功率。

4. 某单级双作用活塞压缩机，压缩介质为 CO_2，室温吸气，气缸直径 250 mm，活塞杆直径 50 mm。活塞行程 200 mm，其相对余隙容积为 0.04，名义吸气压力为 101 kPa(绝)，名义排气压力为 395 kPa(绝)，转速为 475 r/min，气缸采用水冷，缸内气体热力过程符合多变过程，$m = 1 + 0.65(k-1)$，试求该压缩机的排气量(温度、压力、泄漏系数分别为 0.935、0.965、0.960)。

5. 已知某单级双作用压缩机的往复运动部件质量为 276 kg，活塞行程 0.32 m，转速

300 r/min。连杆长度 0.765 m。求压缩机的往复惯性力，并作出一阶、二阶和总的往复惯性力曲线。

6. 一台 L-20/8 型活塞式空气压缩机，曲轴转速为 400 r/min，活塞行程为 240 mm，连杆长度为 535 mm，曲轴上回转不平衡部分的总质量(已换算至曲柄销中心)为 47 kg，试求：(1)曲轴上的旋转惯性力；(2)如用于平衡旋转惯性力的平衡块重心离旋转中心的距离为 130 mm，则平衡块质量为多少？

第3章 其他容积式压缩机

第2章介绍的活塞式压缩机为容积式压缩机中往复式的一类，类似还有自由活塞式和隔膜式等，它们主要是通过往复运动件形成可变的封闭空间。容积式压缩机还有另外一类，是回转式的，它们主要是通过旋转运动件形成可变封闭空间。具体结构形式有许多，如(双)螺杆式、单螺杆式、滑片式、涡旋式、罗茨式等(图1.3)。相对于往复式压缩机，回转式压缩机的优点有动力平衡性好、转速高、结构简单、占用空间小、质量轻、易损件少、排气平稳、压力脉动小等。存在的不足有密封困难、排气压力小、热效率低等。本章介绍(双)螺杆式、单螺杆式和滑片式三种回转类容积式压缩机。

3.1　螺杆压缩机

3.1.1　基本结构及工作原理

通常所称的螺杆压缩机指的是双螺杆压缩机，如图3.1所示，螺杆压缩机的核心元件是一对相互啮合反向旋转的螺杆，齿型为凸形与原动机相连的是阳螺杆，凹形齿型的为阴螺杆。在无油螺杆压缩机中，阴、阳螺杆啮合过程互不接触，通过设置一对同步齿轮来带动从动转子。喷油螺杆压缩机中，大量润滑油被喷入工作腔，起到润滑、密封、冷却和降噪等作用，一般不使用同步齿轮，阳螺杆直接带动阴螺杆，结构更简单。螺杆压缩机的主要零部件有：阳螺杆、阴螺杆、气缸、轴承、同步齿轮(有时还有增速齿轮)和密封组件等。

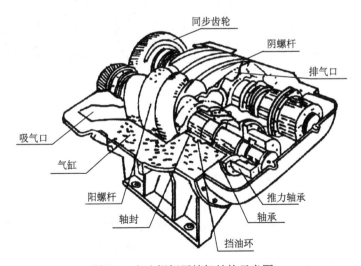

图3.1　(双)螺杆压缩机结构示意图

在气缸两端，分别设有一定形状和大小的孔口，一个供吸气用，另外一个供排气用。螺杆压缩机的工作循环分为吸气、压缩和排气三个过程(图 3.2)。齿槽、机体内表面和端壁面共同围成的工作容积称为基元容积，随着阴、阳螺杆旋转，每对相互啮合的齿完成同样的工作过程。当基元容积和进气口连通时，工作处于吸气过程，当转子转过一定角度，齿间基元容积越过进气孔口位置，与吸气孔口断开，吸气过程结束。此时阳螺杆与阴螺杆的基元容积彼此孤立，转子转过一定角度后，两个孤立的齿间基元容积相互连通，共同形成基元容积，随着阳螺杆的凸齿与阴螺杆凹齿的相互交集，基元容积逐渐减小，气体压力不断升高，气体处于压缩过程，直到该基元容积与排气口连通的瞬间为止。基元容积与排气口连通，即开始排气过程，排气过程一直持续到两个齿完全啮合，基元容积约为零时为止。随着转动进行，这对齿开始新的工作循环。

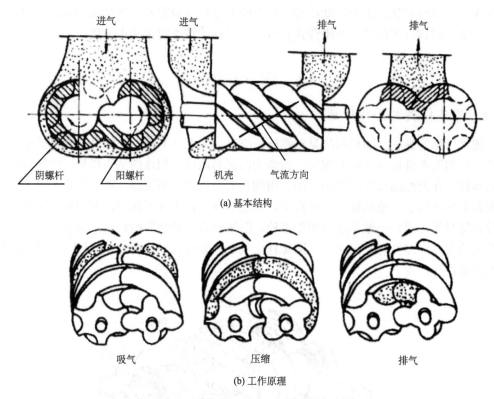

进气　　进气　　排气　　排气

阴螺杆　阳螺杆　机壳　气流方向

(a) 基本结构

吸气　　压缩　　排气

(b) 工作原理

图 3.2　(双)螺杆压缩机工作过程示意图

3.1.2　螺杆压缩机性能及应用范围

螺杆压缩机在回转式压缩机中应用最为广泛，大量应用于石油、化工、冶金、制冷及空气动力工程中。螺杆压缩机容积流量范围是 0.2~960 m³/min，通常应用范围是 2~600 m³/min。排气压力通常小于 2 MPa，最高排气压力可达 4.5 MPa 或者更高。螺杆压缩机也可作为真空泵使用，单级达到的真空度为 90%，两级的真空度可达 97%。

螺杆压缩机可分为无油和喷油两类，无油螺杆压缩机又可分为干式和喷液(湿式)两种。喷油螺杆压缩机的转速一般为 1000～3000 r/min，主要应用于空气动力领域(空气压缩机)、制冷行业(制冷压缩机)、石油化工行业(工艺压缩机)等。喷油螺杆工艺压缩机用来压缩多种工艺流程中的气体，如 CO_2、N_2、H_2、He、Cl_2、HCl、石油气等。

干式螺杆压缩机压缩过程中没有液体的冷却和润滑,转速较高(最高可达 22 000 r/min)，对轴承和轴封要求严格，排气温度较高，单级压力比较小。干式螺杆压缩机多用作空气压缩机和工艺压缩机。喷水螺杆压缩机相对于干式螺杆压缩机排气温度低、单级压力比高，但由于水不具备润滑性，也需设置同步齿轮，结构与干式螺杆压缩机类似。

螺杆压缩机的优点：

1)转速高

可与高速驱动机直联，转速可高达每分钟 20 000 转以上，同样排气量的机器体积、质量、占地面积要比活塞式压缩机小得多。

2)动力平衡好

没有不平衡质量的惯性力，没有往复运动件，可以在高转速下平稳工作，对基础要求低，大功率时也可以制成移动式的。

3)易损件少

没有气阀、活塞环等易损件，结构简单，运转可靠。

4)适用介质多

阴、阳螺杆间留有间隙，因而对进液不敏感，可压送带液气体、非洁净气体等。

5)性能稳定

容积流量几乎不受排气压力的影响，在较宽的工况范围内，仍能保持较高效率，小容积流量时不会发生类似离心式压缩机的喘振现象。

6)调节性能好

可通过多种调节方法满足工况需求，如吸气节流调节、变转速调节、旁通管路调节、滑阀调节等。

螺杆压缩机的缺点：

1)噪声较大

齿间基元容积周期性地与吸气连通、压缩、与排气连通，气体的间隙泄漏，气体流动等，会导致中高频噪声，须采取如排气消声器、加装隔声罩等消声、减噪措施。相对而言，较活塞压缩机的噪声小，也容易处理。

2)造价高

螺杆齿面为空间曲面，需要特制刀具和专门加工设备，螺杆及气缸的加工精度要求高。

3)不能胜任高压

螺杆压缩机依靠间隙密封气体，加之螺杆刚度以及轴承寿命等的限制，只适用于中、低压范围。

4)不适宜于流量太小

螺杆压缩机容积流量至少大于 0.2 m^3/min，过小流量难以胜任。

3.2　单螺杆压缩机

3.2.1　基本结构及工作原理

有别于(双)螺杆压缩机，单螺杆压缩机的核心元件是单个螺杆以及与其啮合的几个星轮。根据螺杆与星轮的布置关系，单螺杆压缩机有 CP 型、CC 型、PC 型和 PP 型等基本类型(图 3.3)，其中 CP 型目前最为常用。

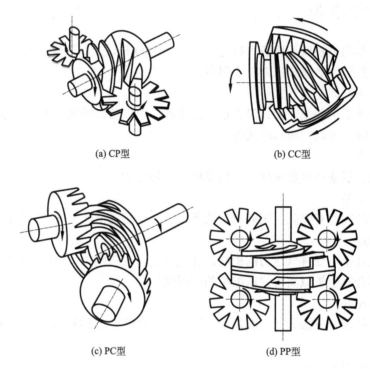

(a) CP型　　　　　　　　　　　(b) CC型

(c) PC型　　　　　　　　　　　(d) PP型

图 3.3　单螺杆压缩机类型

CP 型单螺杆压缩机的基本结构组成如图 3.4 所示，在单螺杆两侧对称配置一对与螺杆齿槽相啮合的平面星轮(两个星轮方向相反)，螺杆轴与星轮轴在空间为正交关系，螺杆、星轮分别在气缸、机壳内做旋转运动。

单螺杆压缩机的基元容积由相互啮合的齿槽和星轮以及气缸所围成，工作时，基元容积发生周期性的增大与缩小，经历吸气、压缩和排气三个基本过程，实现气体的压送任务(图 3.5)。螺杆通过主轴获得动力，带动星轮旋转，气体由进气腔进入螺杆吸气端的齿槽，此时处于吸气过程，当螺杆继续旋转到一定位置，星轮与螺杆发生交集，齿槽、星轮齿、气缸形成基元容积，与进气腔断开，吸气过程结束。随螺杆继续转动，星轮齿沿着螺杆齿槽推进，封闭的基元容积不断缩小，气体压力相应提高，直至基元容积与排气口连通的瞬时，处于压缩过程。基元容积与排气口连通后，随着转动的继续，被压缩气体通过排气腔流动到排气管道，直至星轮齿脱离螺杆齿槽时排气过程结束。

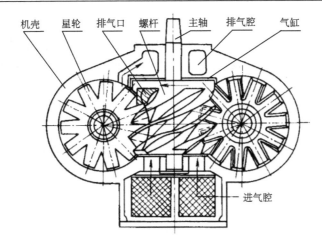

机壳　星轮　排气口　螺杆　主轴　排气腔　气缸

进气腔

图 3.4　单螺杆压缩机结构示意图

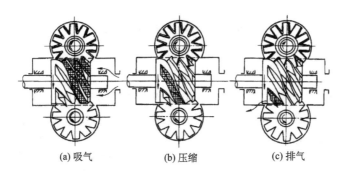

(a) 吸气　　　　　　(b) 压缩　　　　　　(c) 排气

图 3.5　单螺杆压缩机工作原理示意图

3.2.2　单螺杆压缩机性能及应用范围

单螺杆压缩机主要应用于空气动力和制冷领域，工艺气压缩应用也逐步增多。容积流量 $1\sim100\ m^3/min$，最高排气压力可达 6 MPa。

单螺杆压缩机的优点：

1) 力平衡性好

螺杆与两个对置反向星轮构成的吸气、压缩及排气位置在圆周上是对称分布的，因此螺杆上的径向力获得完全平衡。螺杆的两端面间有引气通道，作用在螺杆两端面的气体力相互抵消，轴向力完全平衡。星轮上的气体力较小，约为活塞压缩机或双螺杆压缩机的 1/30，故对轴承要求不高，寿命较长。

2) 容积效率高

只有星轮齿与螺杆齿槽之间的间隙内的少量气体残留，余隙容积很小，理论上可使余隙容积为零，容积效率高。

3) 噪声低

由于受力平衡性优异，振动和噪声都很小。

4）磨损少

完全力平衡性能使轴承负荷大为减少，因而磨损及摩擦功耗都很小。由于星轮轴承摩擦阻力小，可利用星轮凸齿与螺杆齿槽间的润滑油膜摩擦力带动星轮旋转，理论上可实现零磨损。

单螺杆压缩机的缺点：

1）制造难度大

螺杆与星轮啮合副间配合间隙和形位精度要求高，星轮加工较复杂，影响了其广泛应用。

2）成本高

生产效率低，成本高。

3）比功率低

单螺杆压缩机低于（双）螺杆压缩机的比功率，前者的比功率一般小于 $5.4\ kW/(m^3/min)$，后者的比功率一般大于 $5.5\ kW/(m^3/min)$，尺寸与质量也相对较大。

3.3　滑片压缩机

3.3.1　基本结构及工作原理

滑片压缩机的核心元件是一个带有径向槽或斜槽的转子和数个可在槽内自由滑动的滑片。根据气缸形状和滑片运动机理，滑片压缩机主要有单工作腔式、双工作腔式和贯穿滑片式三种类型（图 3.6）。

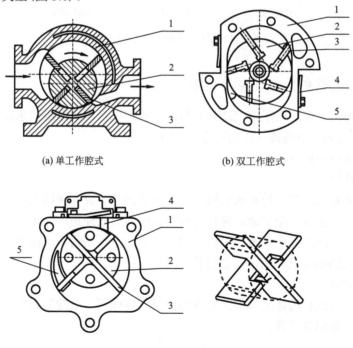

(a) 单工作腔式　　　　　　　　　　(b) 双工作腔式

(c) 贯穿滑片式

图 3.6　滑片压缩机

1. 气缸(机壳)；2. 转子；3. 滑片；4. 排气口(阀)；5. 吸气口

单工作腔滑片压缩机的结构如图 3.6(a) 所示,主要由带有径向槽的圆柱形转子 2、滑片 3 和气缸(机壳) 1 组成,气缸的内表面为圆柱形,转子偏心安装在气缸内,二者在几何上接近相切(切点处留有一定间隙),气缸内壁与转子外表面间形成了月牙形空间。当转子旋转时,滑片受离心力作用而甩向外围,滑片外端紧贴在气缸内壁,月牙形空间被分割成若干小室(基元)。随着转子的不断旋转,图中左侧进气口的基元容积不断增大,气体被吸入,直至该基元后滑片越过吸气孔口的上边缘时,基元封闭,吸气过程结束。之后进入压缩过程,基元容积随转子转动而不断缩小,气体压力得到提升,直至前滑片到达排气孔口的上边缘,基元与排气口连通的瞬时,压缩过程终了。随后进入排气过程,被压缩气体由排出口流入排气管路,当该基元后滑片越过排气口下边缘时,排气结束。随转子的继续转动,在再次吸气之前存在容积较小的压缩和膨胀过程(图中气缸最下部区域)。如果滑片数为 z,则在旋转一周内,有 z 个基元各完成一次工作循环。

双工作腔滑片压缩机的气缸内壁面为扁圆形,圆柱形转子同心安装在气缸内,每个基元在每转中吸、排气两次,完成两个压缩过程。

贯穿滑片压缩机转子上的滑片槽是贯通的,滑片为整体滑片,气缸内壁面不是圆或椭圆,而是依滑片运动轨迹生成的曲面。每一转内完成的排气次数为滑片数的两倍。这两种滑片压缩机的工作原理与单工作腔式类似。

3.3.2　滑片压缩机性能及应用范围

滑片压缩机多为单级或两级,转速范围一般为 300～3000 r/min。单工作腔滑片压缩机用于空气压缩时,常见容积流量范围是 1～20 m³/min;作为制冷压缩机时,容积流量通常小于 1 m³/min;用于汽车空调压缩机时,工作容积范围为 90～170 cm³/r。双工作腔滑片压缩机主要用于汽车、机舱、住宅等的空调系统,工作容积范围为 80～140 cm³/r。贯穿滑片压缩机除了用于空调系统,还可用作真空泵。

滑片压缩机的优点是结构紧凑,组成简单,零部件少,体积小,质量轻,加工装配容易,维修方便;动力平衡性好,运转平稳,噪声低,振动小;多个基元同时工作,流量均匀,脉动小;滑片磨损后,可继续保持与气缸内壁的贴合,性能稳定。滑片压缩机的缺点是滑片与转子、滑片与气缸内壁间的机械摩擦严重,易磨损,能量损失大,影响使用寿命,降低了效率。虽然经过努力,滑片寿命有了明显提高,但仍然是制约其应用的一个主要因素。

3.3.3　滑片压缩机与螺杆压缩机性能对比

回转式容积型压缩机种类多,各有特点。相对于其他结构形式,滑片压缩机的特点是低转速下效率较高,在小流量范围内具有优势,加之制造成本几乎最低,所以是小流量、低功率(20 kW 以下)工况的主要选择。表 3.1 对上述三种回转式容积型压缩机,就结构、制造、性能等进行了粗略的比较。

表 3.1　滑片压缩机与螺杆压缩机及单螺杆压缩机的比较

比较项目	滑片压缩机	螺杆压缩机	单螺杆压缩机
核心运动部件	1 个转子	1 个阳螺杆、1 个阴螺杆	1 个螺杆，2 个星轮
常用转速/(r/min)	1000～1500	1500～3000	1500～3000
运动形式	转子旋转	阳螺杆带动阴螺杆	螺杆驱动星轮
制造难度	加工要求很高，但不需要专用设备，装配简单，成本低	加工需要专用设备，要求十分严格，装配复杂	机壳加工困难，星轮加工复杂，成本高，装配复杂
寿命	除滑片外运动部件寿命 10 万 h 以上，滑片寿命低于 1 万 h	轴承寿命一般在 0.8 万～1.8 万 h，精良的轴承寿命可达 2 万～4 万 h	轴承寿命可达 10 万 h，星轮寿命与结构形式及材料有关，寿命一般不到 2000h
气体力	径向力大	径向力和轴向力大	螺杆径向力和轴向力可自动平衡，星轮齿承受气体力
轴承数量	2 个	5～9 个	6～10 个
可达到的压力/MPa	干式、滴油式、喷油式压力比分别可达 2.5、4、10	一般技术可达 3～4，有报道可达 9	单级喷油可达 3～3.5
是否可干运转	滑片采用石墨、有机合成材料等自润滑材料时，可用于低压	可以	需要喷油润滑，低压时也可喷水润滑，难以干运转
噪声/dB（A）	～70	一般为 64～78	一般为 60～68
内泄漏	滑片磨损后可自动补偿，内泄漏极小	较大	较大
排气量/(m³/min)	一般 1～20	800 以下	100 以下
体积	小	较大	大

 思考题

1. 螺杆压缩机和活塞式压缩机均为容积式压缩机，二者的工作原理有何不同？
2. 螺杆压缩机、单螺杆压缩机和滑片压缩机的核心元件分别是哪些？
3. 螺杆压缩机是否可以多相混输？
4. 滑片压缩机主要有哪几种结构形式？
5. 对比螺杆压缩机、单螺杆压缩机和滑片压缩机气体力的平衡性。
6. 对比螺杆压缩机、单螺杆压缩机和滑片压缩机的生产能力(排气量)。
7. 按制造成本对螺杆压缩机、单螺杆压缩机和滑片压缩机排序。

第4章 离 心 泵

4.1 离心泵基本结构与工作原理

离心泵具有结构简单、体积小、质量轻、操作平稳、维修方便，且扬程和流量范围宽等优点，被广泛应用于工农业生产中。如图 4.1 所示，在所含的泵中，离心泵的工作区域最大，流量在 5～25 000 m³/h、扬程在 8～3000 m 范围内。因此有必要详细介绍离心泵的工作原理和工作特性。

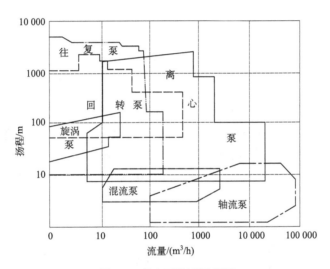

图 4.1 离心泵的适用范围

4.1.1 离心泵基本结构

图 4.2 给出一台典型离心泵的结构简图，它是一台结构简单的单级单吸悬臂式离心泵。实际上，对于所有的离心泵，其主要组成部件可概括为：过流部件(含吸入室、叶轮、导轮和蜗壳)、轴和轴承(轴封箱)、密封装置(如密封环、机械密封和填料密封)和轴向力平衡装置等。下面详细介绍各零部件的结构和特点。

4.1.1.1 过流部件

离心泵的过流部件有叶轮、吸入室、导轮、压出室(蜗壳)等。

1. 叶轮

叶轮是离心泵的重要工作部件，它的作用是把原动机输入的能量传递给液体。它的形状、尺寸、加工工艺等对泵性能有决定性的影响。叶轮材料应有足够的机械强度和一定的耐磨、耐腐蚀性。根据输送介质的要求，可采用铸铁、铸钢、不锈钢或青铜等材料制造。

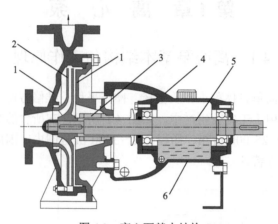

图 4.2　离心泵基本结构

1. 泵壳；2. 叶轮；3. 轴封；4. 轴承箱；5. 轴；6. 润滑油箱

　　叶轮一般由轮盘(后盖板)、轮盖(前盖板)和叶片组成。按照结构组成，叶轮可分为闭式、半开式和开式三种。有轮盘、轮盖和叶片的称为闭式叶轮；有轮盘和叶片的称为半开式叶轮；仅有叶片的称为开式叶轮，对于开式叶轮，叶片直接装在轮毂上。按照吸入方式，叶轮可分为：单吸叶轮(如图 4.3(a)、(b)和(c)所示，叶轮只有一边可以吸液)和双吸叶轮(如图 4.3(d)所示，叶轮两边均可吸液)。另外，叶片的结构形式有圆柱形叶片和扭曲叶片两种。

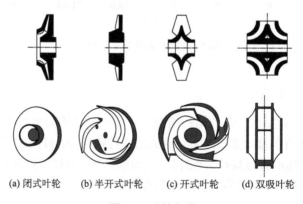

(a) 闭式叶轮　　(b) 半开式叶轮　　(c) 开式叶轮　　(d) 双吸叶轮

图 4.3　叶轮分类

　　对于离心泵而言，闭式叶轮一般有 2～12 个后弯叶片，其运行效率较高。由于单吸泵叶轮会产生轴向推力，所以有的叶轮在叶片根部开有平衡孔。半开式与开式叶轮叶片数较少，一般为 2～5 片，大多用于抽送浆粒状液体或污水，如污水泵的叶轮。

2. 吸入室

离心泵吸入管法兰至叶轮进口前的部分过流空间称为吸入室。吸入室的作用是将吸入管中的液体以最小的能量损失均匀地引入叶轮。吸入室通常有直锥形、弯管形和螺旋形三种类型，结构简图如图 4.4 所示。

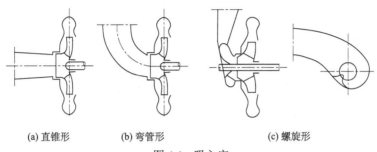

(a) 直锥形 (b) 弯管形   (c) 螺旋形

图 4.4　吸入室

直锥形吸入室结构简单、制造方便，能在叶轮入口前形成集流和加速度，使叶轮前的流速均匀、流动损失小。弯管形吸入室的结构简单、轴向尺寸短，但液流进入叶轮前会产生冲击和旋涡损失，且液流不太均匀。螺旋形吸入室的流动情况较好，速度比较均匀，但是液流进入叶轮前会有预旋，在一定程度上会降低泵的扬程。

3. 压出室

压出室位于叶轮外围，有时也称蜗壳。其作用是收集从叶轮中流出的液体，并将液体大部分的动能转化为压能，送入排出管。压出室的类型有螺旋形压出室和环形压出室，结构如图 4.5 所示。压出室的形状是按液流螺旋线自由轨迹设计的，泵只有在设计工况下工作时，液体的自由轨迹才与蜗壳一致。吸入室和压出室的材料也应有足够的强度、耐磨和耐腐蚀性，一般采用铸铁、铸钢或不锈钢等材料铸造成型。

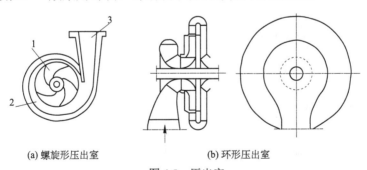

(a) 螺旋形压出室   (b) 环形压出室

图 4.5　压出室

1. 叶轮；2. 蜗壳；3. 扩散管

4. 导轮

导轮是使液体按规定的方向流动，并使液体的部分动能转化为压能的、带有叶片的部件。多级泵的级间采用导轮,末级之后采用蜗壳。

压出室和导轮又叫做换能装置。它们的共同作用是:将叶轮流出的高速液体收集起来,并引导液体流向泵排出管或送至多级泵的次级叶轮入口;同时将叶轮给予液体的多余动能部分转化成压能。

要提高泵的效率,除了要提高叶轮的水力性能外,还要注意换能装置与叶轮的配合,尽量提高换能装置的水力性能,减少换能装置中的能量损失。

4.1.1.2　密封装置

为了保证离心泵正常工作,防止液体发生外漏、内漏和泵外气体进入泵内,必须在叶轮和泵壳间、泵壳和轴间设有密封装置。离心泵常用的密封装置有:密封环、填料密封和机械密封,后两种用于泵轴的密封。

1.　密封环

叶轮与泵壳之间采用密封环密封。密封环的作用是防止液体从叶轮排出口通过叶轮和泵壳间的间隙漏回吸入口以提高泵的容积效率。其特点是同时承受叶轮和泵壳接缝处可能产生的机械摩擦,磨损后只需要更换密封环即可。密封环可以装在泵壳或叶轮上,也有两边同时安装的例子。密封环的结构有很多,常用的有平接式和角接式两种类型,如图4.6所示。

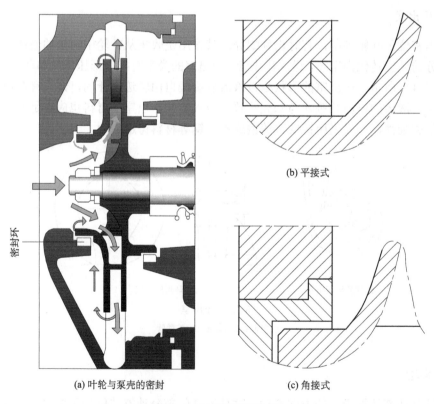

(a) 叶轮与泵壳的密封　　　　　　　(b) 平接式

　　　　　　　　　　　　　　　　　　(c) 角接式

图4.6　叶轮密封环结构

2. 填料密封

图 4.7 为泵轴与泵壳间的填料密封结构。填料密封主要依靠填料变形，使泵轴（或轴套）外圆面和填料紧密接触，实现密封。轴封的严密性可通过压紧或放松填料压盖的方法进行调节，填料的压紧程度要适当。如过紧，填料与轴或轴套的摩擦功耗很大、寿命很短；如过松，则密封性差、泄漏量增加或外界空气会进入泵内，导致泵无法工作。

在填料密封中，液封环的作用是从泵的排出口或泵以外的地方将大于大气压的液体引入环内，以防止外界空气吸入泵内；或用清水（不会造成污染，压力比密封内部压力高出 0.05～0.15MPa）从外部注入泵内，防止泵内液体漏出；或将冷却液注入环内对泵轴进行冷却；或将润滑油注入环内以减小摩擦功耗。

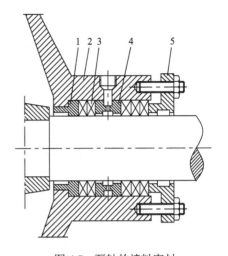

图 4.7 泵轴的填料密封

1. 底衬环；2. 填料函外壳；

3. 填料；4. 液封环；5. 填料压盖

3. 机械密封

机械密封是泵轴常用的另一种密封方式，又叫端面密封，结构简图如图 4.8 所示。机械密封的主要构成有：主要密封元件（动环 4 和静环 7）、辅助密封元件（动环密封圈 5、静环密封圈 6）、压紧元件（弹簧 3 和推环等）和传动元件（传动座 2 和键或固定螺钉 1）。机械密封有四个密封点，分别是：动环和静环的接触面之间的密封（密封点 1）、动环和轴之间的密封（密封点 2）、静环和压盖之间的密封（密封点 3）以及密封箱和压盖之间的密封（密封点 4）。只有密封点 1 为动密封，其余均为静密封。

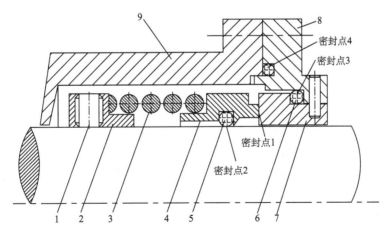

图 4.8 泵轴的机械密封

1. 固定螺钉；2. 传动座；3. 弹簧；4. 动环；5. 动环密封圈；6. 静环密封圈；7. 静环；8. 端盖；9. 密封腔

4.1.2　离心泵分类

离心泵的种类很多，可按使用目的、输送介质、结构形状等进行分类。下面仅介绍按结构形式进行分类。

1. 按叶轮吸入液体的方式分类

(1)单吸式泵：安装单吸叶轮，叶轮单侧吸液。

(2)双吸式泵：安装双吸叶轮，叶轮两边吸液。

2. 按叶轮的级数分类

(1)单级泵：泵内只有一个叶轮。

(2)多级泵：泵内主轴装有多个叶轮。

3. 按泵体的形式分类

(1)蜗壳泵：叶轮排出侧具有蜗壳形状压出室的泵。

(2)筒形泵：泵的外壳为筒形。

(3)透平泵：带导叶的离心泵。

4. 按泵体的剖分方式分类

(1)分段式：壳体按与主轴垂直方向进行平面剖分的泵。

(2)节段式：在分段式多级泵中，每一段壳体都是分开的。

(3)中开式：泵的壳体在通过轴线的平面上分开。

中开式泵又有水平和垂直中开式两种形式。水平中开式泵的壳体的剖分面是通过轴线的水平面，而垂直中开式泵的壳体的剖分面是垂直的。

5. 按泵主轴安放形式分类

(1)卧式泵：主轴水平放置。

(2)立式泵：主轴垂直方向放置。

6. 按特殊结构分类

(1)潜水泵：驱动泵的原动机与泵一起放在水中使用的泵。

(2)贯流式泵：泵体内装有原动机的泵。

(3)屏蔽式泵：泵与电动机直联，电动机定子内侧装有屏蔽套，以防止液体流入。

(4)自吸式泵：泵的叶轮同时起到灌水的作用，泵启动时无须灌泵。

(5)管道泵：泵作为管路的一部分，无须特别改变管路即可安装泵。

4.1.3　离心泵的工作原理

图4.9为离心泵工作系统总体结构，具体结构和连接方式如图所示。 离心泵的工作

过程是：启动前，先用液体灌满泵壳和吸入管路，然后启动电机，使叶轮和叶轮中的液体做高速旋转运动。此时，液体受到离心力作用被甩出叶轮，经蜗形泵壳中的流道而流到离心泵的出口管道，再由泵出口流入排出管路中；同时，水泵叶轮中心处由于液体被甩出而形成真空，吸液池中的液体在外界大气压的作用下，经吸入管路流入叶轮进口；由于叶轮不断地旋转，液体就源源不断地被甩出和吸入，形成液体的连续输送。

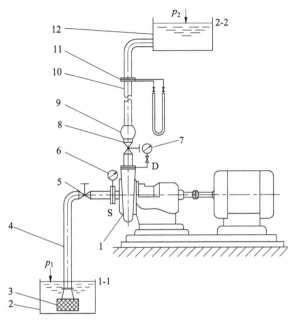

图 4.9　离心泵工作系统

1. 泵；2. 吸液罐；3. 底阀；4. 吸入管路；5. 吸入管调节阀；6. 真空表；7. 压力表；8. 排出管调节阀；9. 单向阀；10. 排出管路；11. 流量计；12. 排液罐

离心泵的工作原理可概括为：叶轮带动液体在泵壳内高速旋转产生离心力，液体受离心力的作用从叶轮四周被高速甩出，高速液体汇聚在泵壳内，速度降低、压力增大；泵壳内的高压液体流入压力低的出口管道或下一级叶轮；在液体被叶轮甩出的同时，叶轮吸入室中心处形成低压，外界压力又将液体不断压入叶轮，补充叶轮中心低压区，使泵连续工作。

若泵内有空气，因为空气的密度远远小于被输送液体的密度，产生的离心力很小，所以叶轮中心处形成的低压不足以将储槽内的液体吸入泵内，叶轮空转达不到输液目的，这种现象称为气缚。因此，泵启动前要向泵壳和吸入管道灌液。

4.1.4　离心泵的基本理论

4.1.4.1　离心泵的名词术语

1. 流量

泵的流量有体积流量和质量流量之分。体积流量是泵在单位时间内所抽送液体的体

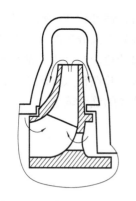

图 4.10　泵内叶轮泄漏示意图

积，即从泵的出口截面所排出的液体体积。实际体积流量一般用"Q"表示，常用单位为 m^3/s、L/s 和 m^3/h。理论体积流量 Q_T 指单位时间内流入叶轮中的液体体积，等于实际流量 Q 加上泄漏量 $\sum q$。泵内叶轮的泄漏如图 4.10 所示。

$$Q_T = Q + \sum q \qquad (4.1)$$

质量流量：泵在单位时间内所输送的液体质量，等于对应的体积流量乘以液体密度。质量流量一般用"G"表示，常用单位：kg/h 或 t/h。通常所说泵的流量是指体积流量，仅在极少数情况下才用质量流量。它们之间的关系为

$$G = \rho Q \qquad (4.2)$$

式中，ρ 为液体密度，kg/m^3。

2. 扬程

泵的扬程是输送单位质量的液体从泵进口处(泵进口法兰)到泵出口处(泵出口法兰)总机械能的增值，即单位质量液体通过泵获得的有效能量。扬程用"H"表示，单位为 m。

$$H = \left(z_D + \frac{c_D^2}{2g} + \frac{p_D}{\rho g} \right) - \left(z_S + \frac{c_S^2}{2g} + \frac{p_S}{\rho g} \right) \qquad (4.3)$$

式中，p_D、p_S 为泵出口、进口处液体的静压力，Pa；c_D、c_S 为泵出口、进口处液体的流速，m/s；z_D、z_S 为泵出口、进口到任选测量基准面的距离，m；g 为重力加速度，m/s^2。

泵的扬程表征泵本身的性能，只与泵进、出口处液体的能量有关，而与泵装置没有直接关系。应用能量方程，可将泵装置中液体的能量表示为泵的扬程。

理论扬程 H_T 是指泵叶轮向单位质量的液体所传递的能量。理论扬程 H_T 与泵扬程 H 间的关系为

$$H_T = H + \sum h_{hyd} \qquad (4.4)$$

式中，$\sum h_{hyd}$ 为水力损失，m。

离心泵的泵内水力损失包括下面三部分能量损失：

(1)液体流经泵吸液室、换能装置、压出室及扩压管等元件的沿程摩擦损失 $\sum h_p$；

(2)叶轮、导叶或蜗壳内流道的扩散、收缩和弯曲造成的局部阻力损失 $\sum h_m$；

(3)泵在偏离设计工况下运转时，液体流入叶轮及换能装置等处发生冲击而造成的冲击损失 $\sum h_{sh}$。

3. 转速

泵的转速指泵转子在单位时间内的转数。泵的转速用"n"表示，单位为 r/min。转速也可用转子的回转角速度"ω"来表示，角速度的单位为 rad/s。转速与角速度的关系为

$$\omega = \frac{2\pi n}{60} \tag{4.5}$$

4. 汽蚀余量

汽蚀余量是表示泵汽蚀性能的参数，关于汽蚀余量将在 4.6 节中给予详细介绍。

5. 功率

泵的功率通常是指泵的输入功率（即泵轴的轴功率），它等于叶轮输入的水力功率与摩擦损耗功率之和，用"P_{sh}"表示，单位为 W 或 kW。

除输入功率外，还有输出功率。输出功率指液体通过泵时由泵传递给液体的有效功率，即单位时间内从泵中输送出去的液体在泵内获得的有效能量，用"P_e"表示。

因为扬程是泵输出的单位质量液体从泵中获得的有效能量，所以扬程和质量流量及重力加速度的乘积，就是单位时间内从泵中输出液体获得的有效功率（kW），即

$$P_e = \rho g Q H / 1000 \tag{4.6}$$

式中，ρ 为液体密度，kg/m^3；g 为重力加速度，m/s^2；Q 为泵的流量，m^3/s；H 为泵的扬程，m。

泵的输入功率不等于输出功率，主要是在泵内发生了能量损失。泵的能量损失包括：容积损失、水力损失和机械摩擦损失。容积损失是流量泄漏所造成的能量损失 P_V；水力损失又叫流动损失，即液体流动导致的能量损失 P_{hyd}；机械损失是机械摩擦导致的能量损失 P_m。所以轴功率为输出功率（有效功率）、容积损失功率、水力损失功率和机械损失功率之和。

$$P_{sh} = P_e + P_V + P_{hyd} + P_m \tag{4.7}$$

6. 效率

离心泵的效率用"η"表示，它是指泵的输出功率（即有效功率）与轴功率之比。它等于容积效率 η_V、水力效率 η_{hyd} 和机械效率 η_m 三者之积，即

$$\eta = \frac{P_e}{P_{sh}} = \frac{\rho g Q H}{P_{sh}} = \frac{Q}{Q_T} \frac{H}{H_T} \frac{\rho g Q_T H_T}{P_{sh}} = \eta_V \eta_{hyd} \eta_m \tag{4.8}$$

1）机械效率

机械效率：是衡量泵运动部件间机械摩擦损失大小的指标。它是泵轴功率和机械损失 P_m 之差与轴功率之比：

$$\eta_m = \frac{P_{sh} - P_m}{P_{sh}} = \frac{g \rho Q_T H_T}{P_{sh}} \tag{4.9}$$

机械损失包含三部分，即轴与轴承、轴与轴封装置间因旋转产生的摩擦阻力损失，叶轮圆盘、密封环与液体间发生摩擦而引起的轮阻损失，轴向力平衡装置可能引起的摩擦损失。

2) 容积效率

容积效率：是衡量泵泄漏量大小，即密封好坏的指标。

$$\eta_V = Q/Q_T \tag{4.10}$$

泵的输入功率减去机械损失后，余下的功率全部由叶轮传递给液体，故称为水力功率 P_h。水力功率为：$P_h = \rho g Q_T H_T$。

因叶轮对液体做功，使得叶轮出口处液体的压力大于叶轮进口处液体的压力，这会让从叶轮流出的一部分液体经叶轮密封环处的间隙漏回到叶轮进口处(图 4.10)，故通过叶轮的液体不能被泵完全排出。单位时间内经过间隙流向叶轮进口处液体的体积称为泄漏量，用 $\sum q$ 表示(包括轴向力平衡装置产生的泄漏量)。泄漏量从叶轮得到的功率记为 P_V，而 P_V 被损失掉。这部分功率损失是以减少理论流量的形式被损失掉的，故称为容积损失功率，即 $P_V = \rho g \sum q H_T$。

容积效率等于容积损失后的功率与容积损失以前功率的比值，即

$$\eta_V = \frac{\rho g Q_T H_T - \rho g H_T \sum q}{\rho g Q_T H_T} = \frac{Q_T - \sum q}{Q_T} = \frac{Q}{Q_T} \tag{4.11}$$

因此，容积效率等于泵的实际流量与理论流量的比值。

3) 水力效率

水力效率是衡量液体流经泵水力(流动)损失大小的指标。水力损失的大小以水力效率来衡量。

因为液体在流过吸入室、叶轮、压出室时，产生沿程摩擦损失和冲击、涡流等局部损失，所以泵排出液体的功率要比 $\rho g Q H_T$ 小。设单位质量液体流动损失的能量为 $\sum h_{hyd}$，则水力损失功率为 $P_{hyd} = \rho g Q \sum h_{hyd}$。水力效率应等于输出功率与水力损失之前的功率的比值，即

$$\eta_{hyd} = \frac{\rho g Q H_T - \rho g Q \sum h_{hyd}}{\rho g Q H_T} = \frac{H_T - \sum h_{hyd}}{H_T} = \frac{H}{H_T} \tag{4.12}$$

因此，泵的水力效率等于泵的扬程与理论扬程之比。下面将各功率之间的关系总结在表 4.1 中。

表 4.1　各功率之间的关系

泵轴的输入功率	输出功率和功率损失	
	摩擦损失功率($P_m = (1-\eta_m)P_{sh}$)	
	含：轮盘摩擦损失(叶轮轮盘和密封环处的摩擦)；	
	机械摩擦损失(轴承和轴封处的摩擦)；	
轴功率	平衡装置产生的摩擦损失	
($P_{sh} = \rho g Q H / \eta$)		有效功率($P_e = \rho g Q H$)
		容积损失功率($P_V = \rho g H_T \sum q$)
	水力功率($P_h = \rho g Q_T H_T$)	含：密封环处的泄漏量和轴向力平衡装置产生的泄漏量
		水力损失功率($P_{hyd} = \rho g Q \sum h_{hyd}$)

例题 4-1　图 4.11 为离心泵性能试验系统示意图，设大气压力为 $p_a(\text{Pa})$，用下标 S 和 D 分别表示离心泵进口和出口法兰处。试分别在如下两种已知条件下计算离心泵的扬程。

(1) 已知泵出口压力计读数 $h_G(\text{m})$，进口真空表读数 $h_V(\text{m})$，两表安装垂直距离为 $z_0(\text{m})$，泵进、出口速度分别为 c_S、$c_D(\text{m/s})$；

(2) 已知吸入、排出液面绝对压力分别为 p_A 和 $p_B(\text{Pa})$，z_1 和 z_2 分别表示泵进口与吸入液面的垂直距离和排出液面与泵进口的垂直距离 (m)，吸入、排出管路的损失分别为 h_1、$h_2(\text{m})$。

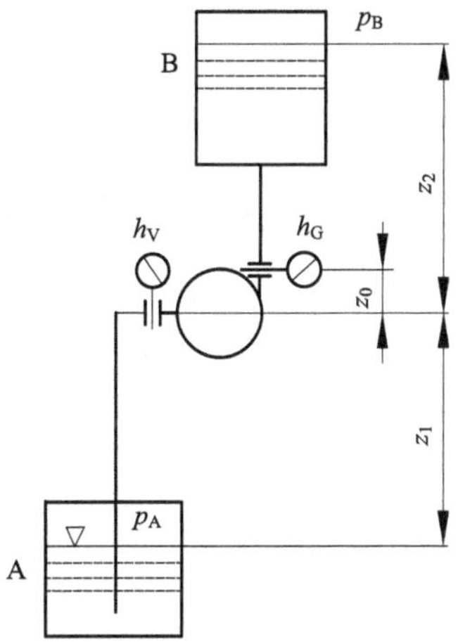

解： (1)

$$h_G = \frac{p_D}{\rho g} - \frac{p_a}{\rho g}, \quad 即 \quad \frac{p_D}{\rho g} = h_G + \frac{p_a}{\rho g}$$

$$h_V = \frac{p_a}{\rho g} - \frac{p_S}{\rho g}, \quad 即 \quad \frac{p_S}{\rho g} = \frac{p_a}{\rho g} - h_V$$

$$H = \left(z_D + \frac{c_D^2}{2g} + \frac{p_D}{\rho g} \right) - \left(z_S + \frac{c_S^2}{2g} + \frac{p_S}{\rho g} \right)$$

$$= \left(z_D + \frac{c_D^2}{2g} + h_G + \frac{p_a}{\rho g} \right) - \left(z_S + \frac{c_S^2}{2g} + \frac{p_a}{\rho g} - h_V \right) = h_G + h_V + \frac{c_D^2 - c_S^2}{2g} + z_0$$

此为试验时，泵扬程计算的基本公式。

(2) 因为泵进、出口的压力未知，所以需运用伯努利方程来求解。分别给出吸入液面到泵进口和泵出口到排出液面的伯努利方程。

$$\frac{p_A}{\rho g} = \frac{p_S}{\rho g} + \frac{c_S^2}{2g} + z_1 + h_1$$

$$\frac{p_S}{\rho g} + \frac{c_S^2}{2g} = \frac{p_A}{\rho g} - z_1 - h_1$$

$$\frac{p_D}{\rho g} + \frac{c_D^2}{2g} + z_0 = \frac{p_B}{\rho g} + z_2 + h_2$$

$$H = \left(z_0 + \frac{c_D^2}{2g} + \frac{p_D}{\rho g} \right) - \left(0 + \frac{c_S^2}{2g} + \frac{p_S}{\rho g} \right) = \left(\frac{p_B}{\rho g} + z_2 + h_2 \right) - \left(\frac{p_A}{\rho g} - z_1 - h_1 \right)$$

$$= \frac{p_B - p_A}{\rho g} + z_2 + z_1 + h_2 + h_1 = \frac{p_B - p_A}{\rho g} + z_{AB} + \sum h$$

式中，$z_{AB} = z_1 + z_2$；$\sum h = h_1 + h_2$。

图 4.11　离心泵性能试验系统

4.1.4.2 叶轮内流体的速度三角形

在组成离心泵(或离心压缩机)所有的零部件当中,叶轮是唯一对流体做功的部件。为了理解离心泵(或离心压缩机)的做功原理,有必要了解流体在叶轮内的运动情况。为了便于理解,将叶轮内的流体视为不可压缩、无黏性流体;将叶轮分为理想叶轮(即叶轮有无数个叶片)和实际叶轮。

1. 叶轮内流体质点的运动

离心泵(或离心压缩机)工作时,流体在叶轮中的运动是一种复杂的运动。叶轮内的流体一方面随着叶轮一起高速旋转,做旋转运动;另一方面又在转动着的叶轮中沿叶道由内向外运动。假设叶轮外围通道全封闭时,叶轮内的流体只随叶轮一起转动,此时流体质点只有圆周运动,如图 4.12(a)所示;当叶轮不转动时,流体仅沿着叶轮的叶片由内向外做滑移运动,如图 4.12(b)所示;如果叶轮按正常状态工作,内部的流体既随叶轮一起转动又沿叶片向外滑动,流体质点的运动如图 4.12(c)所示。因此,叶轮内流体质点的运动为:随着叶轮转动和沿着叶片滑动的合成运动。即流体质点的绝对速度为圆周速度和滑移速度的矢量和,$c = u + w$。

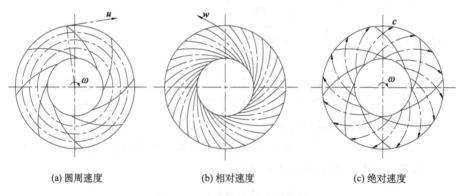

(a) 圆周速度   (b) 相对速度   (c) 绝对速度

图 4.12   叶轮内流体速度分解

1)圆周速度

圆周速度又叫牵连速度,等于角速度乘以对应点处的半径($u = \omega \times r$),方向与叶轮转向相同,并与旋转圆相切。r 为叶轮上某点处的半径,m;ω 为叶轮旋转角速度,rad/s。

2)滑移速度

滑移速度又叫相对速度,无法直接给出;对于理想叶轮,其方向沿叶片切线外指。

3)绝对速度

绝对速度为圆周速度和滑移速度的矢量和。

2. 叶轮内流体的速度三角形

速度三角形是描述叶轮内流体质点圆周速度、相对速度和绝对速度之间的关系;这三种速度的向量和所组成的图形即为叶轮对应点处流体质点的速度三角形。

为了便于给出叶轮内任意位置(i)处流体质点的速度三角形，先从理想叶轮着手分析。所谓理想叶轮是指具有无限多个叶片、叶片厚度薄到忽略不计的叶轮。这样，流体的相对运动轨迹与叶片的形状完全一致,流体质点的相对速度始终与叶片相切,如图 4.13 所示。对于理想叶轮，流体质点的三个速度分别为 u_i、$w_{i\infty}$ 和 $c_{i\infty}$。实际叶轮叶片数是有限的，受惯性的影响，流体质点的相对速度会偏离叶片切线方向，导致绝对速度减小，如图 4.13 所示。对于实际叶轮，流体质点的三个速度分别为 u_i、w_i 和 c_i。

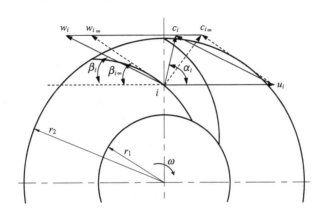

图 4.13　叶轮内任意位置处流体质点速度三角形

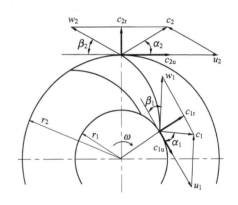

把相对速度 w_i 或 $w_{i\infty}$ 与圆周速度反方向 $-u_i$ 的夹角记为流动角 β_i 或 $\beta_{i\infty}$，绝对速度 c_i 与圆周速度方向 u_i 的夹角记为流动角 α_i。对于理想叶轮或者是实际叶轮在设计工况下工作时，流动角 β_i 实际上就是叶片的安置角 β_{iA}。

图 4.14 给出叶轮叶片进出口处流体质点的速度三角形。出口处的速度三角形由速度 (u_2, w_2, c_2) 组成，流动角为 β_2 和 α_2，c_{2r} 和 c_{2u} 分别为绝对速度 c_2 在径向和圆周方向上的分速度；进口处的速度三角形由速度 (u_1, w_1, c_1) 组成，流动角为 β_1 和 α_1，c_{1r} 和 c_{1u} 分别为绝对速度 c_1 在径向和圆周方向上的分速度。

图 4.14　叶片进出口处流体质点速度三角形

根据叶轮叶片弯曲形式(即叶片安置角度)的不同，叶轮又可分为前弯、径向和后弯三种类型。理想工况下，三种叶轮出口处的速度三角形如图 4.15 所示。

3. 绝对速度的分速度

绝对速度可以分解为圆周方向和径向方向上的分速度，如图 4.14 所示。圆周方向上的分速度(c 在圆周方向分量)记为 c_{iu}，其与能量(扬程)有关。将其与圆周速度的比值称为能量头(周速)系数，即

$$\varphi_{iu}=c_{iu}/u_i \tag{4.13}$$

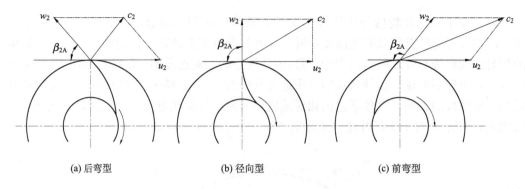

(a) 后弯型　　　　　　　　(b) 径向型　　　　　　　　(c) 前弯型

图 4.15　理想工况下三种叶轮的出口速度三角形

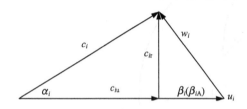

图 4.16　任意位置处流体的速度三角形

径向上的分速度（c 在半径方向上的分量）记为 c_{ir}，其与流量（流速）有关。将其与圆周速度的比值称为流量系数，即

$$\varphi_{ir}=c_{ir}/u_i \tag{4.14}$$

4. 各速度间的关系

利用三角形间的关系，可以把任意位置处流体质点的每个速度联系起来，以图 4.16 为例予以说明。

绝对速度：

$$c_i^2 = u_i^2 + w_i^2 - 2u_i w_i \cos \beta_i = c_{ir}^2 + c_{iu}^2 \tag{4.15}$$

径向分速度：

$$c_{ir} = c_i \sin \alpha_i \tag{4.16}$$

周向分速度：

$$c_{iu} = c_i \cos \alpha_i \tag{4.17}$$

$$c_{iu} = u_i - c_{ir} \cot \beta_i \tag{4.18}$$

如流量、转速和叶片的尺寸给定，则可以计算出圆周速度和绝对速度径向分速度的大小，即

$$u_i = \omega \cdot r_i = \frac{\pi n}{30} r_i \tag{4.19}$$

$$c_{ir} = \frac{Q_i}{A_i} \tag{4.20}$$

式中，A_i 为任意位置处叶轮的流通面积，m^2，$A_i = \pi D_i b_i \tau_i$；D_i 为任意位置处叶轮直径，m；b_i 为任意位置处叶轮轴向宽度，m；τ_i 为任意位置处叶道的阻塞系数。

4.1.4.3　离心泵基本方程

离心泵将机械能转变为液体的能量是在叶轮内进行的。叶轮带动液体旋转时，把能量传递给液体，使液体的运动状态发生变化，完成能量的转换。泵的基本方程又称欧拉

涡轮方程，它是根据叶轮和液体的运动来计算泵的理论扬程，故也称为能量方程。关于离心泵(或离心压缩机)理论的研究，均从该方程出发，所以称之为离心泵的基本方程。

1. 方程推导

离心泵的基本方程是基于动量矩定理导出的。应用动量矩定理时，不管叶轮内的流动情况如何，只要把叶轮对液体做的功与叶轮前后液体的运动参数联系起来，即可导出基本方程。

动量矩定理是指单位时间内，某一系统中所有质量动量矩的变化量，等于作用在这一系统上的合外力矩，即

$$\frac{\mathrm{d}L}{\mathrm{d}t} = T \tag{4.21}$$

式中，T 为作用于系统的合外力矩，N·m；$\mathrm{d}L$ 为在某一时间 $\mathrm{d}t$ 内系统对某一轴线动量矩的变化量，kg·m²/s；$\mathrm{d}t$ 为动量矩变化经过的时间，s。

现将动量矩定理应用于叶轮中的液体。在叶道内划出如图 4.17 所示 Ⅰ 和 Ⅱ 两块液体进行分析，其中 Ⅰ′ 位于叶片进口稍前位置处，Ⅱ′位于出口稍后位置处。这两块液体除被轮盘和轮盖包围外，还被进口稍前和出口稍后的两个旋转面所包围。

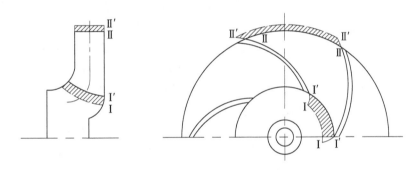

图 4.17　基本方程导出示意图

首先，假设液体是理想的，泵的工作状态是稳定的，也就是说泵的扬程、流量、转速、转矩等不随时间而变化，此时叶轮内的流动为定常流动。经过 $\mathrm{d}t$ 时间间隔后，液体从 Ⅰ Ⅱ 运动到 Ⅰ′Ⅱ′ 位置。由于流动是定常的，叶道内液体的质量不变，而动量矩的变化量 $\mathrm{d}L$ 就等于液体 Ⅱ′ 和 Ⅱ Ⅱ′动量矩的变化，即

$$\mathrm{d}L = L_{\mathrm{I'II'}} - L_{\mathrm{I II}} = (L_{\mathrm{II II'}} + L_{\mathrm{I' II}}) - (L_{\mathrm{I I'}} + L_{\mathrm{I' II}}) = L_{\mathrm{II II'}} - L_{\mathrm{I I'}}$$

由流动的连续性方程可知，两块液体的体积相等，其数值等于 $\mathrm{d}t$ 时间内流出(或流入)叶轮液体的体积 $Q_{\mathrm{T}}\mathrm{d}t$，质量为 $\rho Q_{\mathrm{T}}\mathrm{d}t$。因为时间 $\mathrm{d}t$ 很短，体积 Ⅰ Ⅰ′和 Ⅱ Ⅱ′都很小，所以认为这两块液体到轴线的距离分别等于叶片的进、出口半径 r_1 和 r_2，其平均速度等于叶片进、出口绝对速度 c_1 和 c_2。将绝对速度分解为径向分速度 c_r 和周向分速度 c_u 两个分量，其中径向分速度 c_r 与矢径平行，对轴线不产生动量矩，所以只有周向分速度 c_u 产生动量矩。动量矩大小为

$$L = mc_u r = (\rho Q_T \,\mathrm{d}t)c_u r$$

动量矩的变化量为

$$\mathrm{d}L = (\rho Q_T \,\mathrm{d}t)c_{2u}r_2 - (\rho Q_T \,\mathrm{d}t)c_{1u}r_1 = \rho Q_T(c_{2u}r_2 - c_{1u}r_1)\mathrm{d}t$$

故 $T = \rho Q_T(c_{2u}r_2 - c_{1u}r_1)$。

叶轮就是通过叶片把力矩传给液体，使液体的能量增加。对于所讨论的液体，只有叶片会对液体产生力矩。叶轮在单位时间内对液体做的功为"$T\omega$"，它等于单位时间内液体通过叶轮时从叶轮中获得的能量。因此，叶轮输入的功率为 $\rho g Q_T H_T$，即

$$T\omega = \rho g Q_T H_T，即 \ T = \rho g Q_T H_T/\omega$$

根据动量矩定理，有

$$\rho Q_T(c_{2u}r_2 - c_{1u}r_1) = \rho g Q_T H_T/\omega$$

化简得

$$H_T = (c_{2u}r_2 - c_{1u}r_1)\omega/g = (c_{2u}u_2 - c_{1u}u_1)/g \tag{4.22}$$

这就是离心泵的基本方程，即欧拉涡轮方程；H_T 的单位为 m。

2. 关于泵基本方程(欧拉涡轮方程)的几点说明

(1)基本方程实质上是能量平衡方程，它建立了叶轮的外特性和液体运动参数之间的关系。基本方程可用速度矩表示，速度矩的实质是单位质量液体的动量矩。

(2)在叶轮中，由于叶片对液体施加力矩，速度矩是增加的，即 $c_{2u}r_2 > c_{1u}r_1$。如果叶轮中无叶片，此时外力矩 $T=0$，则 $c_{2u}r_2 = c_{1u}r_1$，即 $c_u r$ 为常数。也就是说，在没有外力矩作用的情况下，液体的速度矩等于常数。当 $c_u r$ 为常数时，$H_T=0$。

(3)在基本方程中，$c_u r$ 取的是平均值。

(4)从基本方程看出，用液柱高度表示的理论扬程 H_T，与液体的种类和性质无关，只与运动状态有关。同一台泵抽送不同的介质时，所产生的理论扬程是相同的。但因介质密度不同，泵所需的功率则不同。

4.1.4.4 动扬程、势扬程和静压系数

根据扬程的定义可知，液体在泵内获得的能量分为位能、压能和动能，故相应的扬程也可分为动扬程和势扬程。

由叶轮叶片进出口速度三角形可知：

$$w_1^2 = c_1^2 + u_1^2 - 2c_1 u_1 \cos\alpha_1 = c_1^2 + u_1^2 - 2c_{1u}u_1$$

$$w_2^2 = c_2^2 + u_2^2 - 2c_2 u_2 \cos\alpha_2 = c_2^2 + u_2^2 - 2c_{2u}u_2$$

由此得

$$c_{1u}u_1 = \frac{c_1^2 + u_1^2 - w_1^2}{2}，\quad c_{2u}u_2 = \frac{c_2^2 + u_2^2 - w_2^2}{2}$$

代入泵的基本方程(4.22)，可得

$$H_{\mathrm{T}} = \frac{c_2^2 - c_1^2}{2g} + \left(\frac{u_2^2 - u_1^2}{2g} + \frac{w_1^2 - w_2^2}{2g} \right) \tag{4.23}$$

式 (4.23) 中第 1 项称为叶轮的动扬程,用 "H_{d}" 表示,即

$$H_{\mathrm{d}} = \frac{c_2^2 - c_1^2}{2g} = \frac{c_{2u}^2 + c_{2r}^2}{2g} - \frac{c_{1u}^2 + c_{1r}^2}{2g} \tag{4.24}$$

通常 c_{1r} 与 c_{1r} 近似相等且 c_{1u} 很小,H_{d} 可近似化简为 $H_{\mathrm{d}} = c_{2u}^2/2g$。动扬程大,表示叶轮出口的绝对速度大,这样在流动中产生的水力损失很大。从提高泵的效率考虑,不希望动扬程过大。

式 (4.23) 中第 2 项和第 3 项之和称为势扬程,用 "H_{P}" 表示,即

$$H_{\mathrm{P}} = \frac{u_2^2 - u_1^2}{2g} + \frac{w_1^2 - w_2^2}{2g} \tag{4.25}$$

势扬程和理论扬程之比称为叶轮的静压系数,用 "ρ" 表示,即

$$\rho = \frac{H_{\mathrm{P}}}{H_{\mathrm{T}}} = 1 - \frac{H_{\mathrm{d}}}{H_{\mathrm{T}}} = 1 - \frac{c_{2u}}{2u_2} \tag{4.26}$$

静压系数是指液体在叶轮中得到的静压能与理论总能量的比值,反映了液体流经叶轮后有效能量(静压能)增加的百分比。

4.1.4.5 理想叶轮泵的理论扬程

对于理想叶轮,假设其流道内叶片很多,液体始终沿着叶片的形线流动,即流动角等于叶片的安置角,$\beta_2 = \beta_{2A}$。假设叶轮在理论流量下(额定流量)工作,即液流沿径向进入叶轮,即液体无冲击、无旋转地进入叶道,进口速度三角形变为如图 4.18 所示。此时,$c_{1\infty} = c_{1r}$,$c_{1u} = 0$,$\alpha_1 = 90°$。

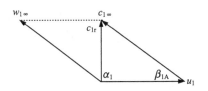

图 4.18 理想叶轮理论工况下叶片进口速度三角形　　图 4.19 理想叶轮圆周分速度求解示意图

按图 4.19 所示,可求解出叶轮出口处的圆周分速度:

$$c_{2u\infty} = u_2 - c_{2r} \cot \beta_2 = u_2 - c_{2r} \cot \beta_{2A}$$

理想叶轮的叶轮功可表示为

$$H_{\mathrm{T}\infty} = \frac{u_2 c_{2u\infty}}{g} = \frac{u_2}{g}(u_2 - c_{2r} \cot \beta_{2A}) \tag{4.27}$$

式中,u_2 为叶轮出口处的圆周速度,m/s;$c_{2u\infty}$ 为理想叶轮出口处绝对速度周向分速度,m/s;c_{2r} 为叶轮出口处绝对速度径向分速度,m/s;β_{2A} 为叶片出口处的安置角,也叫叶片离角,°;$H_{\mathrm{T}\infty}$ 为理想叶轮泵的理论扬程,m。

从式(4.27)可以看出，影响理想叶轮泵理论扬程的因素有圆周速度、出口径向分速度和叶片出口安置角。下面对其给予逐一分析。

1. 圆周速度

$$u_2 = \frac{\pi D_2 n}{60}$$

当流量一定时，转速 n 越高或叶轮出口直径 D_2 越大，叶轮出口处的圆周速度 u_2 越高，对应理想叶轮泵的理论扬程 $H_{T\infty}$ 也越大。

2. 出口径向分速度

$$c_{2r} = \frac{Q_T}{\pi D_2 b_2 \tau_2}$$

在其他参数一定时，流量越大，则叶轮出口径向分速度越大，对应理想叶轮泵的理论扬程 $H_{T\infty}$ 越小。即流量增加，单位质量液体获得的能量降低。

3. 叶片出口安置角(叶片离角)

对于后弯叶片，叶片出口安置角 $\beta_{2A}<90°$，$\cot\beta_{2A}$ 为正值；随着 β_{2A} 的增大，$\cot\beta_{2A}$ 减小，$H_{T\infty}$ 增大。对于径向叶片，叶片出口安置角 $\beta_{2A}=90°$，$\cot\beta_{2A}=0$，则 $H_{T\infty}=u_2^2/g$。对于前弯叶片，叶片出口安置角 $\beta_{2A}>90°$，$\cot\beta_{2A}$ 为负值；随着 β_{2A} 的增大，$H_{T\infty}$ 快速增大。

尽管叶片出口安置角 β_{2A} 和出口处周向分速度 $c_{2u\infty}$ 越大，泵的扬程越高，但是随着安置角的增大，叶片间的流道弯曲严重(会出现 S 形)，流道会变短。叶轮流道一般是扩散的，当叶轮出口面积一定时，流道变短会使叶片间流道的扩散度增大，导致叶轮内水力损失加重。另外，随着安置角的增加、叶轮出口处的绝对速度增大，动扬程也增大，液体在叶轮和压出室中的水力损失会大大增加。

为了便于对比分析，将理想叶轮泵的动能 $H_{d\infty}$、总能量 $H_{T\infty}$ 和静压系数 ρ_∞ 与叶轮出口处周向分速度 $c_{2u\infty}$ 的关系绘制在图 4.20 中。对于理想叶轮，泵的理论扬程、动扬程和静压系数的表达式分别如下：

$$H_{T\infty} = \frac{u_2 c_{2u\infty}}{g}, \quad H_{d\infty} \approx \frac{c_{2u\infty}^2}{2g}, \quad \rho_\infty = 1 - \frac{c_{2u\infty}}{2u_2}$$

已知叶轮出口处绝对速度周向分速度为

$$c_{2u\infty} = u_2 - c_{2r}\cot\beta_{2A}$$

所以，可同时分析 $H_{T\infty}$、$H_{d\infty}$ 和 ρ_∞ 与 $c_{2u\infty}$ 及 β_{2A} 的关系。

如图 4.20 所示，对于后弯叶片，随着叶片出口安置角 β_{2A} 的减小，$H_{T\infty}$ 和 $H_{d\infty}$ 在减小，ρ_∞ 则在增大；当 $H_{T\infty}=0$ 时，可求出叶片出口最小安置角的值 $\beta_{2Amin}=\text{arccot}(u_2/c_{2r})$。

对于径向叶片，叶片出口安置角 $\beta_{2A}=90°$，则 $H_{T\infty}=2H_{d\infty}$，$\rho_\infty=0.5$。

对于前弯叶片，叶片出口安置角 $\beta_{2A}>90°$，当 $c_{2u\infty}=2u_2$ 时，$H_{T\infty}=H_{d\infty}$，$\rho_\infty=0$，同时可给出最大叶片出口安置角的值 $\beta_{2Amax}=\text{arccot}(-u_2/c_{2r})$。

因此，要使总能量和静压系数同时大，叶片出口安置角应小于 $90°$。

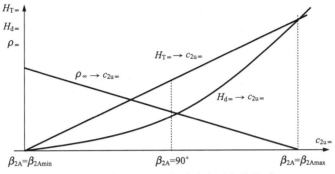

图 4.20 离心泵扬程与叶片安置角的关系

4.1.4.6 实际叶轮泵的理论扬程

对于实际叶轮而言，叶片个数是有限的，两叶片之间的流道较宽，液体在叶道内流动时不能像在理想叶轮叶道内流动一样被叶片紧紧约束，液体由于自身的惯性作用不能紧随叶轮一起旋转，会在叶道之间出现与叶轮旋转方向相反的轴向涡流，如图 4.21 所示。轴向涡流的出现导致叶道内液体的速度和压力分布不均(图 4.22)，使出口速度发生变化，出现滑移速度(Δw_u)。滑移速度的出现会导致叶轮出口速度三角形发生变化，如图 4.23 所示。对于相同的叶轮，当转速和流量相同时，液体的周向分速度也发生了变化，变化量为滑移速度的大小，$\Delta c_u = \Delta w_u$。

图 4.21 轴向涡流示意图 　　　　 图 4.22 叶轮叶道内的速度分布

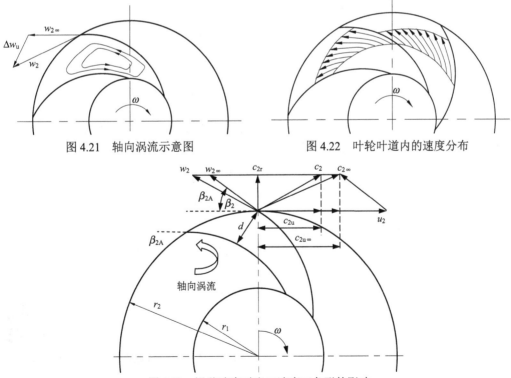

图 4.23 滑移速度对出口速度三角形的影响

要求解实际叶轮的理论扬程，必须首先求出滑移速度的大小。根据斯托多拉假设：轴向涡流的旋转角速度等于叶轮的角速度 ω，轴向涡流的旋转直径为叶道出口宽度 d。因此，滑移速度可表示为

$$
\begin{aligned}
\Delta c_{2u} = \Delta w_{2u} &= \omega \cdot \frac{d}{2} = \frac{\pi n}{30} \cdot \left(\frac{1}{2} \frac{\pi D_2}{z} \sin \beta_{2A} \right) \\
&= \omega \frac{D_2 \pi}{2z} \sin \beta_{2A} \\
&= u_2 \frac{\pi}{z} \sin \beta_{2A}
\end{aligned}
\tag{4.28}
$$

式中，z 为叶片数；D_2 为叶轮出口直径，m。

如图 4.24 所示，对于实际叶轮，液体的周向分速度为 $c_{2u} = c_{2u\infty} - \Delta c_{2u}$；因为 $c_{2u\infty} = u_2 - c_{2r} \cot \beta_{2A}$，所以

$$
c_{2u} = u_2 - c_{2r} \cot \beta_{2A} - \frac{\pi}{z} u_2 \sin \beta_{2A}
$$

这样，对于实际叶轮泵的理论扬程为

$$
H_T = \left(u_2 - c_{2r} \cot \beta_{2A} - \frac{\pi}{z} u_2 \sin \beta_{2A} \right) \frac{u_2}{g}
\tag{4.29}
$$

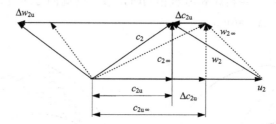

图 4.24　实际叶轮周向分速度求解示意图

工程上为了计算方便，采用滑移系数（也叫环流系数）来考虑叶片数的影响。滑移系数为实际叶轮理论扬程与理想叶轮理论扬程的比值，即

$$
\mu = H_T / H_{T\infty} = 1 - \frac{\dfrac{\pi}{z} \sin \beta_{2A}}{1 - \varphi_{2r} \cot \beta_{2A}}
\tag{4.30}
$$

式中，φ_{2r} 为叶轮的流量系数，$\varphi_{2r} = c_{2r}/u_2$。

另外，如果已知实际叶轮的理论扬程和泵的水力损失，也可以计算出泵的实际扬程 H。

4.2　泵相似理论

4.2.1　泵相似理论基础

离心泵的相似性，是研究泵内流动过程的相似问题，即寻找满足流动相似的充分必要条件。

相似理论在泵的设计和试验中有着广泛的应用。通常的做法是按模型进行实型换算，进行泵的模型试验等都是在相似理论指导下进行的，按相似理论可以把模型试验结果换算到实型上去，也可以把实型泵的参数换算为模型泵的参数进行模型设计和试验。有的实型泵因为尺寸较大或转速较高，受条件限制，很难进行实型泵的试验，只能用模型试验代替实型试验。根据相似理论，泵的流动过程相似必须满足几何相似、运动相似和动力相似三个条件。

1. 几何相似

模型和实型泵对应线性尺寸的比值应相同，对应的几何角度应相等(图 4.25)。严格地讲，几何相似包括表面粗糙度也应相似，但在实际中这一点很难做到，故实践中按经验来给予修正。几何相似的实型和模型泵必须满足以下条件。

(1)对应的线性尺寸之比等于比例常数 λ_L(也称比例缩放系数)，即

$$\lambda_L = \frac{D_1'}{D_1} = \frac{D_2'}{D_2} = \frac{b_1'}{b_1} = \cdots = \frac{D'}{D} \tag{4.31}$$

(2)对应叶片的安置角相等：

$$\beta_{1A}' = \beta_{1A}, \quad \beta_{2A}' = \beta_{2A} \tag{4.32}$$

(3)叶片数相等：

$$z' = z, \quad \tau' = \tau \tag{4.33}$$

式中，带"$'$"上标的表示模型泵的参数；不带上标的表示实型泵的参数。

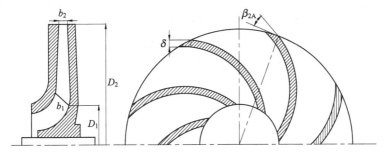

图 4.25　叶轮几何参数示意图

几何相似是力学相似的前提条件，没有几何相似，运动相似和动力相似也就无法满足。

2. 运动相似

模型和实型泵过流部分相应点处液体对应速度的比值和方向应相同。运动相似是对应点的速度三角形相似，即对应点的同名速度成比例且比值均相等，对应的流动角相等。

$$\lambda_c = \frac{c_2'}{c_2} = \frac{c_1'}{c_1} = \frac{c_{2r}'}{c_{2r}} = \frac{c_{2u}'}{c_{2u}} = \frac{w_2'}{w_2} = \frac{u_2'}{u_2} \cdots = \frac{c'}{c} \tag{4.34}$$

$$\beta_i' = \beta_i, \quad \alpha_i' = \alpha_i \tag{4.35}$$

运动相似是几何相似的必然结果。

3. 动力相似

动力相似是指两泵对应液体质点上作用的同名力之比相等，且方向相同，并等于力比例常数 λ_f。

$$\frac{F_g'}{F_g} = \frac{F_v'}{F_v} = \frac{F_p'}{F_p} = \frac{F_i'}{F_i} = \frac{F_m'}{F_m} = \frac{F'}{F} = \lambda_f \tag{4.36}$$

式中，F_g 为重力，N；F_v 为黏滞力，N；F_p 为压力，N；F_i 为弹性力，N；F_m 为惯性力，N。

常用牛顿数来判断泵的动力相似(作用力的合力与惯性力之比值)，牛顿数为

$$Ne = \frac{F}{ma} \tag{4.37}$$

牛顿数相等是动力相似的充要条件。因为涉及的外力种类太多，要使用"牛顿数相等"来判别"泵的动力相似"实际上也是非常困难的。对于离心泵而言，实际上只要满足"流动雷诺数相等($Re'=Re$)"，就是满足动力相似的充要条件。

4.2.2 泵相似定律

严格地讲，两台泵中的流体力学相似必须满足"几何相似、运动相似和动力相似"。但对泵内的液体，只要满足几何相似和运动相似，叶轮内的液体自然满足动力相似。另外，在泵的其他过流部件中，虽然黏性力占主导地位，但通常流速较高，液流的雷诺数很大，处于阻力平方区。在此范围内，液流的摩擦阻力与雷诺数无关，只随表面粗糙度变化。在几何相似和运动相似时，自然近似满足黏性力相似。所以通常在泵中，不考虑动力相似，只根据几何相似和运动相似来推导相似定律。在泵中，运动相似也称为工况相似，而几何相似是前提条件。

1. 流量相似定律

流量相似定律是指两台几何相似的泵，当工况相似时，流量与尺寸、转速、容积效率之间的关系。泵的流量可以表示为

$$Q = \eta_V Q_T = \eta_V (\pi D_2 b_2 \tau_2 c_{2r})$$

流量相似定律可写为

$$\frac{Q'}{Q} = \frac{n'}{n} \frac{\eta_V'}{\eta_V} \left(\frac{D_2'}{D_2}\right)^3 \tag{4.38}$$

式(4.38)表明，对于几何相似的泵，在相似的运转工况下，其流量之比与叶轮出口直径的三次方成正比，与转速成正比，与容积效率成正比。

2. 扬程相似定律

扬程相似定律描述两台几何相似的泵，当工况相似时，泵的扬程与尺寸、转速及水力效率之间的关系。泵的扬程可表示为

$$H = \eta_{\text{hyd}} H_{\text{T}} = \eta_{\text{hyd}} (\mu H_{\text{T}\infty}) = \eta_{\text{hyd}} (\mu (u_2 c_{2\text{u}\infty}))$$

所以扬程相似定律可写为

$$\frac{H'}{H} = \left(\frac{n'}{n}\right)^2 \left(\frac{D_2'}{D_2}\right)^2 \frac{\eta_{\text{hyd}}'}{\eta_{\text{hyd}}} \tag{4.39}$$

式(4.39)表明，对于几何相似的泵，在相似运转工况下，其扬程之比与叶轮出口直径比的平方成正比，与转速比的平方成正比，与水力效率比成正比。

3. 功率相似定律

功率相似定律描述两台几何相似的泵，当工况相似时，泵轴的轴功率与尺寸、转速、液体密度及泵机械效率之间的关系。泵轴的轴功率为

$$P_{\text{sh}} = \rho g Q_{\text{T}} H_{\text{T}} / \eta_{\text{m}}$$

对于几何相似的泵，当工况相似时，其功率比值满足：

$$\frac{P_{\text{sh}}'}{P_{\text{sh}}} = \frac{\rho'}{\rho} \left(\frac{n'}{n}\right)^3 \left(\frac{D_2'}{D_2}\right)^5 \frac{\eta_{\text{m}}}{\eta_{\text{m}}'} \tag{4.40}$$

式(4.40)表明，对几何相似的泵，在相似运转工况下，其轴功率之比与叶轮出口直径比的五次方成正比，与转速比的三次方成正比，与液体的密度比成正比，与机械效率比成反比。

如果两台泵的尺寸和转速相差不大时，三种效率近似相等；如果输送的液体也相同，泵相似定律简化如下：

$$\frac{Q'}{Q} = \frac{n'}{n} \left(\frac{D_2'}{D_2}\right)^3, \quad \frac{H'}{H} = \left(\frac{n'}{n}\right)^2 \left(\frac{D_2'}{D_2}\right)^2, \quad \frac{P_{\text{sh}}'}{P_{\text{sh}}} = \left(\frac{n'}{n}\right)^3 \left(\frac{D_2'}{D_2}\right)^5 \tag{4.41}$$

式中，带上标 "'" 的表示模型泵的参数，不带上标的表示实型泵的参数。

4.2.3 比例定律

比例定律是泵相似定律的特例，它表征同一台泵在转速不同而工况相似时，泵的性能参数与转速的关系。由于同一台泵的几何尺寸是固定的，所以同一台泵在不同转速 n 下的扬程 H、流量 Q 和轴功率 P_{sh} 符合下列规律：

$$\frac{Q_1}{Q_2} = \frac{n_1}{n_2}, \quad \frac{H_1}{H_2} = \left(\frac{n_1}{n_2}\right)^2, \quad \frac{P_{\text{sh}1}}{P_{\text{sh}2}} = \left(\frac{n_1}{n_2}\right)^3 \tag{4.42}$$

式中，下标 "1" 和 "2" 分别表示对应转速为 n_1 和 n_2 的参数。

以上公式称为比例定律，表示泵转速改变时性能参数之间的关系。

4.2.4 切割定律

离心泵叶轮的切割是指通过车削使叶轮外径 D_2 变小。离心泵切割定律是指在同一转速下，叶轮切割前后外径与对应工况点的流量 Q、扬程 H 和轴功率 P_{sh} 间的关系。切割对应工况点是指切割前后，叶轮出口处液体速度三角形相似的工况点。当泵叶轮外径被切割的量较小时，近似认为叶轮切割前后叶片出口安置角相等（$\beta_{2A} \approx \beta'_{2A}$），出口处液流的速度三角形相似。如果叶轮切割前后叶轮出口轴向宽度满足 $b_2 < b_2'$，可近似认为叶轮切割前后叶道出口流通面积相等。这样，叶轮切割前后外径与对应工况点的流量 Q、扬程 H 和轴功率 P_{sh} 间满足如下关系：

$$\frac{Q'}{Q} = \frac{D_2'}{D_2}, \quad \frac{H'}{H} = \left(\frac{D_2'}{D_2}\right)^2, \quad \frac{P_{sh}'}{P_{sh}} = \left(\frac{D_2'}{D_2}\right)^3 \tag{4.43}$$

式中，无上标和有上标"'"分别表示叶轮切割前后对应的参数。

注意：叶轮切割不能无限切割，叶轮切割应该使泵最高效率下降值小于 7%。高效切割区的确定：如图 4.26 中 A 和 B 点为最高效率93%时的工况点，A、B 两点间的参数即为叶轮切割前泵的高效工作区；按照切割定律，过 A 和 B 点作切割抛物线；切割抛物线与叶轮最大切割量时的扬程流量曲线 H-Q 交于 C 和 D 两点，即 C 点与 A 点是等效的、D 点与 B 点是等效的，C、D 两点间的参数即为叶轮最大切割量的高效工作区；图 4.26 中 $ABDC$ 围成

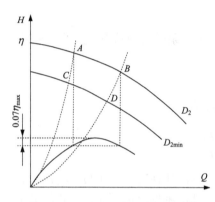

图 4.26 离心泵叶轮切割高效区

的区域就是该泵在切割范围内的高效工作区。

4.2.5 比转数

如果在几何相似泵中能用某一综合参数来判别是否为相似工况，不需证明运动相似，即可方便地运用相似定律，从而提出了"比转数"的概念。比转数用下式计算：

$$n_s = 3.65n\sqrt{Q}/H^{3/4} \tag{4.44}$$

式中，n_s 为比转数，$(m/s^2)^{3/4}$；n 为转速，r/min；Q 为流量，m^3/s；H 为扬程，m。

为了使用方便，只取最佳工况点（最高效率工况点）的比转数代表泵的比转数。关于比转数给予以下几点说明：

(1)同一台泵在不同工况下的比转数不同；作为相似准则的比转数，是指最高效率工况点下的值。

(2)比转数是根据相似理论得来的，可作为相似判别依据；几何相似的泵，在相似工况下，比转数相等。

(3)比转数是有量纲数，其量纲是 $(m/s^2)^{3/4}$。

(4)比转数与几何形状有关，所以可以按照比转数对泵进行分类，见表 4.2。

表 4.2　各种不同比转数泵的典型特点

项目	离心泵			混流泵	轴流泵
	低比转数	中比转数	高比转数		
比转数	30 <n_s<80	80< n_s <150	150< n_s <300	300< n_s <500	500< n_s <1500
叶轮形状	（叶轮剖面图 D_2、D_0）	（叶轮剖面图 D_2、D_0）	（叶轮剖面图 D_2、D_0）	（叶轮剖面图 D_2、D_0）	（叶轮剖面图 D_2、D_0）
D_2/D_0	3	2.3	1.8~1.4	1.2~1.1	1
叶片形状	圆柱形形叶片	入口扭曲、出口圆柱形	扭曲叶片	扭曲叶片	轴流泵翼型
性能曲线	H-Q、P_{sh}-Q、η-Q 曲线	H-Q、P_{sh}-Q、η-Q 曲线	H-Q、P_{sh}-Q、η-Q 曲线	H-Q、P_{sh}-Q、η-Q 曲线	H-Q、P_{sh}-Q、η-Q 曲线
扬程-流量曲线特点	关死扬程为设计工况的 1.1~1.3 倍，扬程随着流量减小而增加，变化缓慢			关死扬程为设计工况的 1.5~1.8 倍，扬程随流量减少而增加，变化较急	关死扬程为设计工况的 2 倍左右，在小流量处出现马鞍形
功率-流量曲线特点	关死功率较小，轴功率随流量增加而上升			流量变化时，轴功率变化较小	关死点功率最大，设计工况附近变化较小，轴功率随流量增大而下降
效率-流量曲线特点	比较平坦			比轴流泵平坦	急速上升后又急速下降

注：(1) 按比转数从小到大，叶片泵可分为离心泵、混流泵和轴流泵。

(2) 低比转数泵因流量小、扬程高，故泵叶轮窄而长，常用圆柱形叶片，有时为了提高泵的效率，目前也有采用扭曲叶片的；高比转数泵因流量大、扬程低，故泵叶轮宽而短，常用扭曲叶片；中比转数泵叶轮出口直径与进口直径的比值 D_2/D_0 随比转数 n_s 增加而减小。

(3) 低比转数泵的扬程曲线容易出现驼峰；高比转数的混流泵、轴流泵关死扬程高，且线上有拐点。

(4) 低比转数泵零流量时的功率小，故采用关阀起动；高比转数泵零流量时的功率大，故采用开阀起动。

　　泵的一般分类都是基于转子的几何形状划分的，转子的几何形状都是基于最高效率点下的比转数进行优化的。尽管比转数是基于叶片泵导出的，但也可用于容积式泵的选型。图 4.27 给出根据比转数优化后泵的几何形状。从图中可以看出，当比转数较低时，旋转式的容积泵(如齿轮式、滑片式和螺杆泵)似乎更合适；对应最低比转数的是往复活塞式或柱塞式泵。

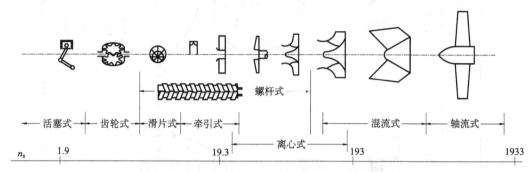

图 4.27　根据最佳效率点比转数优化后的转子形状

　　比转数 n_s 为有量纲数，国际标准组织推荐应用无量纲比转数，称为型式数，用"K"表示，即

$$K = \frac{2\pi n \sqrt{Q}}{60(gH)^{3/4}} \tag{4.45}$$

型式数 K 与比转数 n_s 的换算关系为

$$K = 0.0051759 n_s$$

4.2.6　泵相似理论的应用

4.2.6.1　相似方法设计泵

　　相似设计法又称模型换算法，这种方法简单可靠，是泵的主要设计方法之一，得到了广泛的应用。用这种方法可以把实型泵设计成模型泵，进行模型试验研究、改进，试验成功后，再进行定型制造。也可按其使用条件，选择性能优秀的模型泵，换算成实型泵。具体设计方法可参阅相关标准手册。

4.2.6.2　相似抛物线及其应用

　　根据前面的讨论可知，当泵的转速变化时，泵的特性也会发生变化。若已知转速为 n_1 时，性能曲线上有一工况点 A_1，则当转速分别为 n_2、n_3 时，与 A_1 点相似的工况点 A_2、A_3 对应的参数分别为

$$\begin{cases} Q_2 = Q_1\left(\dfrac{n_2}{n_1}\right) \\ H_2 = H_1\left(\dfrac{n_2}{n_1}\right)^2 \end{cases}, \quad \begin{cases} Q_3 = Q_1\left(\dfrac{n_3}{n_1}\right) \\ H_3 = H_1\left(\dfrac{n_3}{n_1}\right)^2 \end{cases}$$

类似地可以求出 A_1、B_1、C_1……的相似工况点 A_2、B_2、C_2……，把相应的 A_2、B_2、C_2……各点光滑地连接起来，就是转速为 n_2、n_3……时的性能曲线。而泵的效率是相等的，根据转速 n_1 时已知的效率曲线，可作出转速为 n_2、n_3……时的效率曲线，连接与 n_1 时的 A_1 点所对应的相似工况点 A_2、A_3……的曲线，称为相似抛物线。

在相似抛物线上，泵的扬程 H 和流量 Q 的关系，可通过比例定律得到，即

$$\frac{H_1}{H_2}=\left(\frac{n_1}{n_2}\right)^2, \quad \frac{Q_1}{Q_2}=\frac{n_1}{n_2}$$

由此可得

$$\frac{H_1}{H_2}=\left(\frac{Q_1}{Q_2}\right)^2, \quad 即 \frac{H_1}{Q_1^2}=\frac{H_2}{Q_2^2}$$

同理得

$$\frac{H_1}{Q_1^2}=\frac{H_3}{Q_3^2}$$

令比例系数为 k，则

$$H=kQ^2 \tag{4.46}$$

式（4.46）为一抛物线方程，所以称为相似抛物线。它是转速改变时泵相似工况点的连线。如果认为转速改变时，相似工况下，泵的效率相等，则这条曲线又叫等效率线。又因为几何相似的泵在相似工况下比转数相等，所以这条曲线又叫等比转数线。

例题 4-2　已知某一台泵转速为 n_1 时的性能曲线如图 4.28 所示，求性能曲线过点 $B(Q_B, H_B)$ 时泵的转速 n_2。

解：

（1）根据已知的（Q_B，H_B），求系数 k。

$$k=H_B/Q_B^2$$

（2）作相似抛物线。由 $H=kQ^2$，给出一系列 Q_i 可计算出对应的 H_i。将这些点连成曲线，其与转速 n_1 时的性能曲线的交点为 A。

（3）计算泵的转速 n_2。根据相似抛物线与 n_1 时的性能曲线的交点 $A(Q_A, H_A)$，因 A，B 是在同一抛物线上，是相似工况点，可利用相似定律来计算得 n_2。

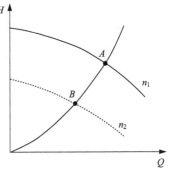

图 4.28　例题 4-2 图

$$n_2=n_1\frac{Q_B}{Q_A}, \quad 或 n_2=n_1\sqrt{\frac{H_B}{H_A}}$$

4.3　离心泵性能曲线

4.3.1　性能曲线概述

离心泵的性能曲线可分为能量性能曲线和汽蚀性能曲线。本节先介绍泵的能量性能曲线，汽蚀曲线在泵的汽蚀部分中予以介绍。泵的能量性能曲线是十分重要的技术性能曲线，共有三条，包括：泵的转速为常量时，作出的扬程与流量的关系曲线 $H=f_1(Q)$，轴功率与流量的关系曲线 $P_{sh}=f_2(Q)$，效率与流量的关系曲线 $\eta=f_3(Q)$。泵的性能曲线横坐标表示的是流量 Q，纵坐标分别为扬程 H、轴功率 P_{sh} 和效率 η，如图 4.29 所示。

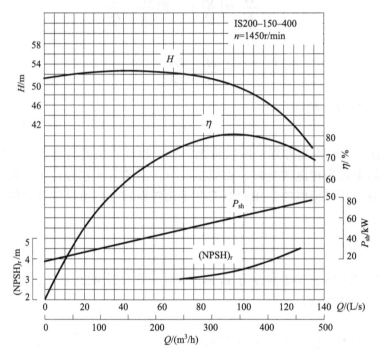

图 4.29　离心泵性能曲线

离心泵的性能曲线全面直观地反映了泵的性能。性能曲线有如下三个基本的用途：

(1) 性能曲线是用户选择和合理操作泵的依据；

(2) 制造厂家依据性能曲线对泵开展实验，以便加工出性能更好的泵；

(3) 科技人员通过分析性能曲线的形状，可正确理解和改进泵的理论知识，设计出符合特殊要求的离心泵。

鉴于泵内的流动情况十分复杂，故泵性能曲线只能通过试验得出。但是根据泵的理论，可以对泵的性能曲线给予定性的分析，以便了解性能曲线的形状和影响性能曲线的因素。

4.3.2 性能曲线形状分析

4.3.2.1 扬程流量曲线

扬程-流量曲线描述的是实际扬程与实际流量间的关系曲线。从理论扬程与理论流量的关系(即泵的基本方程)出发,逐步考虑各种能量损失,可给出实际扬程与实际流量间的关系曲线,具体过程如下。

(1)对于理想叶轮而言,泵的理论扬程方程为

$$H_{T\infty} = (u_2 - c_{2r\infty} \cot\beta_{2A})\frac{u_2}{g} = \frac{\pi D_2 n}{60g}\left(\frac{\pi D_2 n}{60} - \frac{Q_T}{\pi D_2 b_2 \tau_2}\cot\beta_{2A}\right)$$

$$= A - BQ_T$$

对于给定的泵,在一定转速 n 下,叶道出口处的阻塞系数 τ_2、叶轮出口直径 D_2 和叶片出口安置角 β_{2A} 是固定不变的,所以理论扬程 $H_{T\infty}$ 和理论流量 Q_T 呈线性关系。通常泵叶片出口安置角 $\beta_{2A}<90°$,$\cot\beta_{2A}$ 为正值,理论扬程随理论流量的增大而减小。

当 $Q_T=0$ 时,

$$H_{T\infty} = \left(\frac{\pi D_2 n}{60}\right)^2 \frac{1}{g}$$

当 $H_{T\infty}=0$ 时,

$$Q_T = \frac{\pi^2 D_2^2 n b_2 \tau_2}{60\cot\beta_{2A}}$$

这样可以作出理想叶轮理论扬程与理论流量($H_{T\infty}$-Q_T)的关系曲线,如图 4.30 所示。

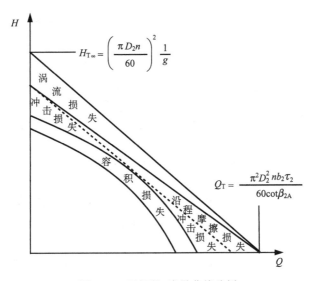

图 4.30 泵扬程-流量曲线分析

(2)考虑叶片数的影响(即轴向涡流损失的影响),泵的理论扬程方程为

$$H_{\mathrm{T}} = \left(u_2 - c_{2\mathrm{r}\infty} \cot \beta_{2\mathrm{A}} - u_2 \frac{\pi \sin \beta_{2\mathrm{A}}}{z} \right) \frac{u_2}{g} = \mu H_{\mathrm{T}\infty}$$

式中，μ 为滑移(环流)系数。

当 $Q_{\mathrm{T}}=0$ 时，

$$H_{\mathrm{T}} = \mu \left(\frac{\pi D_2 n}{60} \right)^2 \frac{1}{g}$$

当 $H_{\mathrm{T}}=0$ 时，如前

$$Q_{\mathrm{T}} = \frac{\pi^2 D_2^2 n b_2 \tau_2}{60 \cot \beta_{2\mathrm{A}}}$$

这样可以作出实际叶轮理论扬程与理论流量(H_{T}-Q_{T})的关系曲线。

(3)考虑泵内的水力损失。泵的实际扬程等于泵的理论扬程减去泵内的水力损失。泵内的水力损失为从泵进口到出口全部过流部分的水力损失，主要是叶轮和压出室中的水力损失。泵内的水力损失有沿程摩擦损失($\sum h_{\mathrm{p}}$)、局部阻力损失($\sum h_{\mathrm{m}}$)和冲击损失($\sum h_{\mathrm{sh}}$)三种。其中，前两项($\sum h_{\mathrm{p}} + \sum h_{\mathrm{m}}$)的和与流速(即流量)的平方成正比，即 $\sum h_{\mathrm{p}} + \sum h_{\mathrm{m}} = k_{\mathrm{f}}(Q_{\mathrm{T}})^2$。

泵过流部件的设计是按设计流量进行的。泵在设计流量下运行时，泵内液体的流动情况与过流部件几何形状相匹配，基本不会产生冲击损失。但当泵的流量偏离设计流量 Q_{T}^* 时，过流部件的几何形状与液流就不再匹配，此时就会产生冲击损失。偏离设计流量越远，冲击损失就越大。冲击损失的大小与泵流量与设计流量差值的平方成正比，即 $\sum h_{\mathrm{sh}} = k_{\mathrm{j}}(Q_{\mathrm{T}} - Q_{\mathrm{T}}^*)^2$。各种损失与流量的关系如图 4.31 所示。

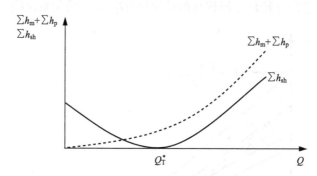

图 4.31　泵内水力损失和流量的关系

基于前面得到的实际叶轮理论扬程与理论流量(H_{T}-Q_{T})关系曲线，其纵坐标 H_{T} 减去对应流量 Q_{T} 下的流动和局部水力损失($\sum h_{\mathrm{p}} + \sum h_{\mathrm{m}}$)以及冲击损失($\sum h_{\mathrm{sh}}$)，就得到实际叶轮扬程与理论流量($H$-$Q_{\mathrm{T}}$)的关系曲线。

(4)考虑容积损失(即泄漏的影响)。离心泵的实际叶轮扬程与理论流量(H-Q_{T})关系曲线和扬程流量(H-Q)曲线之间只差一个泄漏量($\sum q$)。在单级泵中，容积损失主要是指发生在叶轮密封环处的泄漏损失，该泄漏量的大小与叶轮的理论扬程成正比。在 H-Q_{T} 曲线的横坐标上减去相应的泄漏量($\sum q$)，就得到扬程流量(H-Q)曲线，如图 4.30 所示。

4.3.2.2 功率流量曲线

基于实际叶轮理论扬程与理论流量$(H_T\text{-}Q_T)$曲线，可求出叶轮输入功率（即水力功率）$P_h=\rho g H_T Q_T$，并作出叶轮输入功率与理论流量$(P_h\text{-}Q_T)$的曲线，叶轮输入功率再加上机械摩擦损失功率P_m即为轴功率。其中机械摩擦损失功率与理论流量无关，故P_m可看作一个常数。

$$P_h = \frac{H_T Q_T \rho g}{1000} = \frac{\mu H_{T\infty} Q_T \rho g}{1000} = \mu \rho \left(\frac{\pi D_2 n}{60}\right)^2 \left(Q_T - \frac{60\cot\beta_{2A}}{\pi^2 D^2 n b_2 \tau_2}Q_T^2\right)$$

基于上式，可先作出$P_h\text{-}Q_T$的关系曲线。在横坐标（理论流量）不变的基础上，$P_h\text{-}Q_T$曲线的纵坐标加上机械摩擦损失功率P_m，即得到轴功率与理论流量$(P_{sh}\text{-}Q_T)$的曲线。在纵坐标（轴功率）不变的基础上，$P_{sh}\text{-}Q_T$曲线的横坐标减去相应的泄漏量$\sum q$，即得到$P_{sh}\text{-}Q$曲线，这就是轴功率与实际流量的关系曲线，如图 4.32 所示。

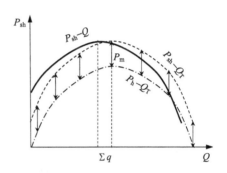

图 4.32　功率曲线分析

4.3.2.3 效率流量曲线

基于扬程曲线$(H\text{-}Q)$和功率曲线$(P_{sh}\text{-}Q)$，可求得各对应流量下的效率值，如下式所示：

$$\eta = \frac{P_e}{P_{sh}} = \frac{\rho g Q H}{P_{sh}}$$

就可以作出不同流量下的效率流量$(\eta\text{-}Q)$曲线，即效率-流量关系曲线，如图 4.33 所示。

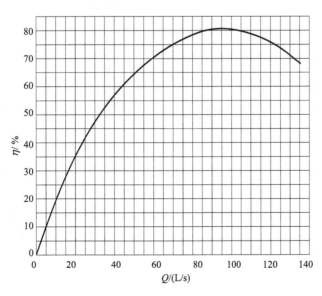

图 4.33　效率曲线

4.3.2.4　各性能曲线的作用

扬程-流量曲线(H-Q)是选择和操作泵的主要依据；功率-流量曲线(P_{sh}-Q)是合理选择原动机功率和操作起动泵的依据；效率-流量曲线(η-Q)是检查泵工作经济性的依据，依据它可让泵尽可能在高效区工作。通常效率最高点为设计工况点。最高效率以下 5%～8%范围内所对应的工况为泵的高效工作区。

4.3.3　几何参数对泵性能曲线的影响

4.3.3.1　性能曲线的形状

1. 扬程-流量曲线

离心泵的扬程-流量性能曲线的形状是多种多样的，大致可分为单调下降形、平坦形和驼峰形三类，如图 4.34 所示。

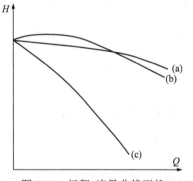

图 4.34　扬程-流量曲线形状

1）平坦形扬程曲线

该类扬程曲线形状如图 4.34(a)所示。流量变化较大而扬程变化较小。具有这种扬程曲线的泵适用于流量调节范围较大，而压力变化较小的系统。如需要用调节阀调节流量并维持一定液面或一定压力的锅炉系统。

2）驼峰形扬程曲线

该类扬程曲线不是单调下降，而是曲线中部出现隆起，其形状如图 4.34(b)所示。在某一扬程范围内，一个扬程可对应两个或三个流量，这是一种不稳定的性能曲线。

3）单调下降形扬程曲线

对于该类扬程曲线，流量等于零时扬程最大，随流量的增加扬程快速下降；一个流量对应一个扬程，这是一种稳定的扬程曲线，其形状如图 4.34(c)所示。具有这种扬程曲线的泵适用于压头有波动、流量变化较小的系统，如浆液输送系统。为了避免流速减慢时，浆液在管道中堵塞，希望管路系统阻力无论增大多少而流量变化不大。

2. 功率流量性能曲线

功率曲线有单调上升、平坦、单调下降和具有峰值四种形状。对于单调上升的功率曲线，随着流量的增大，功率增大；对于平坦的功率曲线，随流量的变化，功率变化不大；对于单调下降的功率曲线，随着流量的增大，功率减小；具有峰值的功率曲线，随流量的增大，功率开始增大，达到某一流量时，功率达到最大值，然后随着流量的增大，功率又开始减小。

3. 效率流量曲线

效率曲线有陡峭和平坦两种形状。陡峭形的效率曲线，效率随流量变化大，曲线陡峭；平坦形的效率曲线，效率随流量变化小，曲线平坦。

泵的性能曲线的差别是液体在泵内不同运动状态的外部表现，而液流的运动状态是由泵的转速和过流部件的几何形状决定的。因此，调整泵的几何参数就能改变泵的性能曲线形状。

4.3.3.2　几何参数对泵性能曲线的影响

1. 叶片出口安置角(叶片离角)

由叶片出口速度三角形可知，在其他条件相同的情况下，叶片出口安置角 β_{2A} 越大、绝对速度周向分速度 c_{2u} 越大，泵的扬程就越高。而离心泵叶片出口安置角 β_{2A} 一般在 $15°\sim40°$。这是因为叶片出口安置角对泵性能的影响是多方面的，所以选择叶片出口安置角时不能仅从扬程一个方面考虑。下面详细分析叶片出口安置角 β_{2A} 对离心泵性能的影响，如图 4.35 所示。

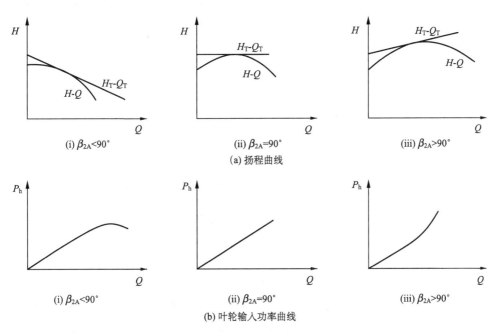

图 4.35　叶片出口安置角对泵性能的影响

1)扬程流量曲线

实际叶轮泵理论扬程的基本方程为

$$H_T = \mu \frac{\pi D_2 n}{60g} \left(\frac{\pi D_2 n}{60} - \frac{Q_T}{\pi D_2 b_2 \tau_2} \cot \beta_{2A} \right)$$

根据实际叶轮泵理论扬程的基本方程，可给出如下分析：

(1)$\beta_{2A} < 90°$，$\cot\beta_{2A}$ 为正，Q_T 增加，H_T 减小，$H_T\text{-}Q_T$ 曲线是向下倾斜的直线；

(2)$\beta_{2A} = 90°$，$\cot\beta_{2A}$ 为零，Q_T 增加，H_T 不变，$H_T\text{-}Q_T$ 曲线是水平直线；

(3) $\beta_{2A} > 90°$，$\cot\beta_{2A}$ 为负，Q_T 增加，H_T 增加，H_T-Q_T 曲线是向上倾斜的直线。

所以，当叶片出口安置角 β_{2A} 增大时，扬程流量(H-Q)曲线容易在中间出现峰值。这种曲线是泵不稳定运行的内在因素，有些情况下是不允许的。

2) 功率流量曲线

离心泵实际叶轮的输入功率可按下式计算：

$$P_h = \mu\rho\left(\frac{\pi D_2 n}{60}\right)^2\left(Q_T - \frac{60\cot\beta_{2A}}{n\pi^2 D_2^2 b_2 \tau_2}Q_T^2\right)$$

根据实际叶轮泵输入功率的定义式，可给出如下分析：

(1) $\beta_{2A} < 90°$，$\cot\beta_{2A}$ 为正，P_h-Q_T 是一段有极值(开口向下)的抛物曲线；

(2) $\beta_{2A} = 90°$，$\cot\beta_{2A}$ 为零，P_h-Q_T 是一条上升的直线；

(3) $\beta_{2A} > 90°$，$\cot\beta_{2A}$ 为负，P_h-Q_T 是一段上升(开口向上)的抛物曲线。

从离心泵运行的角度考虑，希望功率流量曲线是相对平坦且有极值的曲线，所以叶片出口安置角 β_{2A} 应小于 90°。因为对于平坦、有极值的曲线，当流量变化时，原动机的功率变化不大，且功率不会超过最大功率值，这样泵在整个工作范围内均不会导致原动机过载。

2. 叶轮出口直径

当理论流量 $Q_T = 0$ 时，关死点扬程为

$$H_T = \mu\left(\frac{\pi D_2 n}{60}\right)^2\frac{1}{g}$$

其随叶轮出口直径 D_2 的增加而增加，对应其他工况点(其他流量 Q_T)下的扬程也在增加。

3. 叶轮出口轴向宽度、叶道出口阻塞系数和转速

当叶片出口安置角 $\beta_{2A} < 90°$ 时，扬程流量曲线的斜率为

$$\tan\phi = \frac{n}{60gb_2\tau_2}\cot\beta_{2A} \tag{4.47}$$

由此可知，叶轮出口轴向宽度 b_2 增大、ϕ 角变小，扬程流量曲线变平坦，容易出现驼峰形状。要消除驼峰形曲线，可减小叶轮出口轴向宽度。叶道出口处的阻塞系数 τ_2 越大或叶片变厚，ϕ 值变小，扬程流量曲线也变平坦。另外，转速 n 越高，关死点扬程越高，扬程流量曲线则越陡峭。

4.4 泵系统管路性能曲线

分析离心泵性能曲线，可确定泵在最高效率处的工况点(即设计工况点)。但能否保证离心泵在管路系统中也在设计工况下工作，还与泵相连的管路性能曲线相关。管路性能曲线是指液体流过管路时，需要从外界给予单位质量液体的能量(L)与流过管路的液体流量 Q 之间的关系曲线。如图 4.9 所示，液体从位置 1-1 流到位置 2-2 所需的能量 L 为

$$L = \frac{p_2 - p_1}{\rho g} + \Delta z_{12} + (\sum h)_{12} \tag{4.48}$$

而 $(\sum h)_{12}$ 为由 1-1 参考面到 2-2 参考面整个系统的流动损失，利用流体力学知识表达如下：

$$(\sum h)_{12} = (\sum h_\mathrm{p})_{12} + (\sum h_\mathrm{m})_{12} = \sum_1^2 \left(\lambda_i \frac{L_i}{d_i} \frac{c_i^2}{2g} \right) + \sum_1^2 \left(\xi_j \frac{c_j^2}{2g} \right)$$

$$= \left[\sum_1^2 \left(\lambda_i \frac{L_i}{d_i} \frac{1}{2gA_i^2} \right) + \sum_1^2 \left(\xi_j \frac{1}{2gA_j^2} \right) \right] Q^2 \tag{4.49}$$

式中，c_i，c_j 为管段 i、局部阻力点 j 处的流速，m/s；λ_i 为管段 i 对应的阻力系数；ζ_j 为局部阻力点 j 处的局部阻力系数。

在式 (4.49) 中，假设单位时间内管路中所输送液体的流量为 Q，而其管路中的流通面积为 A，液流速度为 $c=Q/A$。那么式 (4.49) 中方括号内涉及的量可以用一个总阻力系数 k 来表示：

$$(\sum h)_{12} = kQ^2$$

所以管路系统性能方程可简化为

$$L = \left(\frac{p_2 - p_1}{\rho g} + \Delta z_{12} \right) + kQ^2 = L_\mathrm{ST} + kQ^2 \tag{4.50}$$

式中，L_ST 为管路静压差，含输液高度及吸液池和排液池之间的压差；k 为总阻力系数，与管路尺寸和阻力有关。

根据管路性能方程式 (4.50)，可作出管路性能曲线 (L-Q)，如图 4.36 所示。当管路中的阻力增大 (如阀关小) 时，k 值变大，管路性能曲线变陡 (由 I 变为 II)；当管路中的阻

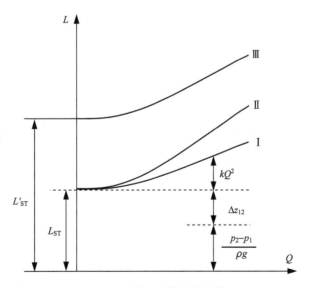

图 4.36　管路系统性能曲线

力减小(如阀开大)时，k 值减小，管路性能曲线变平缓(由Ⅱ变为Ⅰ)。当管路中的压差或被输送液体的液位高度发生变化时，即Δz 或Δp 变化时，管路性能曲线将发生上下平移(如由Ⅰ向上平移为Ⅲ)。

4.4.1　离心泵的工作点

泵的工作点是泵的扬程流量曲线(H-Q)和管路系统性能曲线(L-Q)的交点，如图 4.37 所示。泵与管路联合工作时，遵守质量守恒和能量守恒原理。也就是流过泵的流量必须等于流过管路中的流量。同时对于相同流量的液体，泵所提供的能量必须满足管路所需要的能量，即$Q_泵 = Q_管$，$H_泵 = L_管$。

泵的工况点(即工作点)分为稳定工况点和非稳定工况点。如图 4.37 所示的管路性能曲线(L-Q)与扬程性能曲线(H-Q)的交点，M 和 D 点为稳定工况点，而 C 点为非稳定工况点。对于稳定工况点 M，假如由于某种原因，泵在比 M 点流量大的 A 点工作，此时管路需要外界提供的能量大于泵能够提供的能量，液体因能量不足而减速，流量减小，工况点 A 沿泵的性能曲线(H-Q)向 M 点滑回；反之，如果泵在流量小于 M 点的 B 点工作，泵提供给液体的能量大于管路需要外界提供的能量，所以管路内的液体会加速流动，流量增大，B 点又会慢慢向 M 点靠近。可见，M 点是能量平衡的稳定工况点，该点必须落在泵性能曲线和管路性能曲线的交点上。即对于 A 点：$H_A < L_A$，泵减小流量，满足能量要求；对于 B 点：$H_B > L_B$，液体流速加快，流量增大。

对于具有驼峰形状性能曲线的泵，有可能与管路性能曲线交于两点，如图 4.37 所示中的 C 和 D 两点。当泵的工况因振动或转速不稳定等原因而离开 C 点，如向大流量方向偏离时，泵的扬程大于管路所需能量，工况点沿泵性能曲线继续向大流量方向移动，直至 D 点为止。当工况点向小流量方向偏离时，泵的扬程小于管路需要扬程，工况点继续向小流量方向移动，直至流量等于零为止。若管路上无底阀或逆止阀，液体将倒流。所以工况点 C 为非稳定工况点。

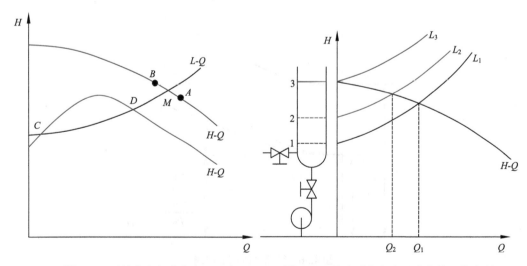

图 4.37　泵的稳定与非稳定工况点　　　　图 4.38　管路系统存在不稳定的工作液面

另外，如图 4.38 所示，泵所工作的管路系统存在不稳定的工作液面(即 Δz 在变化)，如果液位(如位置 3)太高，管路系统需要的能量高于泵所能够提供的能量，即管路系统性能曲线($L\text{-}Q$)与泵性能曲线($H\text{-}Q$)无交点，此时泵的流量突然变为零。这也是泵系统的一种不稳定工作状况。

概括而言，泵非稳定工况点出现的原因有如下两点：一是管路中有能自由升降的液面或能储存和释放能量的部分；二是泵具有驼峰状的性能曲线。

4.4.2　离心泵的串联与并联

当单台泵不能满足使用(即流量或扬程)要求时，或者为了改变泵的操作性能(如避免汽蚀发生)时，需要将泵串联或并联使用。下面来了解离心泵串联与并联使用时，泵性能曲线和运行工作点的变化情况。下面所介绍泵的串联与并联，特指泵之间的管路很短，阻力可忽略不计(图 4.39)，也就是说每台泵的管路性能曲线近似相同。

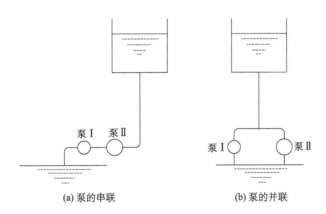

图 4.39　离心泵的串联与并联

4.4.2.1　离心泵串联性能曲线

泵串联的目的是为了满足扬程的要求，或者是为了改善泵的汽蚀性能；泵串联的特点是每台泵的流量相等，扬程等于同流量下所有泵扬程之和，即 $Q= Q_{\mathrm{I}}= Q_{\mathrm{II}}=\cdots= Q_m$，$H= H_{\mathrm{I}}+ H_{\mathrm{II}}+\cdots+ H_m$。

1. 性能不同的泵串联

如图 4.40 所示，性能不同的两台泵串联后的扬程流量曲线($H\text{-}Q$)为泵 I 和泵 II 扬程流量曲线上$(H\text{-}Q)_{\mathrm{I}}$和$(H\text{-}Q)_{\mathrm{II}}$同流量下的扬程相加；串联后的运行工作点为扬程曲线 $H\text{-}Q$ 与管路性能曲线 $L\text{-}Q$ 的交点 $P(Q_P, H_P)$；过 P 点作垂线分别与泵 I 和泵 II 扬程流量曲线$(H\text{-}Q)_{\mathrm{I}}$和$(H\text{-}Q)_{\mathrm{II}}$交于点 $P_{\mathrm{I}}(Q_P, H_{P\mathrm{I}})$ 和 $P_{\mathrm{II}}(Q_P, H_{P\mathrm{II}})$，即为串联时每台泵的工作点。

2. 性能相同的泵串联

如图 4.41 所示，性能相同的两台泵串联后的扬程流量曲线为 $H\text{-}Q$，单台泵的扬程流量曲线为$(H\text{-}Q)_I$；串联后的运行工作点为扬程曲线 $H\text{-}Q$ 与管路性能曲线 $L\text{-}Q$ 的交点 $P(Q_P, H_P)$；串联时单台泵的工作点为过 P 点作垂线与单台泵扬程流量曲线$(H\text{-}Q)_I$的交点 $P_I(Q_P, H_{PI})$。泵单独运行时的工作点为扬程曲线$(H\text{-}Q)_I$与管路性能曲线 $L\text{-}Q$ 的交点 $A(Q_A, H_A)$；对于相同的管路系统，两台同型号的泵串联后的扬程与单台泵单独运行时的扬程相比不是成倍地增加，而是流量也有所增大，即 $H_A < H_P < 2H_A$，$Q_P > Q_A$。这是因为泵串联后扬程的增加大于管道阻力的增加，致使富余的扬程促使更大的流量，而流量的增加又使阻力增加，进一步抑制总扬程的升高。

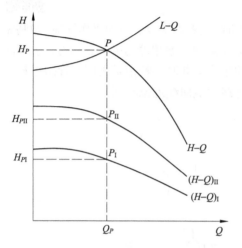

图 4.40　两台性能不同泵串联的性能曲线　　　　图 4.41　两台性能相同泵串联的性能曲线

4.4.2.2　离心泵并联性能曲线

离心泵并联的目的是为了满足流量的要求；泵并联的特点是泵的扬程相等，总流量等于同扬程下每台泵的流量之和，即 $H= H_I=H_{II}=\cdots=H_m$，$Q=Q_I+Q_{II}+\cdots+Q_m$。

对于两台性能不同的泵并联后的扬程流量曲线，如图 4.42 所示。并联后的扬程流量曲线 $H\text{-}Q$ 为泵 I 和泵 II 扬程流量曲线上$(H\text{-}Q)_I$和$(H\text{-}Q)_{II}$ 同扬程下的流量相加；并联后

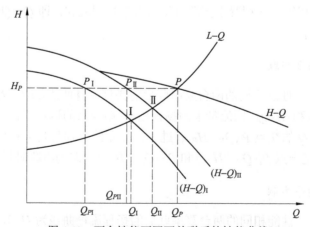

图 4.42　两台性能不同泵并联后的性能曲线

的运行工作点为扬程曲线 H-Q 与管路性能曲线 L-Q 的交点 $P(Q_P, H_P)$；对于给定的管路曲线，两台泵并联工作时，管路中的流量小于在同一管路中两泵单独工作时的流量之和。即 $Q_P = Q_{PI} + Q_{PII} < Q_I + Q_{II}$。

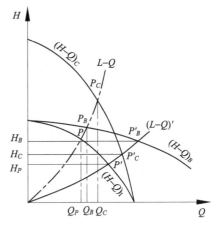

4.4.3 离心泵串并联工作性能比较

离心泵串、并联后的工作特性受管路性能曲线和泵性能曲线同时制约，所以泵的串、并联要考虑管路性能曲线。如图 4.43 所示，单台泵的扬程流量曲线为 $(H\text{-}Q)_I$，两台同性能泵串联后的扬程流量曲线为 $(H\text{-}Q)_C$，两台同性能泵并联后的扬程流量曲线为 $(H\text{-}Q)_B$；对于陡峭的管路性能曲线 $(L\text{-}Q)$，为了增大流量，串联或许比并联更有利，

图 4.43　泵串并联比较

即 $Q_C > Q_B > Q_P$。对于平坦的管路性能曲线 $(L\text{-}Q)'$，为了提高扬程，并联或许比串联更有利，即 $H_B > H_C > H_P$。

4.5　离心泵的流量调节

泵在管路系统工作时，由于生产过程的需要，要求对泵的工作流量进行调节，并且使泵的工作点经常保持在高效工作区内，以保证较高的运行效率。流量调节问题实质上是如何改变泵工况点的位置问题，即如何改变管路性能曲线 $(L\text{-}Q)$ 与泵的性能曲线 $(H\text{-}Q)$ 的问题。下面从这两方面着手来介绍如何实现流量的调节。

4.5.1 改变管路性能曲线

1. 阀节流调节

如图 4.44 所示，通过调节阀门 A 的开启程度，来改变管路系统中局部阻力的大小，改变管路系统方程中 k 的大小，使管路性能曲线的斜率发生变化。当阀门 A 开启程度增大，管路性能曲线由Ⅱ变为Ⅰ，即流量由 Q_2 增大为 Q_1，反之亦然。

该方法的缺点是通过增大局部阻力来实现流量的减小，所以能耗大、不经济；但优点是方法简单、便于操作，因此得到了广泛的应用。

2. 液位调节

如图 4.44 所示，通过调节排液池上阀门 B 的开启程度来改变排液池内液位的高低，改变管路系统方程中 Δz 大小，使管路性能曲线上下平移，来改变泵的运行工作点。当液位升高时，管路性能曲线上移，由线Ⅱ变为线Ⅲ，即流量由 Q_2 减小为 Q_3，反之亦然。

虽然该方法调节系统简单，但液位高度不应大幅度地变化，否则泵的运行效率会降低。严重时，泵的工作条件会严重恶化，引发汽蚀，导致液流中断。

3. 旁路分流调节

如图 4.45 所示，在泵管路出口设有分支与吸液池相连，且其上装有调节阀。泵在主管路和支路的工作性能是一样的，即对于两条管路，泵的性能曲线是相同的，均为(H-Q)。图中，L_1-Q 为主管路的性能曲线，L_2-Q 为支路(即旁路)的性能曲线，L-Q 为合并后的管路性能曲线。当旁路调节阀关闭时，泵的工作点为 B 点，对应的流量为 Q_B；当旁路调节阀打开时，泵的工作点为 A 点，对应的流量为 Q_A，此时主管路的流量只有 Q_{A1}，即 $Q_{A1}<Q_B$。从而实现了主管路流量的调节。同时，A 点的扬程也小于 B 点的扬程。这种方法适用于流量和扬程同时减小的场合。

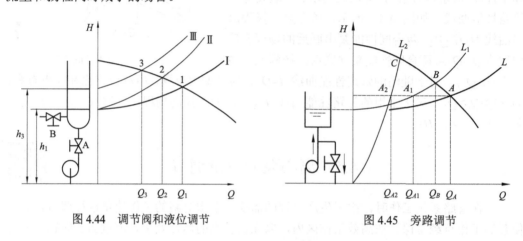

图 4.44　调节阀和液位调节　　　　　　　图 4.45　旁路调节

该方法的缺点是，旁路工作时，泵压送过的高压液体未被充分利用，存在能量浪费现象，不经济；优点是可以避免泵在小流量工作时，汽蚀现象的发生，从而得到广泛的应用。

4.5.2　改变泵性能曲线

1. 改变泵的转速

根据比例定律，泵的性能曲线随泵转速的改变而变化，如图 4.46 所示。利用相似(工况)抛物线，可以计算出不同流量下泵的转速；转速增大，性能曲线向右上方移动；转速减小，性能曲线向左下方移动。如图 4.46 所示，当转速由 n_2 增大到 n_3 时，工况点由点 2 变为点 3，流量由 Q_2 增大到 Q_3；当转速由 n_2 减小到 n_1 时，工况点由点 2 变为点 1，流量则由 Q_2 减小到 Q_1。

该方法的优点是不会产生额外的能量损失，是一种经济的调节方法；缺点是调节方法受管路性能曲线(L-Q)和泵性能曲线(H-Q)的制约，如当管路性能曲线比较平坦时，则被调节泵的性能曲线应该较陡，否则转速变化很小，流量会变化很大，流量调节困难。变速调节范围不宜过大，最低转速不应小于额定转速的 50%，一般在 70%～100%。

2. 切割叶轮(换轮工作)

由泵的切割定律可知，当转速一定时，其流量和扬程随叶轮外径的变化而变化；利用切割抛物线，可以计算出不同流量下，叶轮出口直径 D_2，来实现流量的变化。切割叶轮直径只能使泵的性能曲线向左下方移动，因此，该方法仅适用于流量变小的调节。如图 4.47 所示，叶轮出口直径由 D_2 减小到 D_2'，工况点由点 1 变为点 2，流量则由 Q_1 减小到 Q_2。

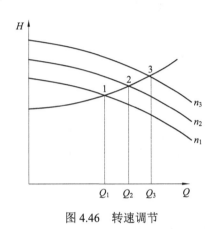 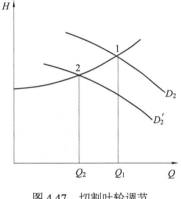

图 4.46 转速调节   图 4.47 切割叶轮调节

该方法的优点是不带来额外的能量损失，比较经济；缺点是只适用于使流量变小、要求流量长时间改变的场合。

3. 改变叶轮数目

对于多级泵，其总扬程等于各个叶轮单独工作时的扬程之和；因而，改变叶轮的数目可以实现改变泵性能曲线的目的，从而改变泵的工作点。

改变叶轮级数时，为了避免吸入侧阻力增大，使泵的工作性能恶化，不能拆卸第一级叶轮。

4. 改变泵的运行台数

根据管路性能曲线的形状，为了实现流量改变的目的，可将多台泵进行串联或并联工作，如图 4.43 所示。这样做同样能改变泵的性能曲线，改变泵的工作点，实现流量的调节。

5. 改变前置导叶叶片角度

前置导叶预旋调节就是在离心泵的进口处(图 4.48)，增设前置导叶调节装置，通过转动前置导叶，改变进入离心泵叶轮液流的预旋速度来改变泵本身的性能曲线，从而实现离心泵流量的调节。

该调节方式不仅节能，还可以改善离心泵的性能，简单易行、效果良好。

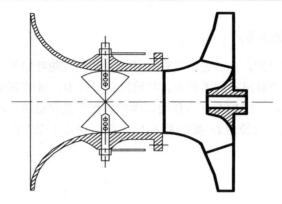

图 4.48　前置导叶示意图

6. 改变叶片端部的间隙(半开式叶轮)

对于采用半开式叶轮的泵而言，可以通过改变叶片端部的间隙来改变泄漏量，实现流量的调节。间隙增大，泵的流量减小，由于叶片压力面和吸力面压差减小，泵的扬程降低。间隙调节比阀节流调节省功。

为了便于理解，将上述调节方法的优缺点汇总在表 4.3 中。

表 4.3　离心泵流量调节方法性能对比

特性	调节方法	原理	主要特点	主要问题	经济性
泵特性	改变转速	比例定律	节能	驱动机调速	最好
	切割叶轮外径	切割定律	系列产品	切割范围	较差
	改变导叶角度	预旋调节	节能	机构复杂	较好
	调节叶轮端部间隙	泄漏调节	简便	流量损失	差
	泵串、并联	设备联合	满足工艺要求	设计匹配	并联较好，串联较差
管路特性	阀门节流	节流增阻	简便	能量损失	差
	液位调节	平移管性能曲线	节能	装置复杂	较好
	旁路分流	平缓管性能曲线	简便	损失浪费	差

4.6　离心泵吸入特性和安装高度的确定

4.6.1　离心泵汽蚀及其危害

4.6.1.1　汽蚀现象

液体发生汽化的压力(饱和蒸气压力)与温度有关，温度越高，汽化压力越大；如 20℃下水的汽化压力为 0.0238atm(大气压)，100℃下水的汽化压力为 1atm。泵在运转过程中，若其过流部件中的局部区域(通常是叶轮叶片进口稍后的某处)因某种原因，输送液体的压力下降到当时温度的汽化压力时，液体就会发生汽化形成气泡，同时溶解在液体中的气体也会以气泡的形式析出,这些气泡形成以及发展的过程称为"汽化"(也称为"空化")。

汽化发生以后,由于叶轮做功,液体压力会升高,受升高压力的影响,液体中气泡的增长受到抑制、停止生长。当液体的压力升高到一定程度时,气泡会爆炸、消失。气泡的破裂是在极短的时间内完成,会伴随大量激波的释放。当气泡破灭发生在固体壁面时,会在固体边界形成微射流,连续地冲击固体表面,其冲击频率很高;当冲击强度大于固体材料自身的机械强度时,就会在固体边界上形成几微米大小的小坑。频繁冲击会引起固体材料发生疲劳破坏。气泡在凝结的过程中还会释放出大量的热量,形成热电偶产生电解,对固体材料产生电化学腐蚀作用,加速固体材料的破坏。将上述引起固体材料由小坑不断堆积,累积成海绵状塑性变形并发生剥落破坏的综合现象,称之为"汽蚀"(或"空蚀")。

4.6.1.2 汽蚀危害

1. 产生噪声和振动

发生汽蚀时,气泡在高压区连续发生破裂并伴随着强烈的水击,因而产生噪声和振动。当汽蚀严重时,可以听到泵内发出像爆豆似的"噼噼啪啪"的响声。

2. 过流部件损坏

如果离心泵长时间在汽化条件下工作,由于强烈的冲击作用,过流部件的表面会出现麻点,甚至穿孔;有时金属颗粒会松动、剥落而呈现蜂窝状,如图 4.49 所示。

3. 性能曲线下降

离心泵发生汽蚀时,叶轮和液体的能量交换受到干扰和破坏,在外特性上表现为:扬程、轴功率和效率流量曲线下降,严重时会导致断流现象发生,如图 4.50 所示。应当指出,在汽蚀初始阶段,泵的性能曲线无明显变化;当泵性能曲线恶化明显时,汽蚀已发展到一定程度。

图 4.49 叶轮汽蚀图

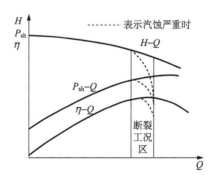

图 4.50 汽蚀导致泵性能曲线严重下降

4. 汽蚀也是限制水力机械向高流速发展的巨大瓶颈

因液体的流速越高，其压力变得越低，更易汽化发生汽蚀。

对于离心泵来说，真正的低压区不在泵的入口，而在叶轮入口部位、叶片入口背面或工作面附近，具体位置视工况而定。因为液体自泵入口到叶轮入口的过流面积，一般是逐渐收缩的，同时液流方向也在不断地变化，加上液体进入叶轮流道时，以相对速度绕流叶片头部还会产生附加的压力降，液体压力相应地降低，真正的低压部位出现在图 4.51 中的 K 点附近。因此必须控制叶轮入口附近低压区 K 点的压力，使 $p_K>p_V$（液体饱和蒸气压），才不会发生汽蚀现象。

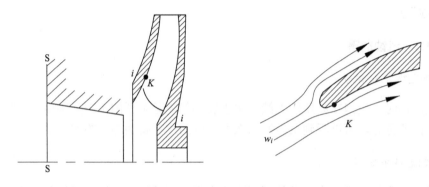

图 4.51　泵内液流低压部位

4.6.2　汽蚀余量

当输送液体给定时，泵是否会发生汽蚀由吸入装置和泵自身两方面决定。泵是否会发生汽蚀可用汽蚀余量来判断。汽蚀余量的类型有：有效汽蚀余量（用 $(\text{NPSH})_a$ 或 Δh_a 表示）和必需汽蚀余量（用 $(\text{NPSH})_r$ 或 Δh_r 表示），单位为"m"。

4.6.2.1　有效汽蚀余量

有效汽蚀余量（net positive suction head-available，NPSH）指液体进入泵之前，具有避免使泵发生汽蚀的能量。即液体自吸液池经吸入管路达到泵吸入口处（泵进口法兰处）所具有的高出液体饱和蒸气压的能量。

$$(\text{NPSH})_a = \frac{p_S - p_V}{\rho g} + \frac{c_S^2}{2g} \tag{4.51}$$

式中，c_S 为泵进口法兰处液体的流速，m/s；p_S 为泵进口法兰处液体的静压力，Pa；p_V 为液体的饱和蒸气压，Pa。

液体被吸入泵内是由于吸液池液面上的压力大于泵进口处的压力，即 $p_A>p_S$。从液面 A 到泵入口 S 处建立伯努利方程（图 4.52(a)），有效汽蚀余量也可以改写为

$$(\text{NPSH})_a = \frac{p_A - p_V}{\rho g} - z_{AS} - \sum h_{AS} \tag{4.52a}$$

式中，p_A 为吸液池液面上的压力，Pa；z_{AS} 为泵吸入口到吸液池液面上的垂直距离，m；$\sum h_{AS}$ 为泵前管路系统的能量损失，m。

如为倒灌安装（图 4.52(b)），则有效汽蚀余量可改写为

$$(\text{NPSH})_a = \frac{p_A - p_V}{\rho g} + z_{AS} - \sum h_{AS} \tag{4.52b}$$

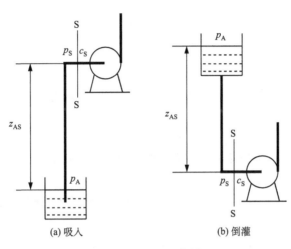

(a) 吸入   (b) 倒灌

图 4.52 泵吸入装置

关于有效汽蚀余量 $(\text{NPSH})_a$ 的几点说明：

(1) 有效汽蚀余量是由吸入装置提供的；

(2) 标志吸入装置抗汽蚀性能的好坏，它与吸入管特性和液体的汽化压力有关，与泵本身无关；

(3) 代表泵入口处单位质量液体所具有的超过汽化压力水头所富余的能量；

(4) 所谓有效是指装置提供给泵有效的利用，"净"是指减去了汽化压力水头，"正"是说明该值永为正值；

(5) 有效汽蚀余量越大，越不易发生汽蚀。

例题 4-3 用离心泵输送 40℃的清水，泵安装在距吸液池液面高度为 3m 的位置，水流过泵前管路的能量损失为 3.50kPa，吸液池液面上的压力为标准大气压 101.30kPa，40℃水的饱和蒸气压为 7.37kPa，密度为 992.20kg/m³。试计算泵的有效汽蚀余量。

解： 根据式(4.52a)，可得

$$(\text{NPSH})_a = \frac{p_A - p_V}{\rho g} - z_{AS} - \sum h_{AS}$$

$$= \frac{(101.30 - 7.37) \times 1000}{992.2 \times 9.81} - 3 - \frac{3.50 \times 1000}{992.2 \times 9.81} = 6.29\text{m}$$

4.6.2.2　必需汽蚀余量

泵在工作时，要求吸入装置必须提供这么大的能量，方能补偿压力损失，保证泵不发生汽蚀，这个所需的能量就是必需汽蚀余量。其表征：液流自泵入口到叶轮内压力最低处，压力下降的程度。$(NPSH)_r$ 与泵本身有关，而与吸入装置无关。必需汽蚀余量可用式(4.53)给予定性描述：

$$(NPSH)_r = \lambda_1 \frac{c_0^2}{2g} + \lambda_2 \frac{w_0^2}{2g} \tag{4.53}$$

式中，c_0 为叶片进口稍前截面上液体的绝对速度，m/s；w_0 为叶片进口稍前截面上液体的相对速度，m/s；λ_1 为绝对流速及流动损失引起的压降系数；λ_2 为液体绕流叶片的压降系数。

必需汽蚀余量产生的原因有如下三个方面(图4.51)：

(1)从吸入口至叶轮进口断面流道有轻微收缩，因此液流有加速损失；另外，液流从吸入口 S 截面流向 K 处截面也有流动损失。

(2)从 S 截面流向 K 处截面时，由于液流速度大小和方向的变化，引起绝对速度分布不均匀、压力发生变化。

(3)由于液体进入叶轮流道时，要绕流叶片进口边缘，造成相对速度增大和分布不均匀，引起压力下降。

必需汽蚀余量 $(NPSH)_r$ 越小，表示泵进口压力降越小，泵的抗汽蚀性能越好，要求泵前管路系统装置提供的有效汽蚀余量 $(NPSH)_a$ 越小。利用汽蚀余量可以判断泵是否发生汽蚀，即

如果

$$p_K > p_V \Leftrightarrow (NPSH)_a > (NPSH)_r$$

汽蚀不发生。

否则

$$p_K \leqslant p_V \Leftrightarrow (NPSH)_a \leqslant (NPSH)_r$$

式中，"="表示汽蚀开始；"<"表示汽蚀严重。

图 4.53 给出汽蚀余量随流量的变化关系，从式(4.52)看出，有效汽蚀余量的大小由吸入管路系统参数和管路中的流量所决定。由于吸入管路阻力($\sum h_{AS}$)随管路中的流量成平方关系变化，且流量越大，阻力损失也越大，所以$(NPSH)_a$-Q曲线表现为随流量下降的抛物线。泵必需汽蚀余量随流量的增大而增大，其与流量的关系为开口向上过原点的抛物线。二者的交点为汽蚀发生的开始点，交点的左侧区域为不发生汽蚀的区域，右侧区域为汽蚀严重区域。

4.6.3　改善离心泵汽蚀性能的途径

汽蚀对离心泵的工作具有极大的危害性，因此应极力避免泵工作时汽蚀的发生。改善离心泵抗汽蚀性能主要有两种方法：一是合理设计泵自身的结构，尽可能地降低必需

汽蚀余量；二是合理设计泵前吸入管路装置，以提高有效汽蚀余量。除此之外，泵在运行过程中应尽力避免汽蚀的发生。

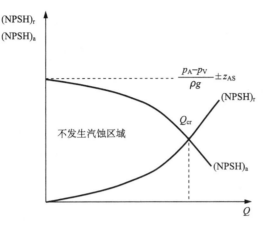

图 4.53 汽蚀余量变化曲线

1. 提高泵本身抗汽蚀性能的措施

(1) 加大叶轮入口直径和叶轮进口轴向宽度，降低流速，降低 $(NPSH)_r$。

(2) 采用双吸叶轮，叶轮两侧同时吸液，降低进口流速，降低 $(NPSH)_r$。

(3) 采用诱导轮，增加叶片入口附近的最低压力 p_K。诱导轮是一种类似于轴流式的叶轮，安装在离心泵叶轮前面，所产生的扬程对叶轮进口的液体进行增压，从而改善泵的汽蚀性能。

(4) 采用优质叶轮材料。如果受工作条件所限不可能完全避免汽蚀时，应选用抗汽蚀性能好的材料制造叶轮，来延长使用寿命。实践证明，材料的强度、硬度、韧性越高，化学稳定性越好，抗汽蚀性能越好。

2. 提高有效汽蚀余量 $(NPSH)_a$ 的措施

(1) 提高储液池上的液面压力 p_A。如图 4.54 所示，可以通过改变储液池液面上的压力 p_A 来改变有效汽蚀余量 $(NPSH)_a$；如果储液池液面上的压力为大气压 p_a，则无法加以调整。

(2) 降低泵前吸上装置的安装高度 z_{AS}。

(3) 将吸上装置改为倒灌装置；如图 4.54 所示，将泵前的吸上装置改为倒灌装置，并增加倒灌装置的安装高度，可显著提高有效汽蚀余量 $(NPSH)_a$。

(4) 减小泵前管路上的流动损失。如缩短吸入管路长度，减小管路中的流速，尽量减少弯管或阀门的使用，或尽量加大阀门的开启程度等，均可减小管路中的阻力损失。

3. 运行中防止汽蚀的措施

(1) 泵应在规定的转速下运行。如果泵在超过规定的转速下运行，根据泵的汽蚀相似定律可知，当泵的转速增加时，泵的必需汽蚀余量成平方增加，则泵的抗汽蚀性能显著降低。

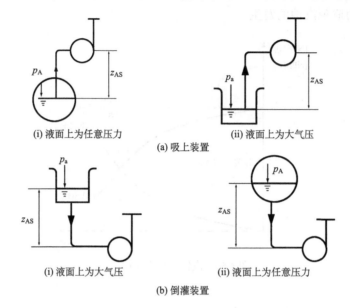

(i) 液面上为任意压力　　　　　　　　　(ii) 液面上为大气压

(a) 吸上装置

(i) 液面上为大气压　　　　　　　　　(ii) 液面上为任意压力

(b) 倒灌装置

图 4.54　泵前装置示意图

（2）不允许用泵吸入装置上的阀门调节流量。泵在运行时，如果采用吸入装置上的调节阀来调节流量，将导致吸入管路中的能量损失增大，从而降低了吸入装置的有效汽蚀余量。

（3）泵在运行时，如果发生汽蚀，应设法降低流量。如有可能也可以降低转速。

4.6.4　离心泵安装高度的确定

4.6.4.1　用允许汽蚀余量确定安装高度

为了确保离心泵运转良好，规定允许汽蚀余量：$[\Delta h]= \Delta h_r +0.3$。为了避免泵汽蚀的发生，必须满足下式关系：

$$(\text{NPSH})_a = \frac{p_A - p_V}{\rho g} - z_{AS} - \sum h_{AS} \geqslant [\Delta h]$$

由此可得，泵的允许安装高度必须满足以下条件：

$$z_{AS} \leqslant \frac{p_A - p_V}{\rho g} - \sum h_{AS} - [\Delta h] \tag{4.54}$$

泵样本上给出的允许汽蚀余量$[\Delta h]$是用 20℃下的清水实测出的。如果泵输送液体发生了变化，应对$[\Delta h]$进行修正。另外，离心泵汽蚀性能曲线和泵的其他性能曲线一样，也随泵工作转速的不同而改变。根据离心泵的汽蚀相似性，离心泵必需汽蚀余量与转速的关系为

$$\frac{\Delta h_{r1}}{\Delta h_{r2}} = \left(\frac{n_1}{n_2}\right)^2 \tag{4.55}$$

可见，随着转速的增加，泵的必需汽蚀余量也在增加，所以转速的增加可导致离心泵抗汽蚀性能变坏。因此，一般离心泵的转速除了受叶轮强度的限制外，更主要的是受泵汽蚀性能的限制。

4.6.4.2 用吸上真空度确定安装高度

吸上真空度也可以作为离心泵的汽蚀特性参数，吸上真空度 H_S 是指泵入口处的真空度，定义如下：

$$H_S = \frac{p_a - p_S}{\rho g} \tag{4.56}$$

式中，p_a 为大气压，Pa；p_S 为泵入口处的压力，Pa。

如果吸液池液面上的压力为大气压，根据图 4.52(a)，从吸液池液面到泵的入口处可建立如下能量平衡关系：

$$H_S = \frac{p_a - p_S}{\rho g} = z_{AS} + \frac{c_S^2}{2g} + \sum h_{AS}$$

结合由允许汽蚀余量确定的安装高度的计算式：

$$z_{AS} \leqslant \frac{p_a - p_V}{\rho g} - \sum h_{AS} - [\Delta h]$$

可以给出发生汽蚀时，最大允许吸上真空度：

$$H_S \leqslant \frac{p_a - p_V}{\rho g} + \frac{c_S^2}{2g} - [\Delta h] \tag{4.57}$$

定义允许汽蚀真空度与允许汽蚀余量之间的关系如下：

$$[H_S] = \frac{p_a - p_V}{\rho g} + \frac{c_S^2}{2g} - [\Delta h] \tag{4.58}$$

当忽略动能时，对于标准工况下的水，$[H_S]+[\Delta h] \approx 10\text{m}$。

由吸液池液面到泵入口处建立的能量平衡关系，可得

$$z_{AS} = \frac{p_A}{\rho g} - \frac{p_S}{\rho g} - \frac{c_S^2}{2g} - \sum h_{AS}$$

上式的右边同时加上和减去一个大气压的压头，上式改写为

$$z_{AS} = \frac{p_A - p_a}{\rho g} + \frac{p_a - p_S}{\rho g} - \frac{c_S^2}{2g} - \sum h_{AS}$$

根据吸上真空度的定义

$$H_S = \frac{p_a - p_S}{\rho g}$$

将其用允许吸上真空度 $[H_S]$ 代替，即给出安装高度的计算式：

$$z_{AS} = \frac{p_A - p_a}{\rho g} + [H_S] - \frac{c_S^2}{2g} - \sum h_{AS} \tag{4.59a}$$

如果吸液池液面上的压力正好等于大气压力，则式(4.59a)改写为

$$z_{AS} = [H_S] - \frac{c_S^2}{2g} - \sum h_{AS} \tag{4.59b}$$

因此，只要知道允许吸上真空度$[H_S]$，同样可以计算出泵的安装高度z_{AS}。

泵说明书中提供的允许吸上真空度$[H_S]$是大气压为10.33 mH$_2$O、水温为20℃下的数值，如泵的操作条件发生了变化，应把说明书给的允许吸上真空度值，按式(4.60)换算成操作条件下的允许吸上真空度的值$[H_S']$：

$$[H_S'] = [H_S] + (H_a' - 10.33) - (H_V' - 0.24) \tag{4.60}$$

式中，$[H_S']$为操作条件下输送水时允许吸上真空高度，mH$_2$O；$[H_S]$为样本中给出的允许吸上真空高度，mH$_2$O；H_a'为工作处的大气压，mH$_2$O；H_V'为工作温度下水的饱和蒸气压，mH$_2$O；10.33 为一个标准大气压值，mH$_2$O；0.24 为实验条件下水的饱和蒸气压，mH$_2$O。

例题 4-4 用一台离心泵输送清水，泵吸入口直径为200mm，安装高度为5m，流量为280m^3/h，此时泵的允许汽蚀余量为4.40m。已知液面下降速度为 0 m/s，液面上的压力为大气压 $p_a = 1.01 \times 10^5$ Pa，该液体在输送温度条件下的饱和蒸气压 $p_V = 2.35 \times 10^3$ Pa，吸入管路阻力损失为0.50m。问该泵是否会发生汽蚀？泵的允许吸上真空度 H_S 是多少？

解： 根据已知条件可知，泵的有效汽蚀余量为

$$(NPSH)_a = \frac{p_a - p_V}{\rho g} - Z_{AS} - \sum h_{AS}$$
$$= 10.33 - 0.24 - 5 - 0.5 = 4.59\,m$$

因

$$(NPSH)_a = 4.59\,m > [\Delta h] = 4.40\,m$$

故该泵不会发生汽蚀。

泵入口流速为

$$c_S = \frac{4Q}{\pi d^2} = \frac{4 \times 280 / 3600}{\pi \times 0.2^2} = 2.48\,m/s$$

$$H_S = \frac{p_a - p_V}{\rho g} + \frac{c_S^2}{2g} - (NPSH)_a = 10.33 - 0.24 + \frac{2.48^2}{2 \times 9.8} - 4.59 = 5.81\,m$$

例题 4-5 用一台 50B31 泵由一水池向外输送 20℃的水，在进水管中的流速为1.50m/s，而在进水管路上的总阻力损失为4m水柱，吸液池液面上的压力为大气压，求泵可安装在距液面多高位置？如其他条件相同，水温为 80℃时安装高度又如何？（已知20℃时，$[H_S]$=8m，80℃时饱和蒸气压力为47 359Pa。）

解： (1)泵的安装高度：水池面压力 $p_A = p_a$

$$[z_{AS}] = \frac{p_A - p_a}{\rho g} + [H_S] - \sum h_{AS} - \frac{c_S^2}{2g}$$

$$= 0 + 8 - 4 - \frac{1.5^2}{2 \times 9.8} = 3.89\ m$$

泵可安装在距液面约 3.9m 高的地方。

(2) 将 20℃时清水的 $[H_S]$ 换算为 80℃时水的 $[H_S]'$

$$[H_S]' = \frac{p_a' - p_V'}{\rho g} + [H_S] - 10.33 + 0.24$$

$$= \frac{1.013 \times 10^5 - 4.74 \times 10^4}{1 \times 10^3 \times 9.8} + 8 - 10.33 + 0.24 = 3.41 \text{ m}$$

此时泵的安装高度：

$$[z_{AS}]' = \frac{p_A - p_a}{\rho g} + [H_S]' - \sum h_{AS} - \frac{c_S^2}{2g}$$

$$= 0 + 3.41 - 4 - \frac{1.5^2}{2 \times 9.8} = -0.70 \text{ m}$$

输送 80℃的热水时，泵的安装高度为−0.70m，即泵要安装在水池液面下 0.70m。

4.7　离心泵轴向力平衡

4.7.1　轴向力计算

泵在运转过程中，转子上作用有轴向力，该力会推动转子沿着轴向移动。因此，必须设法消除或平衡掉此轴向力，才能保证离心泵正常工作。

4.7.1.1　闭式叶轮轴向力计算

液体作用在叶轮上的轴向力是因如下两个原因造成的：一是叶轮两侧液体的压力不等；二是流经叶轮流体轴向分动量的变化。

1. 叶轮轮盘、轮盖结构不对称产生的轴向力

由于液体在叶轮内随着叶轮一起旋转，所以液体作用在轮盘和轮盖上的压力近似呈抛物线分布。如图 4.55 所示，如果不考虑密封环处泄漏的影响，则在前、后泵腔体内液体的运动情况近似相同。作用在轮盘上的压力作如下考虑：密封环以上部分与轮盖对称作用的压力相互抵消，密封环以下部分减去吸入压力 p_s 剩余压力产生的轴向力，方向指向叶轮入口，记为 F_1。

$$F_1 = \rho g \pi (R_m^2 - R_h^2) \left[H_p - \frac{\omega^2}{8g} \left(R_2^2 - \frac{R_m^2 + R_h^2}{2} \right) \right] \tag{4.61}$$

式中，ρ 为液体密度，kg/m³；H_p 为叶轮出口势扬程，m；R_m 为叶轮密封环半径，m；R_h 为叶轮轮毂半径，m；R_2 为叶轮出口半径，m；ω 为叶轮旋转角速度，rad/s。

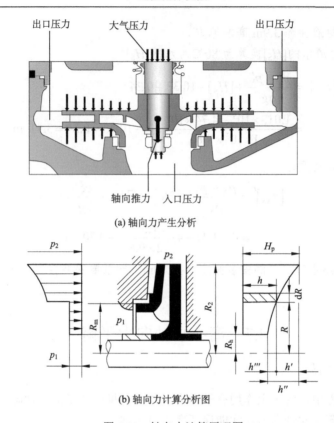

(a) 轴向力产生分析

(b) 轴向力计算分析图

图 4.55　轴向力计算原理图

2. 动反力

如图 4.56 所示，液体流过叶轮进口和出口时，液体速度的大小和方向均在变化，因此在叶轮上会产生一个动反力 F_2，即

$$F_2 = \rho Q_\mathrm{T}(c_0 - c_3 \cos \alpha) \tag{4.62}$$

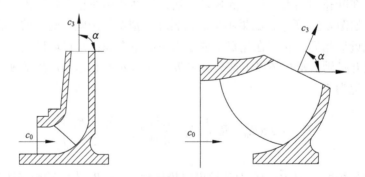

图 4.56　作用在叶轮上的动反力

式中，Q_T 为泵理论流量，m^3/s；α 为叶轮出口轴面速度与轴线方向的夹角，°；c_0，c_3 为叶轮进口稍前、出口稍后液体的轴面速度，$\mathrm{m/s}$。

3. 总轴向力

动反力 F_2 方向与轴向力 F_1 方向相反，因此总轴向力 F 为

$$F = F_1 - F_2$$

对于一般离心泵，作用于一个叶轮上的总轴向力，可以按照下面的经验公式计算：

$$F = k\rho g H_1 \pi (R_m^2 - R_h^2) i \tag{4.63}$$

式中，H_1 为泵单级扬程，m；i 为泵级数；k 为系数，当 n_s=30～100 时，k=0.6；当 n_s=100～220 时，k=0.7；当 n_s=220～280 时，k=0.8。

4.7.1.2 半开式叶轮轴向力计算

作用于轮盘上的轴向力 F_1 为

$$F_1 = \rho g H_p \pi (R_2^2 - R_h^2) - \frac{1}{2}(R_2^2 - R_h^2)\rho g \pi \frac{\omega^2}{8g}(R_2^2 - R_h^2) \tag{4.64}$$

作用于前侧的轴向力 F_2 为

$$F_2 = \rho g H_p \pi (R_2^2 - R_h^2)\left[R_m + \frac{2}{3}(R_2 - R_m)\right] \tag{4.65}$$

4.7.2 轴向力平衡

如果不设法消除或平衡掉作用在叶轮上的轴向力，该轴向力将会推动转子发生轴向窜动、与定子零部件接触碰撞，造成泵零部件的损坏，甚至使泵不能正常工作。

4.7.2.1 单级泵

1. 平衡孔或平衡管

如图 4.57 所示，在叶轮的轮盖上装设密封环，密封环的直径一般与轮盖上的密封环相同，同时在轮盘下部开小孔，或用细管与吸入侧相通。因液体流经密封环间隙的阻力损失，使密封环下部液体的压力降低，作用在轮盘上的轴向力减小。轴向力的减小程度取决于孔的数量和孔径的大小。值得说明的是，密封环和平衡孔是相辅相成的，只设密封环、无平衡孔不能平衡轴向力，只设平衡孔不设密封环，会导致泄漏量很大，轴向力的平衡效果很差。这种平衡方式可以减小轴封的压力，缺点是容积损失增大。另外，平衡孔的泄漏量与进入叶轮的主液流相冲击，破坏了正常的流动状态，会使泵的抗汽蚀性能下降。为此，有时在泵壳上开孔，通过管线与吸入口相连，但结构变复杂。

2. 推力轴承

对于轴向力不大的泵，可以选用推力轴承来承受轴向力。即使采用其他平衡装置平衡轴向力的泵，考虑到轴向力不能被完全平衡掉，有时也会装设推力轴承。

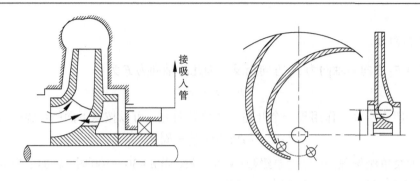

图 4.57　平衡孔平衡轴向力

3. 双吸叶轮

双吸叶轮由于结构对称，能自动平衡轴向力。

4. 采用带背叶片的叶轮

这种方法是靠叶轮轮盘背部径向叶片带动轮盘与泵壳间的液体以接近叶轮的角速度旋转，使作用在轮盘上的压力减小，从而实现轴向力平衡的目的，如图 4.58 所示。

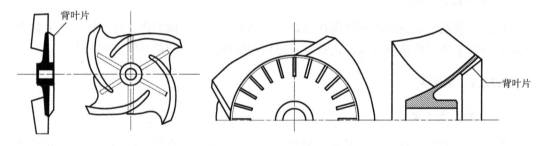

图 4.58　带背叶片的叶轮

这种装置除平衡轴向力外，常用来减小作用于填料函前的液体压力，以改善密封条件。杂质泵和具有化学腐蚀性液体的石油化工用泵，广泛采用这种装置，以防止杂质或恶劣介质进入填料函，提高轴承寿命。

5. 泵壳上设置肋片

这种方法是在叶轮下部泵壳的内部装设肋片，如图4.59所示。目的是为了降低叶轮下部空腔内液体的流速，使其压力得到相应的增加。这种轴向力平衡方法使轮阻损失增大，而且由于压力的升高，增加了泄漏量。

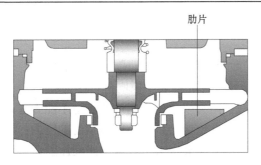

图 4.59 泵壳上设置肋片

4.7.2.2 多级泵

1. 平衡盘

这是多级泵常采用的方法，装在末级叶轮之后，随转子一起旋转，如图 4.60 所示。对于这种平衡装置有两个密封间隙：一个是轮毂（或轴套）与泵壳之间有一个径向间隙 b_1；另一个是平衡盘端面与泵壳之间有一个轴向间隙 b_2。平衡盘后面的平衡室用连通管和泵壳入口相连。

流体在径向间隙前的压力为末级叶轮轮盘下部的压力 p_3，通过径向间隙 b_1 下降为 p_4，又经过轴向间隙下降为 p_5，而平衡盘背面下部的液体压力为 p_6，它与泵吸入口压力近似相差一个连通管的压力损失。平衡盘前、后的压差 $(p_4 - p_6)$ 在平衡盘上产生一个推力，称为平衡力 F_1。F_1 的方向与液体作用于转子上的轴向力 F 的方向相反，所以可以平衡轴向力。

该平衡装置中的两个间隙各有自身的用途，并相互关联。假如转子上的轴向力 F 大于平衡盘上的平衡力 F_1，那么转子就会向左移动，轴向间隙 b_2 减小，间隙的阻力增加，泄漏量减少。液体流过径向间隙 b_1 的速度减小，该间隙中的能量损失减小，从而提高了平衡盘前面的压力 p_4，转子不断向左移动，平衡力不断增加，移动到某一位置时，平衡力 F_1 与轴向力 F 相等，从而达到了新的平衡。类似的原理，当轴向力小于平衡力时，转子向右移动，也能达到新的平衡。可以看出，转子左右移动的过程就是自动平衡形成的过程，这种平衡是在运动中实现自动平衡。

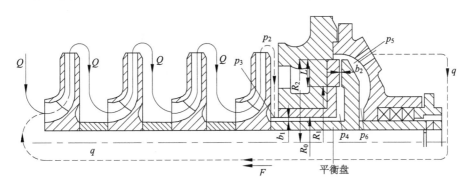

图 4.60 平衡盘平衡轴向力

2. 叶轮对称布置

对于多级泵，叶轮半数对半数、背对背或者面对面地按照一定规律排列在轴上，来平衡轴向力，如图 4.61 所示。叶轮按如下原则进行排列：

(1) 为了便于成型和减小阻力损失，级间过渡流道不能太复杂；

(2) 两端的轴封应布置在低压级，以减小轴封承受的压力；

(3) 相邻两级叶轮间的级差不要太大，以减小级间压差，从而减少级间的泄漏。

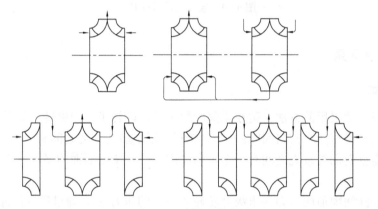

图 4.61　叶轮对称布置

3. 平衡鼓

平衡鼓的形状与圆柱体相似，装在末级叶轮之后，随转子一起转动。平衡鼓外圆表面与泵壳形成径向间隙 b_1，其左侧是末级叶轮的后泵腔，右侧是与吸入处相连通的平衡室，如图 4.62 所示。这样作用在平衡鼓上的压差，形成指向右方的平衡力，该力用来平衡作用在转子上的轴向力。

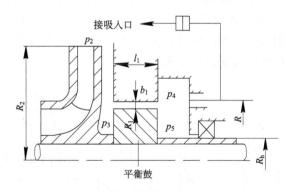

图 4.62　平衡鼓平衡轴向力

4.8 典型离心泵

4.8.1 单级单吸式离心泵

图 4.63 为一台单级单吸式离心泵的结构简图。泵的进口沿着轴线方向，泵的出口垂直于轴线方向。主要部件有泵体 1、叶轮 2、泵轴 6，如图 4.63 所示。叶轮为单级单吸、后弯闭式叶轮。在叶轮的轮盘靠近轮毂处设有平衡孔，用来平衡轴向推力。叶轮轮盘和轮盖上均装有密封环，以减少叶轮与泵壳间的间隙、减少泄漏量。在叶轮的出口处，有螺旋形压出室和扩压管流道，且在泵的入口处有轴向锥形收缩管状吸液室。压出室和吸液室均由泵壳形成。泵轴的一端在托架内用轴承支承，另一端为悬臂端。叶轮用特制的叶轮螺母和垫圈固定在悬臂端上，故常称为悬臂式离心泵。

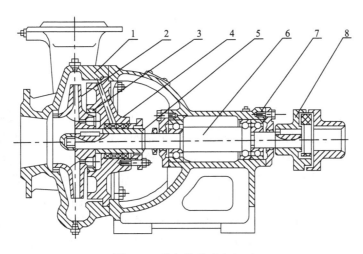

图 4.63　单级单吸式离心泵

1. 泵体；2. 叶轮；3. 密封环；4. 后盖；5. 护轴套；6. 泵轴；7. 托架；8. 联轴器

4.8.2 单级双吸式离心泵

单级双吸式离心泵的转子总是做成两端支承形式，并且泵壳是中开、水平剖分的，如图 4.64 所示。泵的两个吸液室呈蜗壳形，吸液管是共用的，并且泵的吸液管均布置在泵壳下部的两侧。因此在打开泵壳检修时，不必拆卸泵外的管路。为了防止空气漏入泵中，两侧的填料函中均装有液封环。在泵的吸液室和压出室的最高点分别开有螺纹孔，供灌泵时放气用。因双吸叶轮的轴向力基本上是平衡的，故这种泵不必设置轴向力平衡装置。

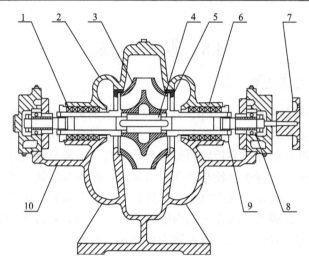

图 4.64　单级双吸式离心泵

1. 填料；2. 泵盖；3. 叶轮；4. 轴；5. 双吸密封环；6. 轴套；7. 联轴器；8. 轴承；9. 填料压盖；10. 泵体

4.8.3　分段式多级离心泵

　　分段式多级离心泵是一种垂直剖分多级泵，它由一个前段、一个后段和若干个中段组成，并用螺栓连接为一体，如图 4.65 所示。泵轴的两端用轴承支撑，泵轴中间装有若干个叶轮，叶轮与叶轮之间用轴套定位，每个叶轮的外缘都装有与其相对应的导轮，在前段和中段的内臂与叶轮易碰的地方装有密封环。叶轮一般是单吸的，吸入口都朝向一边，按单吸叶轮入口方向将叶轮依次串联在轴上。为了平衡轴向力，在末段叶轮后面装有平衡盘，并用平衡管与前段相连通。其转子在工作时可以左右窜动，靠平衡盘自动将转子维持在平衡位置上。轴封装置对称布置在泵的前段和后段轴伸出部分。

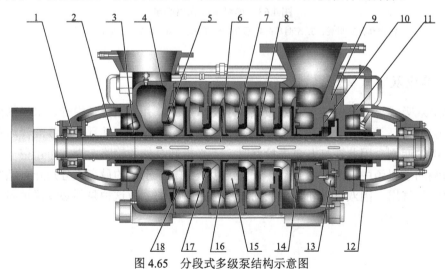

图 4.65　分段式多级泵结构示意图

1. 轴承；2. 填料压盖；3. 填料；4. 进水段；5. 首级密封环；6. 轴；7. 中段；8. 导轮；9. 出水段；10. 平衡板；11. 尾盖；
12. 轴套；13. 平衡盘；14. 平衡套；15. 导轮套；16. 叶轮；17. 密封环；18. 首级叶轮

4.9 离心泵的型号编制

我国离心泵行业目前普遍采用国际标准 ISO 2858 对离心泵的型号进行编制。该标准规定离心泵的型号一般由四组字母和阿拉伯数字组成，具体表示方法如下：

①国际标准系列代号-②泵进口直径-③泵出口直径-④叶轮名义直径

其中：①用大写英文字母表示，其中 IS 为国际标准系列代号；②用阿拉伯数字表示离心泵的进口直径，单位为 mm；③用阿拉伯数字表示离心泵的出口直径，单位为 mm；④用阿拉伯数字表示叶轮名义直径，单位为 mm。

例如，型号 IS80-65-160 表示单级单吸悬臂式清水离心泵，泵吸入口直径为 80mm，排出口直径为 65 mm，叶轮名义直径为 160 mm；型号 IH50-32-160 表示单级单吸悬臂式化工离心泵，泵吸入口直径为 50mm，排出口直径为 32 mm，叶轮名义直径为 160 mm。

4.10 离心泵的选型

4.10.1 选型原则

离心泵选择时，应遵循以下原则：

(1)应满足工艺过程提出的流量、压头及输送液体性质的要求；

(2)应具有良好的吸入性能，轴封装置严密可靠，零部件有足够的强度，便于操作和维修；

(3)泵的高效工作区域宽，能适应工况的改变；

(4)泵的尺寸小、质量轻，结构简单，安装方便，成本低；

(5)如防爆、耐腐蚀、耐磨损等其他特殊要求。

4.10.2 选型步骤

1. 列出选择泵时所需的原始数据

根据工艺要求，详细列出原始数据，包括输送液体的物理性质(密度、黏度、饱和蒸气压、腐蚀性等)，操作条件(泵进出口两侧设备内的压力、操作温度和流量等)以及泵所在位置情况(如环境温度、海拔、装置水平面和垂直面要求，以及进、出口两侧设备内液面至泵中心距离和管线布置方案等)。

2. 估算泵的流量和扬程

当原始数据中给出正常流量、最小流量和最大流量时，应取最大流量作为选泵的依据。如果只给出所需的正常流量，则应乘以安全系数(1.10～1.15)来估算泵的流量。当原始数据中给出所需扬程时，可直接采用；如果没有给出扬程，应进行相应的计算来估算所需扬程，必要时要留有适当的余量(1.05～1.10 倍)，最后给定所需的扬程。

3. 选择泵的类型及型号

根据被输送液体的性质来确定选用哪种类型的泵。例如，当被输送的液体为原油和石油产品时，应选用油泵；当输送腐蚀性较强的液体时，应从耐腐蚀泵的系列产品中选取；当输送泥浆类液体时，应选用耐磨损杂质泵。在选择泵的类型时，应同时考虑泵的台数。正常操作时，一般只用一台泵，在某些特殊场合，也可采用多台泵同时操作。有时，为了保证可靠、连续地生产和适应工作条件的变化，必须配置备用泵。

当泵的类型选定后，将流量和扬程标绘到该类型泵的系列性能型谱图上，看其交点落在哪个切割高效工作区中，这样就可以确定离心泵的型号。如果交点没有恰好落在高效工作区内，则选用该泵后，可用改变叶轮外径或转速的方法来改变泵的性能曲线，使其通过此交点。这时，应从泵样本或系列性能规格表中查出该泵的原输液性能参数和曲线，以便进行换算。假如交点并不落在任一个高效工作区四边形中，而处在某四边形附近，这说明没有一台泵的高效工作区能满足此工况点参数的要求。在这种情况下，可适当改变台数或适当改变泵的工作条件来满足要求。

4. 核算泵的性能曲线

为了保证离心泵正常运转，防止发生汽蚀，根据流程图，计算出最苛刻条件下泵的有效汽蚀余量，与该泵的允许值相对比；或者根据泵的许用汽蚀余量$[\Delta h]$来确定泵的最大允许安装高度，与工艺流程图中实际的安装高度进行比较。如不能满足，应另选其他型号的泵，或改变泵的安装位置和采取其他措施来提高泵的吸入性能。

5. 计算泵的轴功率和原动机功率

根据离心泵所输送液体的工况点参数（Q、H和η），可求出泵的轴功率：

$$P_{sh} = \frac{\rho g H Q}{1000\eta}$$

选用驱动机时，应考虑留有 10%～15% 的储备功率，那么原动机的功率 P_{dr}（单位为kW）为

$$P_{dr} = (1.10 \sim 1.15)\frac{\rho g H Q}{1000\eta} \tag{4.66}$$

例题 4-6 温度 20℃的清水由地面送至水塔中，如图 4.66 所示，要求流量 Q=88m³/h。已知水泵安装时地形吸水高度 z_{AS}=3m，输送高度 H_g=40m，管路沿程损失系数 λ=0.018，吸水管长 14m，其上装有吸水底阀(带滤网)1 个，90°弯头 1 个，锥形渐缩过渡接管1 个。另外，出水管长78m，其上装有闸板阀 1 个，止回阀 1 个，90°弯头 6 个，锥形渐扩过渡接管 1 个。请为其选择合适的水泵。

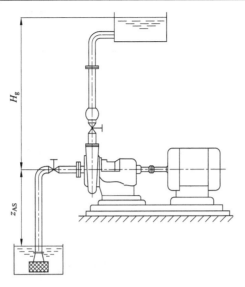

图 4.66 例题 4-6 图

解：(1)吸水管和出水管管径的确定

$$u = \frac{Q}{A} = \frac{Q}{\pi d^2/4}$$

$$d = \sqrt{\frac{4}{\pi} \times \frac{Q}{u}}$$

当泵吸入口直径小于 250mm 时，吸入口流速可取在 1.0～1.8 m/s 范围内；当泵吸入口直径大于 250mm 时，吸入口流速可取在 1.4～2.2 m/s 范围内。目前吸水管的流速取为 u_S=1.0 m/s，所以吸水管直径为

$$d_S = \sqrt{\frac{4}{\pi} \times \frac{Q}{u}} = \sqrt{\frac{4}{\pi} \times \frac{88/3600}{1.0}} = 0.18\,\mathrm{m}$$

根据吸入管的直径规格，选取公称直径 dN=200，对应的外直径和壁厚为 ϕ219×9.5mm。排出管直径为

$$d_D = (0.7 \sim 1.0)d_S$$

根据排出管的直径规格,选取公称直径 dN=150 对应的外直径和壁厚为 ϕ159×4.5mm。从而，吸排水管的实际流速为

$$u_S = \frac{Q}{\pi d^2/4} = \frac{88/3600}{\pi \times 0.20^2/4} = 0.78\,\mathrm{m/s}$$

$$u_D = \frac{Q}{\pi d^2/4} = \frac{88/3600}{\pi \times 0.15^2/4} = 1.38\,\mathrm{m/s}$$

(2)水泵扬程确定

查阅流体力学书籍，确定局部阻力损失系数：

吸水底阀	90°弯头	锥形渐缩管	闸板阀	止回阀	锥形渐扩管
7.5	0.9	0.4	0.10	2.5	0.05

吸水管路总的阻力损失为

$$\sum h_{fS} = \lambda \frac{l_S}{d_S} \frac{u_S^2}{2g} + \sum \zeta_S \frac{u_S^2}{2g}$$

$$= \left[0.018 \times \frac{14}{0.2} + (7.5 + 0.9 + 0.04) \right] \times \frac{0.78^2}{2 \times 9.8} = 0.30\,\text{m}$$

出水管路总的阻力损失为

$$\sum h_{fD} = \lambda \frac{l_D}{d_D} \frac{u_D^2}{2g} + \sum \zeta_D \frac{u_D^2}{2g}$$

$$= \left[0.018 \times \frac{78}{0.15} + (0.1 + 2.5 + 0.9 \times 6 + 0.05) \right] \times \frac{1.38^2}{2 \times 9.8} = 1.69\,\text{m}$$

水泵所需扬程为

$$H = \sum h_{fS} + \sum h_{fD} + z_{AS} + H_g = 0.30 + 1.69 + 3 + 40 = 44.99\,\text{m}$$

(3)水泵选型

考虑留有一定的富余量,所需水泵的扬程为 $1.08H=1.08 \times 44.99=48.59\text{m}$;
流量为 $1.13Q=1.13 \times 88=99.44\ \text{m}^3/\text{h}$。

单级离心泵系列型谱图上查取 IB100-65-200 型水泵比较合适,具体参数如下:
$H=50\text{m}$, $Q=100\ \text{m}^3/\text{h}$, $n=2900\ \text{r/min}$, $\eta=78\%$, $P=17.5\text{kW}$, $H_{Smax}=6.8\text{m}$, $(NPSH)_r=3.6\text{m}$。

(4)吸入特性校核

用最大流量校核吸入特性:

$$u_S = \frac{Q}{\pi d^2/4} = \frac{100/3600}{\pi \times 0.20^2/4} = 0.88\text{m/s}$$

$$\sum h'_{fS} = \lambda \frac{l_S}{d_S} \frac{u_S^2}{2g} + \sum \zeta_S \frac{u_S^2}{2g} = \left[0.018 \times \frac{14}{0.2} + (7.5 + 0.9 + 0.04) \right] \times \frac{0.88^2}{2 \times 9.8} = 0.38\,\text{m}$$

所以

$$H_S = z_{AS} + \frac{u_S^2}{2g} + \sum h'_{fS} = 3 + \frac{0.88^2}{2 \times 9.8} + 0.38 = 3.42\,\text{m} < H_{Smax} = 6.8\,\text{m}$$

 思考题

1. 离心泵由哪几部分组成?并简述其工作过程。
2. 请解释何为离心泵的扬程和效率。
3. 离心泵叶轮内的液体速度三角形是如何构建的?其影响因素是什么?
4. 试推导欧拉涡轮方程,并说明影响离心泵理论扬程的影响因素有哪些,是如何影响的?

5. 离心泵的能量损失包括哪几个方面? 对应的效率是如何定义的?

6. 什么是离心泵的性能曲线? 性能曲线有何作用? 采取哪些措施可以改变性能曲线?

7. 试写出离心泵的相似定律、比例定律和切割定律的数学表达式。利用这三个定律可以解决离心泵哪些方面的问题?

8. 两台性能相同的离心泵串联或并联, 其性能曲线会如何变化?

9. 离心泵流量调节方法有哪几种?

10. 简述汽蚀现象, 并说明汽蚀的危害。

11. 何谓有效汽蚀余量和必需汽蚀余量? 写出前者的数学表达式。

12. 两台泵流动相似应具备哪些条件?

13. 离心泵的叶轮分为哪几种结构, 各有何特点?

14. 离心泵的密封分为哪几种形式, 各有何特点?

15. 简述离心泵的选择原则和选择方法。

 分析应用题

1. 有一离心泵, 叶轮外径 D_2=220mm, 叶轮出口轴向宽度 b_2=10mm, 叶片出口安置角 β_{2A}=22°, 叶道出口阻塞系数 τ_2=0.95, 转速 n=2900 r/min, 理论流量 Q_T=0.025 m³/s, 设液体径向流入叶轮(α_1=90°), 求: u_2、w_2、c_2 及 α_2, 并计算叶轮的理论扬程 H_T。

2. 有一离心泵, 叶轮外径 D_2=220mm, 转速 n=2980 r/min, 叶片出口安置角 β_{2A}=38°, 出口处的径向速度 $c_{2r\infty}$=3.6 m/s。设流体轴向流入叶轮, 试按比例画出出口速度三角形, 并计算无限多叶片叶轮的理论扬程 $H_{T\infty}$。设叶片数 z=8, 求有限叶片数时泵的理论扬程 H_T。设滑移系数 μ=0.756。

3. 某离心泵输送密度为 750 kg/m³ 的汽油, 实测得泵出口压力表读数为 147 100 Pa, 入口真空表读数为 300mm 汞柱, 两表测点垂直距离为 0.5m, 吸入管与排出管的直径相同。试求泵的实际扬程。

4. 设某离心水泵流量 Q=0.025m³/s, 排出管压力表读数为 323 730Pa, 吸入管真空表读数为 39 240Pa, 表位差为 0.8m, 吸入管直径为 100mm, 排出管直径为 75mm, 电动机功率表读数为 12.5kW, 传动效率为 0.93, 泵与电机采用直联, 试计算离心泵的轴功率、有效功率和泵的总效率各为多少?

5. 用一台离心泵从井抽水, 井水水面渐渐下降, 问水面降到离泵中心轴线几米处, 泵开始发生汽蚀? 已知泵型号为 2BA-6, 流量为 20 m³/h, 吸入管内径为 50 mm, 吸入管路阻力损失约为 0.2 m 水柱。(假设 p_A=p_a, [H_S]=7.2m)

6. 用离心泵将20℃的水由敞口水池送到一压力为 2.5atm 的塔内, 管径为 ϕ108×4mm 管路全长 100m(包括局部阻力的当量长度和管的进、出口当量长度), 吸液池液面高度距离排液池液面高度为18m。已知: 水的流量为 56.5 m³/h, 水的黏度为 1cP(1cP=10^{-3}Pa·s), 密度为 1000 kg/m³, 管路摩擦系数可取为 0.024。计算管路所需要的压头和功率。

7. 采用 IS80-65-125 水泵从一敞口水槽输送 60℃的热水。最后槽内液面将降到泵入口以下 2.4m。已知该泵在额定流量 60m³/h 下的 (NPSH)$_r$ 为 3.98m，60℃水的饱和蒸气压 p_V 为 19.92kPa，密度为 983.20 kg/m³，泵吸入管路的阻力损失为 3.0m，问该泵能否正常工作。

8. 拟用一台 IS65-50-160A 型离心泵将 20℃的某溶液由溶液罐送往高位槽中供生产使用，溶液罐上方连通大气。已知吸入管内径为 50 mm，送液量为 20 m³/h，估计此时吸入管的阻力损失为 3m 液柱，求大气压分别为 101.30 kPa 的平原和 51.40kPa 的高原地带泵的允许安装高度，查得上述流量下泵的允许汽蚀余量为 3.30 m，20℃时溶液的饱和蒸气压为 5.87 kPa，密度为 800 kg/m³。

9. 有一台转速为 1450 r/min 的离心泵，当流量 Q=35 m³/h 时的扬程 H=62m，轴功率 P_{sh}=7.6kW，现若流量增至 Q'=52.50 m³/h，问原动机的转速应提高多少？此时泵的扬程和功率各为多少？

第5章 其 他 泵

5.1 轴 流 泵

5.1.1 轴流泵的原理和结构

轴流泵是一种低扬程、大流量的叶片式泵，图 5.1 给出常见轴流泵的结构简图。其过流部分由吸入管 1、叶轮 2、导叶 3、弯管 4 和排出管 5 组成。当轴流泵工作时，液体沿吸入管进入叶轮并获得能量，通过导叶和弯管排出。轴流泵输送液体是利用旋转叶轮叶片的推力使被输送的液体沿泵轴线方向流动，而不是依靠叶轮对液体的离心力。

轴流泵的工作特点是流量大，单级扬程低。可用作热电站中的循环水泵、油田用供水泵或化工行业的蒸发循环泵。为了提高泵的扬程，轴流泵可以做成多级。多级轴流泵可以用作油田钻井泥浆泵，大大减轻泵的质量，显著改善工作性能。与离心泵相比，轴流泵优点是外形尺寸小、占地面积小、结构较简单、质量轻、制造成本低；缺点是吸入高度小，由于低的汽蚀性能，一般轴流泵的工作叶轮装在被输送液体的液面以下，以便在叶轮进口处造成一定的灌注压力。

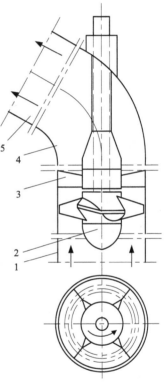

图 5.1 轴流泵结构简图

1. 吸入管；2. 叶轮；3. 导叶；
4. 弯管；5. 排出管

5.1.2 轴流泵的基本方程

轴流泵工作的理论基础是空气动力学中的机翼升力理论。轴流泵叶片和机翼具有相似的形状，称之为翼型叶片，如图 5.2 所示。由流体力学的环流理论可知，流体沿翼型下表面的流速要比沿翼型上表面的流速大，所以翼型下表面的压力小于上表面的压力，流体对翼型产生一个由上向下的作用力 F。同样，翼型对流体将产生一个反作用力 F' 作用在流体上。具有翼型断面的叶片，在液体中做高速旋转时，液体相对于叶片就产生了急速的绕流，叶片对液体将施加力 F'，在该力作用下，液体被压升到一定的高度。由离心泵的基本方程(4.22)看出，能量的传递只取决于液体进、出口速度三角形。该方程不仅适用于离心泵，同样也适用于轴流泵等。所以式(4.22)可看作叶片泵的基本方程。

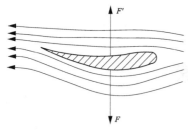

图 5.2　翼型绕流

由式 (4.22) 和图 4.17 可知：

$$H_{T\infty} = (u_2 c_2 \cos\alpha_2 - u_1 c_1 \cos\alpha_1) / g$$

由叶轮的进出口速度三角形可知，速度之间存在如下关系：

$$w_1^2 = u_1^2 + c_1^2 - 2u_1 c_1 \cos\alpha_1$$
$$w_2^2 = u_2^2 + c_2^2 - 2u_2 c_2 \cos\alpha_2$$

将上两式除以 $2g$ 并相减，可得

$$\frac{2u_2 c_2 \cos\alpha_2 - 2u_1 c_1 \cos\alpha_1}{g} = \frac{u_2^2 - u_1^2}{2g} + \frac{c_2^2 - c_1^2}{2g} + \frac{w_2^2 - w_1^2}{2g}$$

对于轴流泵 $u_2 = u_1$，因此泵的基本方程可写为

$$H_{T\infty} = \frac{c_2^2 - c_1^2}{2g} + \frac{w_2^2 - w_1^2}{2g} \tag{5.1}$$

式 (5.1) 表明在轴流泵中液体基本不受离心力的作用，所以没有离心力引起的部分扬程。

5.1.3　轴流泵的性能特点

轴流泵与离心泵相比，具有下列性能特点：

(1) 扬程随流量的减小而增大，扬程流量 H-Q 曲线陡降，并有转折点，如图 5.3 所示。

(2) 功率流量 P_{sh}-Q 曲线也是陡降曲线；当 $Q=0$（出水管闸阀关闭时），其轴功率 $P_{sh}=(1.2\sim 1.4)P_{sh}^*$，$P_{sh}^*$ 为设计工况下的轴功率。因此，轴流泵启动时，应当在闸阀全开情况下启动电动机，一般称为"开闸启动"。

(3) 效率流量 η-Q 曲线呈驼峰形，即高效工作区范围很小，流量在偏离设计工况点不远处，效率急剧下降。根据轴流泵的这一特点，采用闸阀调节流量是不利的。一般采取改变叶片离角的方法改变其性能曲线，故称为变角调节。大型全调式轴流泵，为了减小启动功率，通常在启动前先

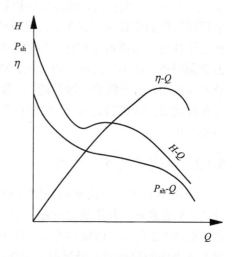

图 5.3　轴流泵性能曲线

关小叶片离角，待启动后再逐渐增大，充分发挥了全调式轴流泵的特点。

(4) 轴流泵的吸液性能，一般用有效汽蚀余量表示。轴流泵的汽蚀余量一般都很大，因此其最大允许吸上真空高度较小，有时叶轮常常需要浸没在液面下一定深度处才能工作。为了保证轴流泵在运行中不发生汽蚀，需合理考量轴流泵的进水条件（如吸液口浸没深度、吸液流道的形状等）、实际工况点与设计工况点的偏离程度，以及叶片的制造质量和泵的安装质量等因素。

5.2　旋　涡　泵

5.2.1　旋涡泵的结构和工作原理

旋涡泵是一种小流量、大扬程的叶片泵。它的流量范围在 0.05～12.5L/s 之间，单级旋涡泵输送清水扬程可达 300m。旋涡泵的结构主要包括叶轮(外缘带有径向叶片的圆盘)、泵体、泵盖以及由泵盖、泵体和叶轮组成的环形流道，如图 5.4 所示。

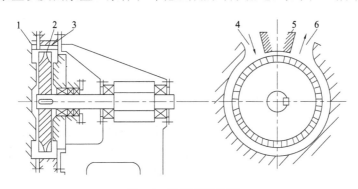

图 5.4　旋涡泵示意图

1. 泵盖；2. 叶轮；3. 泵体；4. 吸入口；5. 隔板；6. 排出口

泵内的液体分为叶片间的液体和流道内的液体两部分。当叶轮旋转时，在离心力的作用下，叶轮内液体的圆周速度大于流道内液体的圆周速度，形成如图 5.4 所示的"环形流动"。又因从吸入口到排出口液体跟着叶轮前进，这两种运动的合成运动，使液体产生与叶轮转向相同的"纵向旋涡"，如图 5.5 所示。

在纵向旋涡形成过程中，液体质点多次进入叶轮叶片间，通过叶轮叶片把能量传递给流道内的液体质点。液体质点每经过一次叶片，就获得一次能量。这也是相同叶轮外径情况下，旋涡泵比其他叶片泵扬程高的原因。并不是所有液体质点都通过叶轮，随着流量的增加，"环形流动"减弱。当流量为零时，"环形流动"最强，扬程最高。由于流道内液体是通过液体撞击而传递能量，同时会造成较大的撞击损失，因此旋涡泵的效率比较低。

除纵向旋涡外，在叶轮叶片进口边缘，由于液流的冲角很大，液体发生分离，液体离开叶片表面后形成旋涡。该旋涡方向与叶片进口边平行，即与叶片径向方向平行，所以称为径向旋涡。在一般旋涡泵中，径向旋涡传递能量作用小，可以忽略不计。纵向旋涡的大小直接与环形流道内液体的速度有关，即与流量有关。随着流量的增加，纵向旋涡减小。当环形流道内液体的速度接近于叶轮的圆周速度时，由于流道内和叶轮叶片间液体的离心力相同，不会产生纵向旋涡。反之，流量越小，液体在叶轮内的圆周速度和在环形流道内的圆周速度相差越大，离心力就相差越大，纵向旋涡随之变大，导致扬程越高。图 5.6 为旋涡泵性能曲线示意图。由图可见，当流量减小时，压头增加。

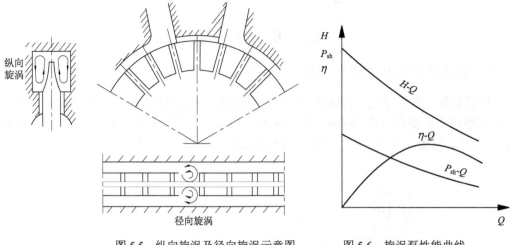

图 5.5　纵向旋涡及径向旋涡示意图　　图 5.6　旋涡泵性能曲线

旋涡泵和其他类型的泵相比，显著的优点是结构简单、制造方便，体积小、质量轻、扬程高，比同尺寸、同转速的离心泵要高 2～4 倍，具有自吸能力。缺点是：效率较低，最高不超过 50%，大多数在 20%～40%；抗汽蚀性能较差，适合抽送纯净的、低黏度的液体。

5.2.2　旋涡泵的流量调节

由于旋涡泵的性能特点是：流量下降时，扬程、功率反而增加，因而这种泵不能在远离正常流量的小流量下工作。流量调节也不能用简单的节流调节法，只能用旁路调节法，如图 5.7 所示。液体经吸入管路进入泵内，经排出管路阀门排出，有一部分经旁通管路流回吸入管路。排出流量由排出阀门和旁通阀门配合调节，在泵运转过程中，这两个阀至少有一个是开启

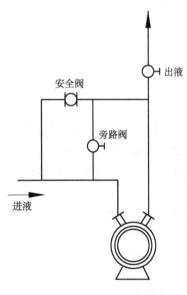

图 5.7　旋涡泵流量调节

的，以保证泵排出的液体有去处。若下游压力超过一定限度时，安全阀自动开启，让一部分液体返回进液管，以减轻泵及管路所承受的压力。当流量为零时，旋涡泵的轴功率最大。所以，启动时，泵的出口阀必须全开。

5.3　往复活塞泵

5.3.1　典型结构与工作原理

往复活塞泵由液力端和动力端组成。液力端直接输送液体，把机械能转换成液体的压力能；动力端将原动机的能量传给液力端。具体结构如图 5.8 所示。动力端由曲轴、连杆、十字头等部件组成；从十字头"断开"开始一直到泵的进、出口法兰处的部件称

为液力端，主要包括液缸、活塞和缸套、吸入阀、排出阀、填料函、缸盖等部件。

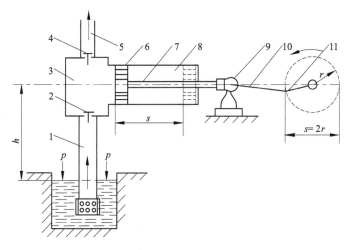

图 5.8　单作用活塞泵的工作原理示意图

1. 吸入管；2. 吸入阀；3. 工作室；4. 排出阀；5. 排出管；6. 活塞；7. 活塞杆；8. 活塞缸；
9. 十字头；10. 连杆；11. 曲柄

往复活塞泵属于容积泵，它是利用活塞在缸体内的往复运动使工作腔的容积发生周期性的变化，来实现输送液体的目的。如图 5.8 所示，当曲柄以角速度 ω 逆时针旋转时，活塞向右移动，液缸的容积增大、压力降低，被输送液体在压力差的作用下克服吸入管路和吸入阀等的阻力损失进入液缸内。当曲柄转过 $180°$ 后，活塞向左移动，液体被挤压，液缸内液体的压力急剧升高，在这一压力作用下，吸入阀关闭而排出阀打开，液缸内液体在压力差的作用下被送到排出管路中去。当往复泵的曲轴以角度 ω 不停旋转时，往复泵就不断地吸入和排出液体。

5.3.2　工作特性

往复活塞泵在一定转速下，流量 Q、功率 P_{sh} 和效率 η 与扬程 H 间的关系曲线（即性能曲线）如图 5.9 所示。

如图 5.9 所示，流量扬程（$Q\text{-}H$）曲线为平行于横坐标的直线；仅在高压下，由于泄漏损失增加，流量趋于降低。对于效率扬程（$\eta\text{-}H$）曲线而言，效率在很大范围内为常数，只有在压力很高或很低时才会降低。当压力很高时，效率降低是因泄漏增加引起的；当压力很低时，效率下降是因有效功率过小，即排出压力和流量都太小，几乎接近空转引起的。功率扬程（$P_{sh}\text{-}H$）曲线是急剧上升的曲线，因为扬程增大时，所消耗的功率也在增加。当活塞处于吸液行程时，液体因惯性而使流动滞后于活塞的运动，从而使缸内出现

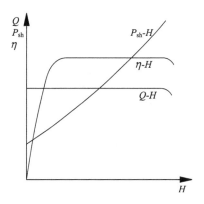

图 5.9　往复活塞泵性能曲线

低压，产生气泡，由此也会形成汽蚀，甚至水击现象。这对活塞泵的性能和寿命都有影响，限制了活塞泵转速的提高。

5.3.3 特点及应用场合

1. 往复活塞泵的特点

流量只取决于泵缸的几何尺寸(活塞直径 D 和行程 s)、曲轴转速 n，而与泵的扬程无关。只要驱动机功率足够大、泵的结构设计足够可靠，活塞泵可以获得任意高的扬程。活塞泵启动时，不同于离心泵关闭出水阀启动，而是要开阀启动。因自吸性能好，排出流量不均匀，所以应设法减小与控制排出压力和流量的脉动。

2. 往复活塞泵的应用场合

往复活塞泵适用于高压、小流量的场合。特别是流量小于 $100m^3/h$、排出压力大于 $10MPa$ 时，更显示出它较高的效率和良好的运行性能。它的吸入性能好，能抽吸各种不同介质、不同黏度的液体。因此，在石油化学工业、机械制造工业、造纸、食品加工、医药生产等方面应用很广。

5.4 螺 杆 泵

螺杆泵属于容积式转子泵，依靠由螺杆与螺杆、螺杆与衬套啮合形成的密封腔容积的变化来实现液体的输送。螺杆泵按螺杆数目分为单、双、三以及五螺杆泵。

5.4.1 螺杆泵典型结构

1. 单螺杆泵

单螺杆泵是一种内啮合的密闭式螺杆泵，结构如图 5.10 所示。它主要由螺杆、衬套、万向联轴器、传动轴和泵轴等零部件组成，依靠螺杆与衬套之间的内啮合相对运动，使啮合密封腔沿轴向运动，完成液体的输送过程。

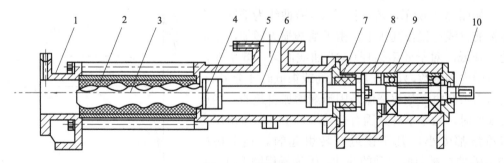

图 5.10　单螺杆泵

1. 压出管；2. 衬套；3. 螺杆；4. 万向联轴器；5. 吸入管；6. 传动轴；7. 轴封；8. 托架；9. 轴承；10. 泵轴

2. 双螺杆泵

双螺杆泵有密闭和不密闭两种类型，按介质从一端还是从两端进入啮合空间，又分为双吸式和单吸式两种结构。图 5.11 给出的是一台不密闭、双吸式螺杆泵。它的泵体内装有两根左、右旋单头螺纹的螺杆，主动螺杆 2 由动力机驱动旋转时，靠同步齿轮 1 带动从动螺杆 3 转动，两根螺杆以及螺杆与泵体 4 之间存在着间隙。间隙大小取决于输送介质的特性、工作压力等因素。由于每根螺杆两端螺纹的旋向方向相反，螺杆转动时，由螺杆啮合形成的泵工作腔，从位于螺杆两端的泵吸入室，逐渐向位于螺杆中部的压出室移动。

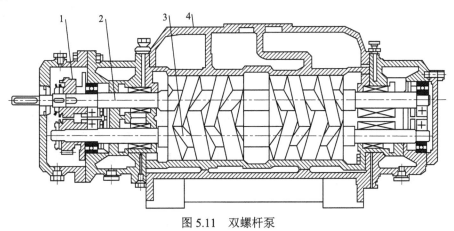

图 5.11 双螺杆泵

1. 同步齿轮；2. 主动螺杆；3. 从动螺杆；4. 泵体

3. 三螺杆泵

三螺杆泵是一种外啮合的密闭式螺杆泵，它是由一根主动螺杆 4、两根从动螺杆 5 和包围着三根螺杆的衬套 3 等零部件组成，如图 5.12 所示。其主动螺杆是双头凸螺杆，从动螺杆是双头凹螺杆，二者的螺旋方向相反。

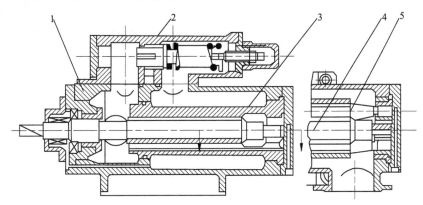

图 5.12 三螺杆泵

1. 泵体；2. 安全阀；3. 衬套；4. 主动螺杆；5. 从动螺杆

5.4.2　工作原理

单螺杆工作时，液体被吸入后进入螺纹与泵壳所围成的密闭空间，当螺杆旋转时，密封容积在螺牙的挤压下提高其压力，并沿轴向移动。由于螺杆按等速旋转，所以液体出口流量是均匀的。

双螺杆泵通过转向相反的两根单头螺纹的螺杆来挤压输送介质。一根主动，另一根从动，通过齿轮联轴器驱动。螺杆用泵壳密封，相互啮合时仅有微小的齿面间隙。由于转速不变，螺杆输送腔内的液体限定在螺纹槽内均匀地沿轴向向前移动，因而泵提供的是一种均匀的体积流量。每一根螺杆都有左螺纹和右螺纹，使通过螺杆两侧吸入口的沿轴向流入的液体在旋转过程中被挤压移向螺杆正中，并从那里挤入排出口。由于从两侧同时进液，因此在泵内取得了压力平衡。

5.4.3　特点及应用场合

螺杆泵的特点是：能量损失小、经济性能好，压力高而稳定、流量均匀、转速高，机组结构紧凑、传动平稳、经久耐用，工作安全可靠、效率高，加工工艺复杂，成本高。

螺杆泵几乎可用于任何黏度的液体，尤其适用于高黏度和非牛顿流体，如原油、润滑油、柏油、泥浆、黏土、淀粉糊等。也可用于精密和可靠性要求高的液压传动和调节系统中，还可作为计量泵。

5.5　滑　片　泵

5.5.1　典型结构与工作原理

滑片泵的结构如图 5.13 所示，具有径向槽道的转子装在具有偏心定子的泵体内，滑片位于转子的径向槽道中。滑片可以是两片或多片，转子旋转时在离心力或弹簧力(弹簧装在槽底)的作用下，滑片自转子体内甩出，沿定子内表面滑动。这些滑片和定子构成密闭的空腔随偏心增大，空腔逐渐增大；继续旋转时，空腔又逐渐减小为零，并将液体自吸入区开始吸进、充满于转子和滑片之间的空腔内，然后压向排出区，完成液体的输送过程。

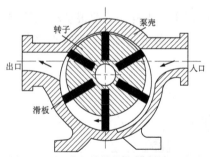

图 5.13　滑片泵结构与工作原理示意图

5.5.2　特点及应用场合

滑片泵的特点是具有快速的自吸能力，密封结构可靠；自灌及干运转能力好，滑片可自动调节，保持性能不变；结构简单，便于维修和检查。滑片泵应用范围广，流量可达 5000L/h。常用于输送润滑油和用在液压系统，适宜于在机床、压力机、制动机、提升装置和力矩放大器等设备中输送高压油。

5.6 齿 轮 泵

5.6.1 典型结构

齿轮泵分为外齿轮泵和内齿轮泵。外齿轮泵是由一对相互啮合的外齿轮、泵体和轴承等零部件组成，齿轮又分为主动齿轮和从动齿轮。工作时，从动齿轮靠与之啮合的主动齿轮驱动，两个转子用内置轴承支撑。内齿轮泵的两个齿轮形状不同，齿数也不一样。一个为环形状齿轮，能在泵体内浮动；中间一个是主动齿轮，与泵体成偏心位置。环状齿轮较主动齿轮多一齿，主动齿轮带动环状齿轮一起转动，利用两齿间空间的变化来实现液体的输送。还有一种内齿轮泵是环状齿轮比主动齿轮多两齿，在两齿轮间装有一块固定的牙形隔板，把吸排空间明显隔开。结构简图如图 5.14 和图 5.15 所示。在排出压力和流量相同的情况下，内齿轮泵的外形尺寸比外齿轮泵的要小。

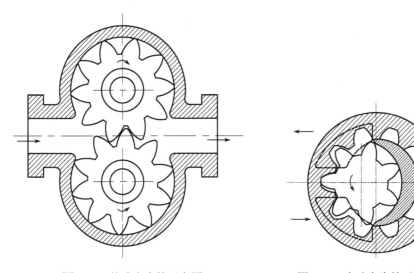

图 5.14 外啮合齿轮示意图　　　　图 5.15 内啮合齿轮示意图

5.6.2 工作原理

齿轮与泵壳、齿轮与齿轮之间具有较小的间隙。当齿轮沿图 5.14 和图 5.15 箭头所指方向旋转时，在轮齿逐渐脱离啮合的左侧吸液腔中，齿间密闭容积增大，形成局部真空，液体在压差作用下吸入吸液室。随着齿轮旋转，液体分两路在齿轮与泵壳之间被齿轮推动前进，送到右侧排液腔，在排液腔中两齿轮逐渐啮合，容积减小，齿轮间的液体被挤到排液口。齿轮泵一般自带安全阀，当排压过高时，安全阀启动，使高压液体返回吸入口。

5.6.3　特点及应用场合

　　齿轮泵也是一种容积式泵,与活塞泵不同之处在于没有进、排水阀,它的流量要比活塞泵更均匀,结构也更简单。齿轮泵结构轻便紧凑,制造简单,工作可靠,维护保养方便。齿轮泵一般都具有输送流量小和输出压力高的特点。

　　齿轮泵用于输送黏性较大的液体,如润滑油和燃烧油,不宜输送黏性较低的液体(例如水和汽油等),不宜输送含有颗粒杂质的液体(影响泵的使用寿命),可作为润滑系统油泵和液压系统油泵,广泛用于发动机、汽轮机、离心压缩机、机床以及其他设备。齿轮泵工艺要求高,不易获得精确的比配。

 思考题

　　1. 轴流泵由哪几部分组成?简述其工作原理。

　　2. 为什么离心泵启动前必须灌泵,而往复泵启动前通常不需要灌泵?

　　3. 齿轮泵分为哪几种类型?齿轮泵适合输送的物料有哪些?

　　4. 简述单、双和三螺杆泵的特点和基本性能。

　　5. 简述旋涡泵的基本结构组成和工作原理。

　　6. 对比分析离心泵、轴流泵、旋涡泵、往复活塞泵的优缺点。

第6章 离心式压缩机

6.1 概　述

离心式压缩机是透平式压缩机的一种，是借助高速旋转的叶轮对气体施加离心力的作用，使气体被压缩并获得很高的速度，然后让气体的速度急剧下降，使之获得较高压力能的机器。

离心式压缩机早期主要用于压缩空气，适用于中、低压和气体需求量很大的场合。随着气体动力学的深入研究以及高压密封技术、小流量窄叶轮的加工技术和多油楔轴承等关键技术的研究，离心式压缩机朝着宽流量、高压力范围发展。作为石油、化工等部门的关键生产设备，离心式压缩机近年来已广泛应用于制氧、尿素、酸、碱等工业当中，在原子能工业中及惰性气体的压缩中也采用离心式压缩机。

离心式压缩机的主要性能参数有排气压力、转速、排气量、功率和效率等。

(1) 排气压力。气体在压缩机出口处的绝对压力，单位为 kPa 或 MPa。

(2) 转速。压缩机转子单位时间内的转数，单位为 r/min。

(3) 排气量。压缩机单位时间内能压送的气体量。排气量可以是体积流量或质量流量，一般排气量是按照压缩机入口处的气体状态计算的体积流量，但也有按照压强 101.325kPa、温度为 273.15K 时的标准状态下计算的排气量。体积流量常用符号 Q 表示，单位为 m^3/s。质量流量常用符号 G 表示，单位为 kg/s。

(4) 功率。驱动压缩机正常运转所需的轴功率，单位为 kW。

(5) 效率。是衡量压缩机性能好坏的重要指标。驱动机把机械能传递给压缩机，压缩机对气体做功，使气体的能量增加。在能量转换的过程中，并不是输入的全部机械能都能转换成气体的能量，在转换的过程中存在着部分能量损失。损失的能量越少，气体获得的能量就越多，效率也就越高，反之则低。

6.1.1 离心式压缩机的特点

离心式压缩机与活塞式压缩机相比，具有以下优点：

(1) 离心式压缩机的排气量大，与活塞式压缩机相比，气体是连续流经离心式压缩机，在叶轮转速很高时，气流速度很高，因此排气量很大，且排气过程连续、稳定。

(2) 结构紧凑，占地面积相对较小。

(3) 不污染被压缩介质，特别适用于化学反应中原料气体的压缩。

(4) 易损零件少，便于检修，运转可靠，连续运转周期长，操作及维修工作量较少。

(5) 转速高，适用于汽轮机或燃气轮机直接驱动。可充分利用化工生产过程中的副产蒸气或高温烟气作为能源驱动，提高生产过程中的热能利用率，节约了能耗。

离心式压缩机虽然有许多优点，但也有以下缺点：

　　(1)离心式压缩机的效率一般比活塞式压缩机的效率低,离心式压缩机中的气流速度大,导致流道内的零部件表面产生较大的摩擦损失,降低了总效率。

　　(2)离心式压缩机的稳定工况区较窄,其气量调节虽较方便,但经济性稍差,特别是流量偏离设计点时,效率会有下降。当流量减小到一定程度时,压缩机会产生"喘振",如果处理不及时,可导致机器的损坏。

　　(3)离心式压缩机不适用于小流量及高压力比的场合。

6.1.2　离心式压缩机的基本结构及工作原理

　　离心式压缩机主要由定子和转子两部分组成,其结构如图6.1所示。定子是压缩机的固定元件,由吸气室、扩压器、弯道、回流器、排气室(蜗壳)、密封组件、入口导流器及机壳组成。转子包括转轴,以及安装在轴上的叶轮、轴套、平衡盘、推力盘和联轴器等。另外,为了维持压缩机安全、高效率的运转,还设有一些必需的辅助设备和系统,如油路系统、自动控制系统及故障诊断系统等。

　　从图中可以看出,该压缩机是由一个带有6个叶轮的转子以及与其相配合的固定部件所组成。为了节省能量及避免温度过高,压缩机分为三段,每段由两个叶轮及与其配合的固定组件组成。空气经过一段压缩后,从中间蜗壳引出到冷却器进行冷却,然后重新引入第二段继续进行压缩,直到由最后一级的蜗壳引出。离心式压缩机主要由以下构件组成。

　　(1)吸气室。其作用是把气体从进气管道或中间冷却器均匀地引入叶轮中,使气体以较均匀的流速流入叶轮,并使气体经过吸气室后不产生切向旋绕,减少了叶轮的能量损失。

　　(2)叶轮。是离心式压缩机中最重要的,且是唯一对气体做功的运动部件,工作时随着主轴高速旋转。气体在叶轮中受旋转离心力和扩压流动的作用,在流出叶轮时,气体的压力和速度都得到明显提高。

　　(3)扩压器。是离心式压缩机中的转能部件。气体从叶轮流出时速度很高,为了能充分利用这部分速度能,在叶轮出口处设置流通截面逐渐增大的扩压器,以将这部分速度能有效地转变为压力能。

　　(4)弯道。是设置于扩压器后的气流通道。其作用是将流经扩压器后的气体由离心方向改为向心方向,以便引入下一级叶轮继续压缩。

　　(5)回流器。其作用除了能引导气流从前一级进入下一级外,更重要的是能控制气流进入下一级叶轮时的预旋度,故回流器中一般都装有导叶来引导气流。回流器导叶的进口安置角是根据上一级从弯道出来的气流方向角决定的,其出口安置角决定了下一级叶轮进气的预旋度。

　　(6)蜗壳。其作用是收集各段最后一级排出的气流,使之导入中间冷却器中进行冷却,或者是引出机外。

　　(7)密封装置。为了减少转子与固定元件间的间隙漏气量,需装设密封装置。密封分内部密封、外部密封两种。内部密封的作用是防止气体在级间倒流,如轮盖处的轮盖密封、隔板和转子间的隔板密封。外部密封是为了减少机器内部的气体向外泄漏,或外界空气窜入机器内部而设置的,如在机壳的两端装设有前轴封和后轴封。

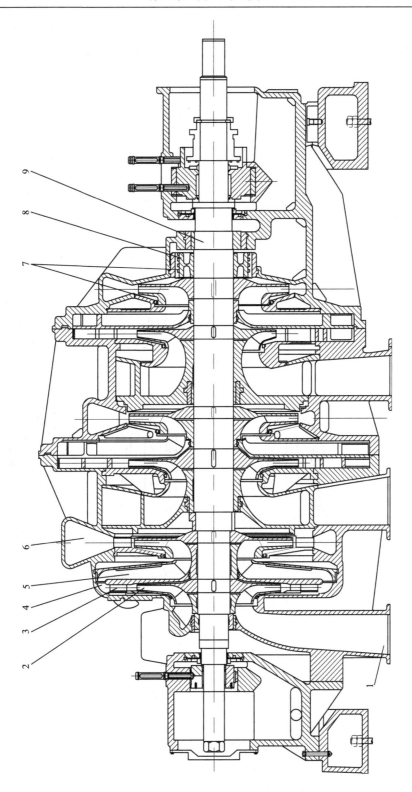

图 6.1　DA350-61 型离心式压缩机

1. 吸气室；2. 叶轮；3. 扩压器；4. 弯道；5. 回流器；6. 蜗壳；7. 密封装置；8. 平衡盘；9. 主轴

(8)平衡盘。在离心式压缩机中因每级叶轮两侧的气体作用力大小不等，转子受到一个指向低压端的合力，这个合力称为轴向力。轴向力的存在不利于压缩机的正常运行，容易引起止推轴承的损坏，使转子向一端窜动，与固定元件之间失去正确的相对位置，情况严重时，转子可能与固定部件碰撞造成事故。平衡盘是利用其两边气体压力差来平衡轴向力的零件。其一侧压力是末级叶轮出口气体压力，另一侧通向大气或与进气管相连，通常平衡盘只平衡了一部分轴向力，剩余的轴向力通过推力盘传递给止推轴承来承受，在平衡盘的外缘需安装气封，用来防止气体漏出，保持两侧的差压。另外，轴向力的平衡也可以通过叶轮的两面进气和叶轮的反向安装来平衡。

(9)主轴。是离心式压缩机的关键部件之一。其作用是传递功率、支承转子与固定元件的位置，以保证机器的正常工作。主轴与安装在主轴上的其他零件间一般采用过盈配合的方式。主轴按结构分为阶梯轴、节鞭轴和光轴三种类型。

在离心式压缩机的使用过程中，常遇到"级""段""缸"和"列"的概念。

"级"，是由一个叶轮及与其相配合的固定元件所构成。级是离心式压缩机做功的基本单元。一台离心式压缩机总是由一级或几级所组成。从级的类型来看，一般可分为首级、中间级和末级三类。首级由吸气室、叶轮、扩压器、弯道、回流器所组成。中间级是由叶轮、扩压器、弯道、回流器所组成。末级是由叶轮、扩压器和蜗壳所组成(有的末级只有叶轮和蜗壳而无扩压器)，如图6.2所示。

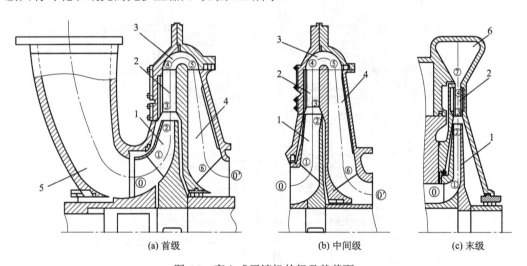

(a) 首级　　　　　　　　(b) 中间级　　　　　　　　(c) 末级

图6.2　离心式压缩机的级及其截面

1. 叶轮；2. 扩压器；3. 弯道；4. 回流器；5. 吸气室；6. 蜗壳；

⓪. 叶轮进口截面；①. 叶道进口截面；②. 叶道出口截面；③. 扩压器进口截面；④. 扩压器出口截面；⑤. 回流器进口截面；⑥. 回流器出口截面；⑦. 蜗壳进口截面；⓪′. 本级出口或下一级进口截面

"段"，是以中间冷却器以及进、排气口作为分段的标志。

"缸"，一个机壳称为一个缸，多机壳的压缩机称为多缸压缩机。叶轮数目较多时，如果都装在同一根主轴上，会使临界转速变得很低，导致工作转速与第二临界转速过于接近，这是不允许的。为使机器设计得更合理，压缩机各级需要采用不同转速时，也需分缸。

"列"，是压缩机缸的排列方式，一列可由一个或几个缸组成。

离心式压缩机的基本工作原理与离心泵有较多相似之处。驱动机（如汽轮机或电动机）带动离心式压缩机的主轴和叶轮高速旋转，旋转所产生的离心力将叶轮中心吸入的气体甩到叶轮外围，进入通流截面逐渐扩大的扩压器中去。因此在工作叶轮的中心就形成了稀薄的气体地带，需要被压缩的气体就会源源不断地从工作轮中心的进气通道进入叶轮，由于工作轮不断旋转，气体被连续不断地甩出去，从而保持了压缩机中气体的连续流动。通过叶轮对气体做功后，气体在叶轮和扩压器的流道内，利用离心升压作用和降速扩压作用，将机械能转换为气体的压力能。

当通过一级叶轮对气体做功、扩压后不能满足输送要求时，可通过使用多级叶轮串联起来的办法来达到出口压力的要求。为此，在扩压器后设置了弯道、回流器，使气体由离心方向变为向心方向，均匀地进入下一级叶轮进口，此时气体流过了一个"级"，再进入以后各级继续压缩。当气体经过数次压缩后，其温度明显上升，气体温度过高对压缩机的安全造成影响，所以将经过多级压缩后才能达到出口压力要求的压缩机分为若干段，每一段包含若干级，每一段内所包含的若干级可以是单缸的，也可以是多缸的，段与段之间必须设置中间冷凝器和气液分离器，以降低进入下一段气体的温度和脱除气体中的可凝组分。高压气体在末级由蜗壳汇聚后排出机外。

6.2　离心式压缩机热力过程分析

6.2.1　离心式压缩机的基本方程及应用

离心式压缩机中气体的流动形式是很复杂的，属于三元不稳定流动形式。为方便分析研究，通常把气体在压缩机流道中的流动按照一元定常流动形式来简化处理。即假设气流为稳定流动，且流过每一个流道截面时，同一截面上各点的气流参数相同，可用平均值表示。

6.2.1.1　连续方程

连续方程是质量守恒定律在流体力学中的数学表达，在一元定常流动的假设下，气体流过压缩机任何一个通流截面时的质量流量相等。其连续方程可写成

$$G = \rho_i Q_i = \rho_1 Q_1 = \rho_2 Q_2 = \rho_2 c_{2r} A_2 \tag{6.1}$$

式中，G 为流过压缩机的质量流量，kg/s；c_{2r} 为叶轮叶片出口处绝对速度的径向分量，m/s；A_2 为叶轮叶片出口处的横截面积，m^2；ρ_i，ρ_1，ρ_2 为压缩机任意截面 i、某级叶道入口及出口处的气体密度，kg/m^3；Q_i，Q_1，Q_2 为压缩机任意截面 i、某级叶道入口及出口处的气体体积流量，m^3/s。

6.2.1.2　欧拉方程

欧拉方程是用来计算原动机通过轴和叶轮将机械能转换给流体的能量，故欧拉方程是叶轮机械的基本方程。当 1kg 气体做一元定常流动流经叶片时，根据流体力学的动量

矩定理可得出适用于离心式压缩机的欧拉方程为

$$H_{th} = c_{2u}u_2 - c_{1u}u_1 \tag{6.2}$$

式中，H_{th} 为每千克气体所获得的能量，也称理论能量头，J/kg；c_{1u}，c_{2u} 为叶轮叶片进口、出口处绝对速度的圆周分量，m/s；u_1，u_2 为叶轮叶片进口、出口处的圆周速度，m/s。

式(6.2)表示了叶片对 1kg 气体所做的功。如果知道了叶片进、出口处气体的速度，在不考虑叶轮内部气体流动状态的情况下，可计算得到叶片对气体所做的功。

根据速度三角形，式(6.2)可表示为

$$H_{th} = \frac{u_2^2 - u_1^2}{2} + \frac{c_2^2 - c_1^2}{2} + \frac{w_1^2 - w_2^2}{2} \tag{6.3}$$

式中，c_1，c_2 为叶轮叶片进口、出口处的绝对速度，m/s；w_1，w_2 为叶轮叶片进口、出口处的相对速度，m/s。

欧拉方程表示了叶片与流体之间的能量转换关系，遵循能量守恒和转换定律。适用于气体和液体介质，在离心式压缩机和离心泵中均可使用。

气体进入压缩机叶轮的进口时，通常没有预旋，所以 c_{1u} 为 0，式(6.2)可简化为

$$H_{th} = c_{2u}u_2 \tag{6.4}$$

假设叶轮的叶片数无限多，式(6.4)可表示为

$$H_{th\infty} = c_{2u\infty}u_2 \tag{6.5}$$

由图 6.3 叶轮出口速度三角形可知，叶轮的叶片数为无限多时，气体流出叶片时的方向是沿着叶片出口安置角 β_{2A} 的方向流出的。实际上叶轮的叶片数是有限的，气体在实际叶轮中流动时，由于受到科里奥利力及气体轴向涡流的影响，气体在叶片内的流动情况很复杂，气体流出叶片时是沿着气流角 β_2 方向流出的。相对于无限多叶片而言，气体流出叶片时的相对速度由 w_∞ 偏移至 w_2，气体在叶片出口处的绝对速度由 c_∞ 偏移至 c_2，这种现象称为滑移现象，可引入滑移系数 μ 来表示。

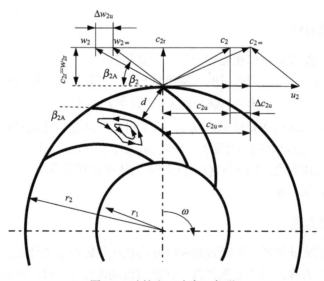

图 6.3　叶轮出口速度三角形

$$\mu = \frac{H_{th}}{H_{th\infty}} = \frac{c_{2u}}{c_{2u\infty}} \tag{6.6}$$

为了计算滑移系数，斯托多拉（Stodola）提出了半经验公式，其假设气体在叶片流道内的轴向旋涡转速等于叶轮的转速，且两者的转动方向相反。此时叶片出口处相对速度在圆周方向上的分速度变化量为 Δw_{2u}，其大小为

$$\Delta w_{2u} = \frac{\pi n}{60}\left(\frac{\pi D_2}{z}\sin\beta_{2A}\right) = u_2\frac{\pi}{z}\sin\beta_{2A} \tag{6.7}$$

式中，Δw_{2u} 为叶片出口处相对速度在圆周方向上的分速度变化量，m/s；n 为叶轮转速，r/min；D_2 为叶轮出口处直径，m；β_{2A} 为叶轮叶片出口安置角，°；z 为叶轮叶片数。

由图 6.3 可知叶轮叶片出口速度三角形关系有

$$\Delta c_{2u} = \Delta w_{2u} = u_2\frac{\pi}{z}\sin\beta_{2A}$$

$$c_{2u} = u_2 - c_{2r}\cot\beta_{2A}$$

$$c_{2u} = c_{2u\infty} - \Delta c_{2u}$$

则有

$$c_{2u} = c_{2u\infty} - \Delta w_{2u} = u_2 - c_{2r}\cot\beta_{2A} - u_2\frac{\pi}{z}\sin\beta_{2A} \tag{6.8}$$

将式（6.8）等号两边同时除以 u_2，可写成下列形式：

$$\frac{c_{2u}}{u_2} = 1 - \frac{c_{2r}}{u_2}\cot\beta_{2A} - \frac{\pi}{z}\sin\beta_{2A}$$

令 $\varphi_{2u} = \dfrac{c_{2u}}{u_2}$，$\varphi_{2r} = \dfrac{c_{2r}}{u_2}$；$\varphi_{2u}$ 称为周速系数，φ_{2r} 称为流量系数，则有

$$\varphi_{2u} = 1 - \varphi_{2r}\cot\beta_{2A} - \frac{\pi}{z}\sin\beta_{2A} \tag{6.9}$$

由式（6.4）、式（6.8）、式（6.9）和式（6.6），可得

$$H_{th} = c_{2u}u_2 = \varphi_{2u}u_2^2 = \left(1 - \frac{c_{2r}}{u_2}\cot\beta_{2A} - \frac{\pi}{z}\sin\beta_{2A}\right)u_2^2 \tag{6.10}$$

$$\mu = \frac{H_{th}}{H_{th\infty}} = \frac{c_{2u}}{c_{2u\infty}} = 1 - \frac{u_2\dfrac{\pi}{z}\sin\beta_{2A}}{u_2 - c_{2r}\cot\beta_{2A}} \tag{6.11}$$

式（6.10）是离心式压缩机计算能量和功率的基本方程式。由式可知，H_{th} 主要与叶轮出口处的圆周速度 u_2 有关，以及流量系数 φ_{2r}、叶片的出口安置角 β_{2A} 和叶片数量 z 等有关。

对于后弯型叶轮，按该式计算得到的能量值与实验结果较为接近，其他形式的叶轮需查阅相关手册资料。在离心式压缩机的计算中，滑移系数 μ 值的计算很重要，其影响到压缩机的级数、级的结构尺寸、级的气流参数等，压缩机级数越多，影响越大。

例题 6-1　DA350-61 型压缩机首级叶轮的外径 D_2=600mm，叶片出口安置角 β_{2A}=45°，出口叶片数 z=18，叶轮流量系数 φ_{2r} =c_{2r}/u_2=0.248，叶轮转速 n=8600 r/min。求 1kg 气体所获得的能量 H_{th}。

解：叶轮出口气流的周速系数

$$\varphi_{2u} = 1 - \frac{c_{2r}}{u_2}\cot\beta_{2A} - \frac{\pi}{z}\sin\beta_{2A}$$

$$= 1 - 0.248\cot 45° - \frac{\pi}{18}\sin 45° = 0.6286$$

叶轮轮缘的圆周速度

$$u_2 = \frac{\pi D_2 n}{60} = \frac{\pi \times 0.6 \times 8600}{60} = 270.18 \text{ m/s}$$

则 1kg 气体所获得的能量

$$H_{th} = \varphi_{2u} u_2^2 = 0.6286 \times 270.18^2 = 45\,886 \text{ J/kg}=45.886 \text{ k J/kg}$$

6.2.1.3　能量方程

根据能量守恒和转换定律，外界对离心压缩机级内气体所做的机械功和输入的热量可使级内气体温度(或热焓，即气体内能与静压能之和)升高和动能增加。对于级内 1kg 气体，其能量方程表达为

$$H_{tot} + q = c_p(T_{0'} - T_0) + \frac{c_{0'}^2 - c_0^2}{2} = h_{0'} - h_0 + \frac{c_{0'}^2 - c_0^2}{2} \tag{6.12}$$

式中，c_p 为比定压热容，J/(kg·K)；q 为外界传递给气体的热量，J/kg；H_{tot} 为外界输入的总功，J/kg；T_0，$T_{0'}$为级进口、出口处的气体温度，℃；h_0，$h_{0'}$为级进口、出口处的气体热焓，J/kg。

一般认为，离心式压缩机级内被压缩气体不从外界吸收热量，可认为气体在压缩机内做绝热流动，则 q=0。式(6.12)适用于离心式压缩机的整机、机内任意一级和级中的任一通流部件的能量转换关系。

6.2.1.4　伯努利方程

伯努利方程是能量守恒和转换的另一种表达形式，其将能量与压力能、动能及能量损失的关系建立起来。若气体做一元定常绝热流动，在忽略重力的影响下。对于级内 1kg 气体，一级叶轮的能量转化关系为

$$H_{th} = \int_0^{0'} \frac{\mathrm{d}p}{\rho} + \frac{c_{0'}^2 - c_0^2}{2} + H_{hyd} \tag{6.13}$$

式中，$\int_0^{0'} \frac{\mathrm{d}p}{\rho}$ 为一级叶轮进、出口静压能的增量，J/kg；H_{hyd} 为级内流道损失功，J/kg。

式(6.13)适用于离心式压缩机的整机、机内任意一级和级中的任一通流部件。

6.2.2　功率和效率

离心式压缩机通过叶轮对气体做功,使气体获得能量,气体在流动过程中会产生各种能量损失,使压缩机的效率下降。压缩机级中的能量损失主要有流道损失、漏气损失和轮阻损失。

1. 流道损失

流道损失功用符号 H_{hyd} 表示,流道损失是指气体在吸气室、叶轮、扩压器、弯道和回流器等元件中流动时产生的损失,主要包括:

(1)摩擦损失。由于气体是有黏性的,气体流经通流部件时,气体与流道壁面之间会产生摩擦损失。

(2)分离损失。气体流经流通截面逐渐变大的扩压器通道时,气流速度减小,静压增大的同时,沿壁面会产生气体倒流和旋涡区,出现分离损失。

(3)冲击损失。当流量偏离设计流量时,气流将在进口处冲击叶片的工作面或非工作面,造成冲击损失。

(4)二次涡流损失。气体在叶道、弯道转弯处,由于离心力的影响,出现叶片工作面压力大、非工作面压力小的情况。压力大时流速低,压力小时流速高,此时造成气体的流动,形成二次涡流,由此造成的涡流损失为二次涡流损失。

(5)尾迹损失。叶片尾部由于有一定的厚度,叶片两侧的边界层在尾部汇合,形成气流旋涡区,产生尾迹损失。

(6)波阻损失。当流道内气体速度达到声速时,气流传输波会发生叠加,形成压缩波,称为激波或波障。波障内能量损失很大,为不可逆过程。气流通过波障时将遇到很大阻力,穿过时会有很大能量损失,即波阻损失。

2. 漏气损失

在离心式压缩机中,由于气体压力差的影响,虽然在主轴、叶轮和固定组件之间采用了密封装置,但仍然有泄漏产生,如图 6.4 所示。因为泄漏的原因,叶轮中通过的气量要比压缩机的输出气量大,叶轮要多消耗一部分功,造成效率的下降。漏气损失功用符号 H_1 表示:

$$H_1 = \beta_1 H_{th} \tag{6.14}$$

式中, H_1 为漏气损失功,J/kg; β_1 为漏气损失系数,反映压缩机的泄漏情况,取值为 0.005~0.05,具体选取可查阅相关参考资料; H_{th} 为气体所获得的能量,也叫叶片功,J/kg。

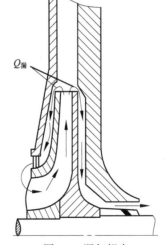

图 6.4　漏气损失

3. 轮阻损失

叶轮旋转时，轮盘、轮盖侧面及轮外缘与气体发生摩擦而产生的损失为轮阻损失。轮阻损失功用符号 H_{df} 表示。

$$H_{df} = \beta_{df} H_{th} \tag{6.15}$$

式中，H_{df} 为轮阻损失功，J/kg；β_{df} 为轮阻损失系数，一般 β_{df} 取 0.02～0.13，具体选取可查阅相关参考资料。

离心式压缩机所提供的能量，一部分用来克服流道损失、漏气损失和轮阻损失，最主要的一部分是用来提高气体的静压能和气体的动能。叶轮叶片对 1kg 气体的总能量，即总耗功为

$$H_{tot} = H_l + H_{df} + H_{hyd} + H_{pol} + H_m \tag{6.16}$$

式中，H_{tot} 为离心式压缩机的实际总耗功，J/kg；H_{pol} 为多变压缩功，J/kg；H_m 为气体进出口动能增加耗功，J/kg。

气体流经压缩机时，气体压力由级的进口 p_0 上升到级的出口压力 $p_{0'}$，该部分静压的提高需要消耗一部分压缩机输入的功，假设气体在压缩机内的热力过程为多变过程，则该部分静压的提高所需要的功，可用多变压缩功 H_{pol} 来表示。

$$H_{pol} = \frac{m}{m-1} p_0 V_0 \left[\left(\frac{p_{0'}}{p_0} \right)^{\frac{m-1}{m}} - 1 \right] \tag{6.17}$$

式中，m 为多变指数；下标 0 表示级的进口参数；下标 0'表示级的出口参数。

气体流经压缩机时，气体速度由级的进口速度 c_0 上升到级的出口速度 $c_{0'}$，这部分动能的提高也会消耗掉压缩机输入的部分功，即

$$H_m = \frac{c_{0'}^2 - c_0^2}{2} \tag{6.18}$$

由于离心式压缩机的进、出口气体速度相差不大，所以这部分功耗常常被忽略不计。

离心式压缩机的耗功分配关系如图 6.5 所示，可知压缩机的叶片功由多变压缩功、气体动能增加耗功和流道水力损失耗功三部分组成，即

$$H_{th} = H_{pol} + H_m + H_{hyd} \tag{6.19}$$

根据式(6.16)和式(6.19)，压缩机的实际总功耗也可表示为

$$H_{tot} = H_{th} + H_l + H_{df} = (1 + \beta_l + \beta_{df}) H_{th} \tag{6.20}$$

当压缩机内气体的质量流量为 $G(\text{kg/s})$ 时，压缩机的总功率为

$$P_{tot} = G H_{tot} = (1 + \beta_l + \beta_{df}) G H_{th} \tag{6.21}$$

式中，P_{tot} 为压缩机的总功率，W。

常用多变压缩功 H_{pol} 与实际总耗功 H_{tot} 之比来表示实际耗功的有效利用程度。其反映了压缩机的内部性能，称为多变效率 η_{pol}，表示为

$$\eta_{pol} = \frac{H_{pol}}{H_{tot}} \qquad (6.22)$$

式中，η_{pol} 为多变效率，也称压缩机的内效率。

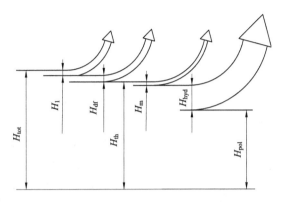

图 6.5　离心式压缩机的耗功分配

以上为离心式压缩机的各种功、功率和效率的计算方法，若再考虑压缩机外部的传动机构、轴承等引起的功耗，则可以求出原动机传递给压缩机轴端的轴功率 P_{sh}：

$$P_{sh} = \frac{P_{tot}}{\eta_m} \qquad (6.23)$$

式中，η_m 为机械效率。

例题 6-2　已知 DA350-61 离心式压缩机某一级的叶片功 H_{th}=45.91 kJ/kg；压缩机内气体的质量流量 G=6.95 kg/s；轮阻损失系数 β_{df}=0.03；漏气损失系数 β_l=0.012；多变效率 η_{pol}=83%；气体进口流速 c_0=29.5 m/s，出口流速 $c_{0'}$=67 m/s。试计算该压缩机的漏气损失功 H_l、轮阻损失功 H_{df}、总功耗 H_{tot}、多变压缩功 H_{pol}、流道损失功 H_{hyd} 及总功率 P_{tot} 的值。

解： 由式(6.14)、式(6.15)式(6.20)可得

$$H_l = \beta_l H_{th} = 0.012 \times 45.91 = 0.551 \ \text{kJ/kg}$$

$$H_{df} = \beta_{df} H_{th} = 0.03 \times 45.91 = 1.377 \ \text{kJ/kg}$$

$$H_{tot} = H_{th} + H_l + H_{df} = (1 + \beta_l + \beta_{df}) H_{th}$$
$$= (1 + 0.012 + 0.03) \times 45.91 = 47.838 \ \text{kJ/kg}$$

由式(6.22)可求得多变压缩功

$$H_{pol} = \eta_{pol} H_{tot} = 0.83 \times 47.838 = 39.706 \ \text{kJ/kg}$$

由式(6.18)可得气体进出口动能增加耗功为

$$H_m = \frac{c_{0'}^2 - c_0^2}{2} = \frac{67^2 - 29.5^2}{2} = 1809 \text{J/kg} = 1.809 \ \text{kJ/kg}$$

根据式(6.19)可求得流道损失功

$$H_{hyd} = H_{th} - H_{pol} - H_m = 45.91 - 39.706 - 1.809 = 4.395 \text{ kJ/kg}$$

根据式(6.21)可得总功率为

$$P_{tot} = GH_{tot} = 6.95 \times 47.838 = 332.47 \text{ kW}$$

6.2.3　级间温度、压力的计算

气体在压缩过程中，不仅压力会发生变化，气体的温度、比体积、体积流量等参数也会发生变化。这些状态参数的变化对于设计离心式压缩机极为重要。为了对离心式压缩机内的过程有更清楚的认识，下面主要讨论级中气流的温度和压力变化情况。

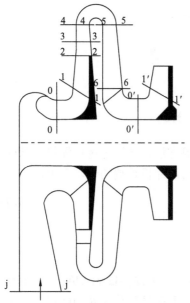

图 6.6　离心式压缩机第一级的流通截面

j-j. 第一级的进口截面；0-0. 叶轮进口截面；
1-1. 叶轮叶片进口截面；2-2. 叶轮叶片出口截面；
3-3. 扩压器进口截面；4-4. 扩压器出口截面；
5-5. 回流器进口截面；6-6. 第一级的出口截面

在离心压缩机中，叶轮是唯一对气体做功的部件，但在一般情况下，由于气体通过机壳与外界的热传递可忽略不计。因此，如图 6.6 所示，在叶轮前部从进气室法兰 j-j 截面到叶轮叶片进口截面 1-1 中的任意截面，气流属于滞止状态(滞止状态下的气流参数称为滞止参数，用上标"*"表示)，气流的滞止温度将保持不变。故气流滞止温度将与级的进口气流的滞止温度相同，有

$$T_{前}^* = T_j^* \tag{6.24}$$

式中，$T_{前}^*$为叶轮叶片以前截面的滞止温度，K；T_j^*为叶轮进口截面的滞止温度，K。

气体流经叶轮到 2-2 截面，外界通过叶轮输入的功为实际功 H_{tot}，造成了气流滞止温度的升高，即

$$T_{后}^* = T_j^* + \frac{H_{tot}}{R \dfrac{k}{k-1}} \tag{6.25}$$

式中，H_{tot}为离心式压缩机的实际总耗功，J/kg；R 为气体常数，J/(kg·K)；k 为气体绝热指数；$T_{后}^*$为叶轮叶片以后截面的温度，K。

按上述滞止温度在叶轮前后各自保持不变的基本规律可得出气流温度 T、滞止温度 T^* 和流速 c 之间的基本关系为

$$T^* = T + \frac{H_{tot}}{R \dfrac{k}{k-1}} = T + \frac{c^2}{2R \dfrac{k}{k-1}} \tag{6.26}$$

叶轮叶片以后各截面的温度，由式(6.25)和式(6.26)，可以把级的任意截面(i-i)上的气流温度 T_i 表示为

$$T_i = T_i^* - \frac{c_i^2}{2R\frac{k}{k-1}} = T_j + \frac{H_{\text{tot}}}{R\frac{k}{k-1}} + \frac{c_j^2}{2R\frac{k}{k-1}} - \frac{c_i^2}{2R\frac{k}{k-1}} \tag{6.27}$$

由于

$$H_{\text{tot}} = \frac{k}{k-1}R(T_i^* - T_j^*)$$

式中，T_i^* 为滞止状态叶轮叶片任意截面的热力学温度，K；T_j^* 为滞止状态叶轮进口截面的热力学温度，K；T_i 为叶轮叶片任意截面的热力学温度，K；T_j 为叶轮进口截面的热力学温度，K；c_i 为截面 i-i 气流的流速，m/s；c_j 为叶轮进口截面 j-j 气流的流速，m/s。

令 $\Delta T_i = T_i - T_j$ 为级的任意截面上气流温度与级的进口气体温度 T_j 之差。由式(6.27)可得

$$\Delta T_i = T_i - T_j = \frac{H_{\text{tot}}}{R\frac{k}{k-1}} - \frac{c_i^2 - c_j^2}{2R\frac{k}{k-1}} \tag{6.28}$$

对于叶轮叶片以前的流道，因叶片还没给气体做功，故其 $H_{\text{tot}}=0$，则温差 ΔT_i 为

$$\Delta T_i = -\frac{c_i^2 - c_j^2}{2R\frac{k}{k-1}} \tag{6.29}$$

则任意截面(i-i)的气流温度为 T_i 为

$$T_i = \Delta T_i + T_j \tag{6.30}$$

例题 6-3 已知 DA350-61 离心式压缩机，其空气的等熵指数 $k=1.4$；$R=288.4$ J/(kg·K)；叶轮实际总耗功 $H_{\text{tot}}=47.829$ kJ/kg；级的进口气体温度 $T_j=20℃$，流速 $c_j=31.4$ m/s；叶轮进口 0-0 截面流速 $c_0=92.8$m/s，1-1 截面流速 $c_1=109$m/s，2-2 截面流速 $c_2=183$m/s，4-4 截面流速 $c_4=69.3$m/s，6-6 截面流速 $c_6=69$m/s。试求第一级各主要截面上的气流温度，各截面位置如图 6.6 所示。

解： 由气流温差公式(6.28)和气流温度公式(6.30)，可求出各截面的气体温度，列成表 6.1(温度表示为℃)。

表 6.1 级的主要截面上的气流温度 T_i

截面	气流温差 $\Delta T = \dfrac{H_{\text{tot}}}{R\frac{k}{k-1}} - \dfrac{c_i^2 - c_j^2}{2R\frac{k}{k-1}}$	气流温度 $T_i = T_j + \Delta T$
0-0	$\Delta T_0 = -\dfrac{92.8^2 - 31.4^2}{2\times288.4\times\frac{1.4}{1.4-1}} = -3.77$	$T_0 = 20 - 3.77 = 16.23$
1-1	$\Delta T_1 = -\dfrac{109^2 - 31.4^2}{2\times288.4\times\frac{1.4}{1.4-1}} = -5.4$	$T_1 = 20 - 5.4 = 14.6$

截面	气流温差 $\Delta T = \dfrac{H_{\text{tot}}}{R\frac{k}{k-1}} - \dfrac{c_i^2 - c_j^2}{2R\frac{k}{k-1}}$	气流温度 $T_i = T_j + \Delta T$
2-2	$\Delta T_2 = \dfrac{47829}{288.4 \times \dfrac{1.4}{1.4-1}} - \dfrac{183^2 - 31.4^2}{2 \times 288.4 \times \dfrac{1.4}{1.4-1}} = 31.3$	$T_2 = 20 + 31.3 = 51.3$
4-4	$\Delta T_4 = \dfrac{47829}{288.4 \times \dfrac{1.4}{1.4-1}} - \dfrac{69.3^2 - 31.4^2}{2 \times 288.4 \times \dfrac{1.4}{1.4-1}} = 45.51$	$T_4 = 20 + 45.51 = 65.51$
6-6	$\Delta T_6 = \dfrac{47829}{288.4 \times \dfrac{1.4}{1.4-1}} - \dfrac{69^2 - 31.4^2}{2 \times 288.4 \times \dfrac{1.4}{1.4-1}} = 45.53$	$T_6 = 20 + 45.53 = 65.53$

为了便于计算离心式压缩机级的压力 p 在各截面上的变化，在一般设计计算中，可把整个级中的气体状态参数的变化，看作是按照同一个多变指数 m 进行变化的。在多变压缩过程中，气体的压力参数、指数系数 σ 符合下列关系，即

$$\frac{p_i}{p_j} = \left(\frac{T_i}{T_j}\right)^{\frac{m}{m-1}} = \left(\frac{T_i}{T_j}\right)^{\sigma} \tag{6.31}$$

式中，p_j 为级的进口气体的压力；p_i 为级的任意某一截面上的气流压力；T_i 为叶轮叶片任意截面的温度，K；T_j 为叶轮进口截面的温度，K。

由式(6.31)可知求各截面气体压力的变化，前提是需要确定多变指数 m 和气体温度的变化。由式(6.27)可确定各截面气体温度的变化，而多变指数 m 或指数系数 σ 可由多变效率确定。多变效率表示为

$$\eta_{\text{pol}} = \frac{H_{\text{pol}}}{H_{\text{tot}}}$$

气体多变功可表示为

$$H_{\text{pol}} = \frac{m}{m-1} p_j V_j \left[\left(\frac{p_c}{p_j}\right)^{\frac{m-1}{m}} - 1\right] = R\frac{m}{m-1}(T_c - T_j)$$

忽略进出口气体速度差，离心式压缩机的实际总耗功可表示为

$$H_{\text{tot}} = \frac{k}{k-1} R(T_c - T_j)$$

将其代入多变效率方程可得

$$\eta_{\text{pol}} = \frac{m}{m-1} \frac{k-1}{k}$$

因此，指数系数为

$$\sigma = \frac{m}{m-1} = \frac{k}{k-1} \eta_{\text{pol}} \tag{6.32}$$

式中，σ 为指数系数；m 为多变指数；η_{pol} 为压缩机的内效率，也称多变效率。

综上所述，若已知压缩机的多变效率，就可以获得指数系数，从而计算出级中任意截面的压力。

例题 6-4 已知 DA350-61 离心式压缩机级的多变效率 η_{pol} =81%；级的进口压力 p_j=0.1MPa；级的质量流量 G=6.95kg/s；级的进口温度 T_j =20℃；空气的气体常数 R= 288.4 J/(kg·K)；级的进口流速 c_j=31.4 m/s；其他各截面的流速和气体温度列于表 6.2。试计算出该压缩机第一级各主要截面上的气流压力。

表 6.2 压缩机第一级的各截面情况

参数	j-j	0-0	1-1	2-2	4-4	6-6
流速 c_i /(m/s)	31.4	92.8	109	183	89.3	69
气体温度 T_i /℃	20	16.34	14.6	51.3	65.5	65.5
气体温差 ΔT_i /℃	0	−3.77	−5.4	31.8	45.5	45.5

解：级的各截面的气体压力 p_i 的计算。

首先，可由式(6.32)求出指数系数，即

$$\sigma = \frac{m}{m-1} = \frac{k}{k-1}\eta_{pol} = \frac{1.4}{1.4-1}\times 0.81 = 2.835$$

然后，应用式(6.31)计算各截面气体的压力，结果列于表 6.3。

表 6.3 级的各主要截面上的气流压力

截面	计算公式	各截面上的气流压力/MPa
0-0	$p_0 = p_j\left(1+\dfrac{T_0}{T_j}\right)^{\sigma} \approx p_j\left(1+\sigma\dfrac{\Delta T_0}{T_j}\right)$	$p_0 = 0.1\times\left(1-2.835\times\dfrac{3.77}{293}\right) = 0.0963$
1-1	$p_1 = p_j\left(1+\sigma\dfrac{\Delta T_1}{T_j}\right)$	$p_1 = 0.1\times\left(1-2.835\times\dfrac{5.4}{293}\right) = 0.948$
2-2	$p_2 = p_j\left(1+\dfrac{\Delta T_2}{T_j}\right)^{\sigma}$	$p_2 = 0.1\times\left(1+\dfrac{31.3}{293}\right)^{2.835} = 0.1333$
4-4	$p_4 = p_j\left(1+\dfrac{\Delta T_4}{T_j}\right)^{\sigma}$	$p_4 = 0.1\times\left(1+\dfrac{45.5}{293}\right)^{2.835} = 0.1505$
6-6	$p_6 = p_j\left(1+\dfrac{\Delta T_6}{T_j}\right)^{\sigma}$	$p_6 = 0.1\times\left(1+\dfrac{45.5}{293}\right)^{2.835} = 0.1505$

6.2.4 离心式压缩机级的性能曲线及工况

6.2.4.1 离心压缩机性能曲线

为反映压缩机级的特性，可把不同流量下的级压力比与流量的关系以及多变效率与流量的关系，用曲线形式表示，并称之为级的性能曲线。通过级的试验测量可得到

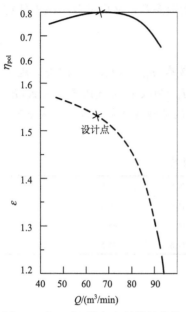

图 6.7　离心式压缩机级的性能曲线

图 6.7 所示某离心式压缩机级的性能曲线。为了对离心式压缩机级的性能有更深刻的了解，可分析形成这种级压力比和级效率曲线的原因。由图 6.8 所示，在后弯式叶轮圆周速度 u_2 和叶轮叶片出口安置角 β_{2A} 一定的情况下，随着级的进气流量的增加，叶轮出口相对速度 w_2 和绝对速度的径向分量 c_{2r} 也随之变大。叶轮出口绝对速度的圆周分量 c_{2u} 将随着流量的增大而减小。由式(6.10)可知，叶轮的叶片功 H_{th} 随着流量的增大而减小。如图 6.9 中级的性能曲线中直线 2 所示，压缩机的叶片功 H_{th} 随进入压缩机级的流量的增加而减小。

由式(6.19)可知压缩机的叶片功由多变压缩功、气体动能增加耗功(常忽略不计)和流道损失耗功组成。从叶片功中减去流道损失功耗就得出多变压缩功，如图 6.9 的曲线 3 所示。下面分析流道损失功在不同流量时的情况。为了性能曲线分析的方便，在讨论中将上一节中的流道损失分为流动损失和冲击损失。

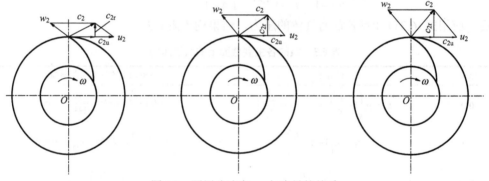

图 6.8　圆周分速度 c_{2u} 与流量的关系

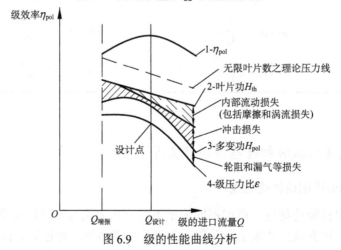

图 6.9　级的性能曲线分析

与流动损失随着流量的增大成二次方增大的特点所不同，冲击损失在设计流量时，由于气流方向基本上与流道的叶片方向一致，此时的冲击损失最小。随着实际流量与设计流量的偏差变大(包括流量增大和减小)，其都会使气流方向角与叶片安置角之间的偏差变大，这种偏差的变大，都会引起冲击损失的急剧增加。

由式(6.17)可知，级的压力比 ε 大致与多变功 H_{pol} 成正比，如图 6.9 的曲线 4 所示，级压力比和流量的关系曲线的形状基本上与多变功和流量的关系曲线相似，关于级效率曲线，一般来说在设计流量时，级的流动情况比较好，具有最高的效率。随着流量的增大，由于流动损失和冲击损失都增大得较快，级效率在流量增大时下降。在流量小于设计流量的情况下，一方面由于冲击损失的增加，另一方面由于有效流量的减少使漏气损失和轮阻损失增加，也使级的效率下降。这就是级效率曲线出现图 6.9 所示的两头低中间高形状的原因。

压缩机级的性能曲线除反映级的压力比和流量、效率和流量的关系外，同时也反映了级的稳定工作范围。当压缩机级的流量减小到一定程度时，由于轴向旋涡等的影响，造成叶道里的速度很不均匀并出现倒流，这样就很容易使流道里的气流引起严重的脱离现象，使级的压力突然下降。这时，级后或压缩机后的高压气体就会出现倒流到叶轮中的现象，使级或压缩机产生喘振而无法工作。为了说明压缩机级的稳定工作范围，通常只要指出设计流量到喘振流量之间的范围即可，把设计流量到喘振流量的范围称为稳定工作区。对于具有不同的叶片出口安置角 β_{2A} 的叶轮来说，β_{2A} 越大，叶轮流道中的气流越容易出现速度不均匀的现象，越容易引起喘振。因此，其稳定工作范围就比较小。

6.2.4.2　离心压缩机工况

离心式压缩机的稳定运行是工业生产的重要保障，但在实际运行过程中却有喘振工况、堵塞工况和稳定工况三种形式，如图 6.10 所示。

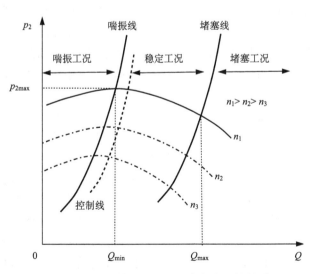

图 6.10　不同转速下出口压力与流量的关系

1. 喘振工况

离心式压缩机在不同转速 n 下均有一条出口压力 p_2 与流量 Q 曲线与之对应,在转速恒定情况下,随着流量的逐渐减少,压缩机的出口压力先是逐渐增大,当达到该转速下最大出口压力时,此刻的流量为离心式压缩机其所限定的最低流量,叫作喘振流量,记作 Q_{min},如图 6.10 所示,流量若再减小,则机组进入喘振工况,此时压缩机流道中会出现严重的气体介质涡动,流动严重恶化,使压缩机出口压力突然大幅度下降。由于同压缩机相连的管网压力并不马上降低,于是管网中原气体压力就会大于压缩机出口压力,因而管网中的气流就会倒流向压缩机,直到管网中的压力降至压缩机出口压力时倒流才停止。压缩机又开始向管网供气,压缩机的流量又增大,恢复正常工作,但当管网中的压力恢复到原来压力时,压缩机流量又减少,系统中气体又产生倒流,如此周而复始,产生周期性气体振荡,并发出吼叫声的现象就称为"喘振",与之对应的不稳定工况称为喘振工况。

离心式压缩机的喘振是一个很复杂的物理现象,既与气流边界层有关,又与压缩机所在的管网系统特性有关。其根本原因是压缩机的流量小于喘振流量,而生产减量过多、吸入气源不足、入口过滤器堵塞、管道阻力大、叶轮通道或气流通道堵塞等都会造成流量减少。管网阻力增大、进气压力过低、压缩机转速变化等都会使得压缩机的出口压力低于管网压力。

喘振会造成叶片强烈振动,叶轮应力大大增加,噪声加剧,使整个机组发生强烈振动,并可能损坏轴承、密封,进而造成停车或严重的事故。具体有以下预防措施。

合理控制防喘振安全裕度,根据离心压缩机性能曲线,在喘振线的流量大出 5% ～ 10%的右侧采用了一条"防喘振线"作为防喘振调节器的给定值曲线,图 6.10 所示的控制线,它与喘振线之间的区域是压缩机的安全边界,称为安全裕度。它是在一定工作转速下,正常流量与该转速下喘振流量之比值。当压缩机工作点到达"防喘振线"时,防喘振调节阀打开,以使工作点右移进入安全区,从而避免喘振的发生。

采用变频器来控制压缩机转速,压缩机在开始运行时,负荷最大,随着压缩机的运行平稳,其压差与流量均有所降低,降低运行转速,不仅避免压缩机的喘振,还减少不必要的能量损失。

在离心压缩机的进口安装温度、流量监视仪表,出口安装压力监视仪表,一旦压缩机已接近喘振工况区时能及时发出报警,以提前采取措施,防患于未然。

调节压力,压缩机在高于设定压力的条件下工作时,可通过进口节流的方式维持出口压力,或打开防喘振调节阀将部分压力放空;也可加装旁通管,采用旁通回流的方法,使排出压力保持在设定的压力下,使其流量维持在所限定的最低流量之内。

运行操作人员应了解压缩机的工作原理,随时注意机器所在的工况位置,熟悉各种监测系统和调节控制系统的操作,尽量使机器不致进入喘振状态。一旦进入喘振应立即加大流量退出喘振或立即停机。停机后,应经开缸检查无隐患,方可再开动机器。

只要备有防喘振措施,特别是操作人员认真负责严格监视,则定能防止喘振的发生,确保机器的安全运行。

2. 堵塞工况

当压缩机的流量加大到某个最大值 Q_{max} 时，压力比和效率垂直下降，流道中某喉部处气流达到临界状态，此时就会出现堵塞工况，所以压缩机级性能曲线右端最大只能到 Q_{max}。这可能出现两种情况：一种情况是在压缩机流道中某个截面出现音速，任凭降低压缩机的背压，流量也不可能再加大；另一种情况是流量加大，导致摩擦损失和冲击损失都很大，叶轮对气体做的功全部用来克服流道损失，使级中气体压力得不到提高。

3. 稳定工况

喘振工况与堵塞工况之间的区域称为稳定工况区。稳定工况区的宽窄是衡量压缩机性能的重要指标之一，衡量压缩机性能好坏的标准，不仅在于设计流量下要有较高的效率和较高的压力比，还要有较宽的稳定工作范围。影响稳定工作范围的因素有很多，其中叶片出口安置角有较大的影响。实验证明，由叶片出口安置角小的后弯叶片型叶轮组成的级，具有较宽的稳定工作范围。

另外，级的性能曲线与压缩机的性能曲线形状基本一样，但由于受逐级气流密度的变化与影响，压缩机级数越多，则气体密度变化的影响越大，压缩机的性能曲线越陡，喘振流量越大，堵塞流量越小，其稳定工况区越窄。转速越高，压力比越大，稳定工况区也越窄。就压缩机的性能好坏而言，其最佳效率越高，效率曲线越平坦，稳定工作范围越宽，压缩机的性能越好，反之亦然。

6.3　叶　　轮

叶轮又称工作轮，叶轮在工作中随主轴高速旋转，是离心式压缩机转子上最主要的部件。

6.3.1　叶轮的分类

6.3.1.1　按结构形式分类

若按结构形式的不同，叶轮可分为闭式、半开式和双面进气式三种，其类型和结构形式如图 6.11、图 6.12 所示。

　　　　(a) 闭式叶轮　　　　　　　　(b) 半开式叶轮　　　　(c) 双面进气式叶轮

图 6.11　叶轮类型

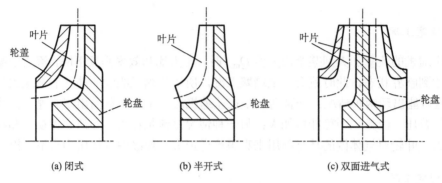

图 6.12　叶轮结构形式

　　闭式叶轮由轮盘、叶片和轮盖组成。因轮盖应力较大，限制了转速的提高，一般 u_2 小于 300 m/s；轮盖处装有气体密封，减少了内泄漏损失，叶片槽道间潜流引起的损失也不存在，加上闭式叶轮对气体流动较为有利，因此效率相比另外两种叶轮要高。另外，叶轮和机壳侧面间隙也不像半开式叶轮那么要求严格，可以适当放大，使叶轮检修时拆装方便。闭式叶轮在制造上虽然较另外两种复杂，但因其漏气量小、性能好、效率高、做功量大、单级增压较高等优点，故在压缩机中得到广泛的应用。

　　半开式叶轮由轮盘和叶片(叶片均布在轮盘一侧)组成。结构一侧敞开，另一侧被轮盘所封闭，因结构不带轮盖，对强度有利，u_2 可达 450～540 m/s，但叶轮侧面间隙很大，有一部分气流速度较高的气体从叶轮出口倒流回进口，内泄漏损失大。此外，叶片两边存在压力差，使气体通过叶片顶部从一个槽道潜流到另一个槽道，故半开式叶轮的效率要比闭式叶轮的低。

　　双面进气叶轮由轮盘和叶片(叶片均布在轮盘两侧)组成。结构的对称不仅可以两面进气，而且叶轮的轴向力可自身达到平衡，但因该结构和制造工艺较为复杂，故在大流量的压缩机或多级压缩机的第一级多采用该结构。

6.3.1.2　按叶片弯曲形式分类

　　若按叶片弯曲形式的不同，根据叶片出口安置角 β_{2A} 小于、等于和大于 90°的情况，叶轮可分为后弯型叶轮、径向型叶轮和前弯型叶轮三种，如图 6.13 所示。

　　后弯型叶轮($\beta_{2A}<90°$)，其叶片的弯曲方向与叶轮的旋转方向相反，该叶轮产生的能量头较低，但其静压能所占的比例较大，同时气体在流道中产生的边界层分离较小，故其效率较高；效率作为离心压缩机的重要经济指标，故离心压缩机普遍采用后弯型叶轮。

　　根据叶片出口安置角 β_{2A} 所在范围 15°～60°的不同，后弯型叶轮又可分为强后弯型($\beta_{2A}=15°～30°$)和正常后弯型($\beta_{2A}=30°～50°$)叶轮两种。强后弯型叶轮在水泵中用得较多，故又称水泵型叶轮，其在中、小流量的高压压缩机最后几级中的应用效果较好；而正常后弯型叶轮常用于大、中型流量的压缩机级，故又称压缩机型叶轮。

　　径向型叶轮($\beta_{2A}=90°$)，其又分为径向出口叶片型和径向式叶片型，径向式叶片型叶轮进口部分称为导风轮(可以分开加工，也可以与叶片整体成型)，气流轴向流入导风

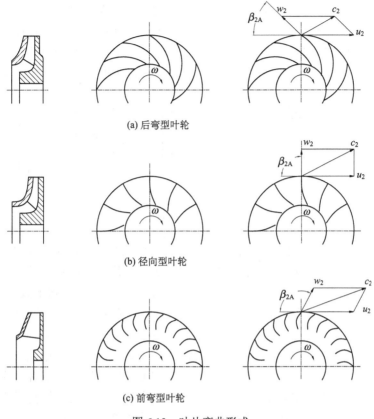

(a) 后弯型叶轮

(b) 径向型叶轮

(c) 前弯型叶轮

图 6.13　叶片弯曲形式

轮，经过导风轮的导流，再进入径向式叶片槽道。径向出口叶片型叶轮不设导风轮，轴向尺寸短，由于扩压度大，出口速度较后弯叶轮大，因此效率低。

前弯型叶轮 ($\beta_{2A} > 90°$)，其叶片的弯曲方向与叶轮的旋转方向相同，该叶轮产生的能量头较大，但其中的动能部分所占的比例较大，同时因前弯型叶轮的叶片流道较短，叶片弯曲度大，叶片流道截面增加快，气体在中间容易产生边界层分离，所以效率低，故在压缩机中多不采用。

6.3.1.3　按叶片形状分类

若按叶片形状的不同，叶轮可分为单圆弧、双圆弧、直叶片和空间扭曲叶片四种，压缩机中的叶轮大多数采用单圆弧叶片，少数采用双圆弧叶片。空间扭曲叶片大大改善了气体的流动性能，使叶轮效率得到提高，但加工较为困难，在大流量压缩机中已开始应用。

6.3.1.4　按制造工艺分类

若按叶轮制造工艺的不同，叶轮可分为铆接、焊接、精密浇铸、钎焊及电火花加工等形式。

铆接叶轮的叶片常用钢板压制成型，分别与轮盘、轮盖铆接在一起。铆接时的叶片按截面形状不同又可分为 U 形叶片、Z 形叶片、整体铣制叶片、穿孔叶片和带有榫头叶片五种形式，如图 6.14 所示。除整体铣制叶片外的另外四种叶轮都属于一般铆接叶轮。其中，U 形叶片、Z 形叶片和整体铣制叶片三种形式在压缩机叶轮中最为常用。

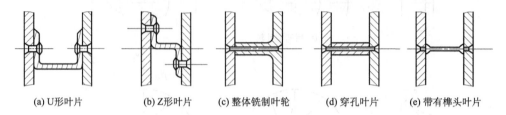

| (a) U形叶片 | (b) Z形叶片 | (c) 整体铣制叶轮 | (d) 穿孔叶片 | (e) 带有榫头叶片 |

图 6.14　叶轮截面形式

U 形和 Z 形叶片一般用厚度为 2～6mm 的薄钢板压制而成，加工方便。对于叶轮出口宽度 b_2 在 20～30mm 以上的叶轮，通常采用 U 形叶片结构形式。对于叶轮出口宽度 b_2 在 10～20mm 左右的叶轮，为了铆接方便，可采用 Z 形叶片结构形式。因 U 形和 Z 形叶片的褶边，增加流动阻力和叶轮的附加质量，离心负荷加大。为了减少轮盖的受力、去掉叶片褶边以及铆钉头等凸起部分对叶道粗糙度的不良影响，在圆周速度 u_2 较高或叶道宽度较小时的情况，可采用整体铣制叶片的结构形式，即叶片与轮盘一起从整块锻件中铣出，然后用贯穿的铆钉将其与轮盖铆接。从强度和气体流动观点看，这是一种比较合理的结构形式，但从材料消耗及加工工艺看是不利的。因此这种结构形式只适用于小直径或中等直径的叶轮，一般最大的适用直径 D_2 约为 600～800mm。如直径超过此范围，则适宜采用 U 形和 Z 形叶片形式，这时钢板压制叶片褶边与叶道宽之比显然很小，故对级效率不会有很大的影响。

一般铆接叶轮中的穿孔叶片和带有榫头叶片运用较少，其原因如下：单独铣成的穿孔叶片适用于叶道宽度较窄的情况；穿孔叶片因铆钉要从叶片中贯穿，常常不得不增加叶片的厚度，影响气体的流动，而且钻长孔也较为困难。带有铆接榫头的铣制叶片，与整体铣制叶片和穿孔叶片比较，叶片厚度较薄，但在铆接及叶片铣制工艺上则要求较高；带榫头叶片的厚度可以减薄，但对叶片制造要求高，而且榫头一旦损坏，就应更换整个叶片。

一般铆接要比整体铣制铆接材料利用率高，但强度低，多用在低、中压压缩机中叶片比较宽的情况下。整体铣制叶轮比一般铆接叶轮强度高，但材料浪费大，一般多用于窄叶轮加工。另外，整体铣制叶轮由于取消了叶片的槽边，减少了气体的流动阻力损失，其效率要比槽形钢板压制叶片级的效率高 2%左右。铆钉的选用，一般采用直径不超过 8～9 mm 的小直径铆钉最合适。如强度不够，最好是增加铆钉的数目而不是增大铆钉的直径。

焊接叶轮适用于叶道较宽情况，尤其是叶片做成空间扭曲的三元叶片。若叶片出口宽度较大时，叶片可单独压制，叶轮焊接时，一般是将叶片先焊在轮盘上，然后再焊轮盖。可以在两面内部或外部用手工电弧或氩弧焊进行焊接。若叶片出口宽度较小时，如最小出口宽度约为 6 mm，则可采用整体铣制焊接叶轮，即叶片和轮盘是整体铣制出来的。焊接叶轮取消了容易产生应力集中和晶间腐蚀的铆钉，强度比铆接叶轮高。和铆接叶轮相比，焊接工时省，所以最近焊接叶轮越来越普遍地被采用，叶轮的焊接工艺发展很快。

精密浇铸叶轮属整体叶轮的一种，也是整体叶轮的主要形式。若叶轮外径小于 450 mm，多采用真空熔炼及真空浇铸，若外径在 500 mm 以内采用熔模铸造工艺。若叶轮外径在 500～1500 mm，可采用组合蜡型或陶瓷型来铸造。由于采用组合蜡型精度难以提高，对于大型叶轮国外采用整体陶瓷型芯铸造工艺，现在用陶瓷型铸造的离心式压缩机闭式叶轮和开式叶轮的外径已达 1500 mm，质量达 383 kg，叶轮工作转速达 12 500 r/min。精密浇铸工艺既省工时又省料，但由于叶轮形状复杂，加工工艺要求高，要保证铸件无气孔、无杂质是比较困难的，常因质量问题影响叶轮的强度。除了精密浇铸，整体叶轮还有其他形式，如为了加工窄叶轮，最近发展了一些新工艺，如钎焊和电火花加工等。

钎焊叶轮是在轮盘（或轮盖）上铣制出叶片，叶片与轮盖（或轮盘）之间夹放特殊焊料（钎剂、钎料），用真空炉加热到超过钎料熔化温度进行焊接。这种钎焊叶轮可以获得较高的接头强度，适用于转速高的叶轮，由于整个零件整体加热再冷却，因而变形量很小，精度高；对于窄流道叶轮可以一次同时进行几个叶轮的钎焊。不仅如此，焊接及热处理还可以同炉进行，从而简化了工艺过程，提高了生产率。采用的钎料有铜合金、金镍合金、银基合金及近年来发展起来的非晶态钎料，其形状为薄片、膏状和粉末状。一般铜合金钎料用于非腐蚀性气体介质的叶轮；金镍合金、银基合金钎料用于有腐蚀性介质的叶轮。目前钎焊叶轮材料有低合金高强度钢、高合金高强度不锈钢和钛合金等。钎焊的主要问题是温度控制较为复杂、焊口加工精度要求高以及单件小批量生产成本高。

对于出口宽度小于 5 mm 的叶轮，大多采用电火花加工方法。如小流量高压头的叶轮，因出口宽度很小，有的小至 2 mm 左右，用焊接加工也有困难，用电火花加工可以解决此类出口宽度小的问题。电火花加工不受叶轮直径大小的限制，叶片型线可以自由选择，加工出的成品精度高，可耐侵蚀，在高压、高转速、小流量中用得很多。

电火花加工又称放电加工或电蚀加工，其工作过程如下：加工前，先在整体的叶轮毛坯上钻一个小孔，以便电蚀时电解液能形成回路。在电火花加工机床中，电蚀刀是正极，叶轮是负极，轴线在加工时要校正水平，电蚀刀可以做直向或横向进刀，当加工时正负两极接近时，立刻放电产生 3000～4000℃ 的局部高温，把金属层层电蚀。电位差由脉冲电机进行控制。电解液种类很多，以高度绝缘为原则。当粗加工时，腐蚀掉的金属量较大，最高数值达 40 g/h 左右，在精加工时最高仅为 21 g/h。电蚀刀用电解铜、石墨和黄铜等材料制成，损耗量为蚀掉金属的 1.4 倍，加工每个叶轮需 100～200 h。在加工完毕后，叶轮还要进行精细的整修工作。

综上所述，铆接叶轮适用于尺寸范围较大的叶轮，成本较低，结构可靠。焊接叶轮适用于叶道较宽的叶轮，强度高，并且允许叶片做成空间扭曲的形式。钎焊或电火花加工适用于轮宽很小的窄叶轮。精密浇铸多用于铝合金叶轮，如用于制冷用的透平机，铆接和焊接叶轮多是钢制叶轮。

6.3.2 叶轮的主要参数

闭式叶轮作为典型叶轮，通常是由叶轮轴盘、叶片和轮盖三部分组成。如图 6.15 所示，在设计叶轮时，影响压缩机级的参数主要有叶片出口相对宽度 b_2/D_2、叶片进口安置角 β_{1A}、叶片出口安置角 β_{2A}、叶片流量系数 φ_{2r}、叶轮轮径比 D_1/D_2、叶片数 z。

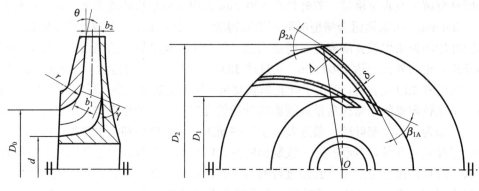

图 6.15　叶轮的主要结构参数

b_1. 叶片进口宽度；b_2. 叶轮叶片出口宽度；r. 轮盖进口圆角半径；θ. 叶轮的轮盖斜度；γ. 叶片进口边的斜角（γ 一般取 $40°\sim80°$）；β_{1A}. 叶片进口安置角；β_{2A}. 叶片出口安置角；δ. 叶片厚度；$\varDelta$. 叶片褶边宽度；d. 叶轮进口轮毂直径；D_0. 叶轮进口直径；D_1. 叶轮叶片进口内径；D_2. 叶轮外径

6.3.2.1 叶片出口相对宽度

叶片出口宽度 b_2 与气量、设计点的流量系数及轮径 D_2 的大小有关，b_2 过大或过小对级效率都不利。求出不同相对宽度 b_2/D_2 值下对应级效率的最高值，便可知道最佳相对宽度 b_2/D_2 值下对应的叶轮宽度 b_2。其求解思路如下：确定好叶片的弯曲形式和其他零件，则每种相对宽度 b_2/D_2 下都有一根类似开口向下的抛物线性能曲线与之对应，抛物线的顶点坐标(流量系数、级效率)对应着该相对宽度 b_2/D_2 下的最佳流量系数和最大级效率；不同的相对宽度则有一系列开口向下的抛物线与之对应，找出具有最高顶点对应的曲线，该曲线对应的相对宽度 b_2/D_2 就是最佳相对宽度。在设计时，往往很难确定叶轮的最佳相对宽度 b_2/D_2 值，通常的做法是使相对宽度 b_2/D_2 取值满足一定的范围。

相对宽度 b_2/D_2 的取值与叶轮形式有关，如水泵型叶轮要比压缩机型叶轮的值偏大，径向型叶轮的值最小。除一些特殊叶轮外，一般情况下，水泵型叶轮的相对宽度下限为 $0.025\sim0.035$，上限为 $0.067\sim0.075$；压缩机型叶轮的相对宽度下限为 $0.02\sim0.03$，上限为 $0.05\sim0.065$；径向型叶轮的相对宽度下限为 $0.02\sim0.03$，上限为 $0.04\sim0.05$。其值范围见表 6.4，对于一般的压缩机叶轮，相对宽度值一般在 $0.02\sim0.075$ 范围之内，以 $0.03\sim0.06$ 为宜。若值小于 0.02，可能会造成机器尺寸较大或级效率很低。若值大于 0.075，可能会使叶道中气流很不均匀，过高的气流还会引起边界层分离，气流的互相混合加剧能量损失，导致叶轮流动效率降低；若其周速 u_2 达到 $270\sim300\text{m/s}$，过大的取值会使叶片铆钉及叶轮中的应力过大而使强度难以满足要求，这对叶轮轮盘强度不利。

表 6.4　相对宽度取值范围

取值范围	水泵型叶轮 ($\beta_{2A}=15° \sim 30°$)	压缩机型叶轮 ($\beta_{2A}=30° \sim 50°$)	径向型叶轮 ($\beta_{2A}=90°$)
相对宽度上限值范围	0.067~0.075	0.05~0.065	0.04~0.05
相对宽度下限值范围	0.025~0.035	0.02~0.03	0.02~0.03

相对宽度 b_2/D_2 的取值还与其他零件的形式有关,如无叶扩压器的相对宽度在小于 0.03 时才会对级效率不利;而具有叶片扩压器的相对宽度只有在小于 0.025 时才会对级效率不利。

6.3.2.2　叶片进口安置角

为了避免气流进入叶道时对叶片产生冲击,叶片进口安置角 β_{1A} 是按在设计工况时气流进入叶道的相对速度方向角 β_1 而定出的。但 β_{1A} 不应过小(一般不小于 15°),若过小则会使叶道过长,并且会增加叶道进口处叶片的阻塞作用。一般压缩机型叶轮 β_{1A} 取 30°~34° 为宜,水泵型叶轮 β_{1A} 取 25°~30° 为宜。

6.3.2.3　叶片出口安置角

叶片出口安置角 β_{2A} 与压缩机级的性能有很大关系。表 6.5 表示了不同出口安置角 β_{2A} 下的对应最佳流量系数、能量头系数、级效率和稳定工作范围的性能指标。

表 6.5　出口安置角与性能指标

出口安置角 β_{2A}	22.5°(水泵型)	32°(压缩机型)	45°(压缩机型)	90°(径向型)
最佳流量系数	0.160	0.200	0.230	0.265
能量头系数	0.490	0.535	0.565	0.730
级多变效率	84%	84%	83%	80%
稳定工作范围	0.40	0.57	0.61	0.78

很显然,出口安置角 β_{2A} 越大,能量头越高,效率则越低;β_{2A} 越小,能量头越低,效率越高。由于压缩机中的气体容积流量是逐级减小的,因此压缩机各级出口角的数值,从级效率角度考虑应逐级减小。但考虑制造的方便,通常对同一段中各级的叶轮选取相同的叶片出口安置角 β_{2A}。对低压固定式离心压缩机,其 β_{2A} 一般在 20°~50° 之间。

6.3.2.4　叶片流量系数

叶片流量系数 φ_{2r} 的选取通常与出口安置角 β_{2A} 的范围有关,强后弯型叶轮(15°< β_{2A}<30°)取 0.10~0.20,正常后弯型叶轮(30°< β_{2A}<50°)取 0.18~0.32,径向型叶轮(β_{2A}=90°)取 0.24~0.40。由表 6.5 可知,叶片流量系数 φ_{2r} 的选择,常常是随着叶轮出口安置角 β_{2A} 的增大而选用大的流量系数。此外,还需要按照扩压器的形式、叶轮叶片出口的相对宽度 b_2/D_2 和流量的大小来考虑流量系数 φ_{2r} 大小的选取。对于无叶片

扩压器的级，应该把流量系数取得大一些。这样可以缩短气流在无叶扩压器中的流动路径，减少流动损失。随着 b_2/D_2 的减小，应把流量系数 φ_{2r} 稍微取得大一些。此外，在流量过大或过小的情况下，还可以适当地增大或减小流量系数。

在叶轮几何尺寸确定的情况下，流量系数 φ_{2r} 还会影响叶轮中的气体工作。对于一般压缩机，随着流量系数 φ_{2r} 的增大，叶片功 H_{th} 下降，这对提高级的压力是不利的。反之，若把流量系数 φ_{2r} 取得太小，则叶轮叶道里的平均流速必然下降。此时位于叶道的轴向旋涡会使叶道气流产生倒流现象，使级的性能恶化。因此，选用合适的流量系数是有必要的。

6.3.2.5 叶轮轮径比

叶轮的轮径比 D_1/D_2 的取值一般在 0.45～0.65，过大或过小的轮径比都会使级效率下降。较高时的级效率所对应的轮径比有：若是固定式压缩机，D_1/D_2 取 0.48～0.58；若是移动式压缩机，D_1/D_2 取 0.45～0.65。

过大的轮径比会增加叶轮叶道的扩张角，容易引起边界层分离而使叶轮效率下降；同时过大的 D_1/D_2 还会使 D_1 和 D_2 相差不多，因而 $(u_2^2-u_1^2)$ 减小。由式(6.3)可以看出，欧拉方程等式右边第一项的数值 $(u_2^2-u_1^2)/2$ 很小，表明气体流过时未能充分利用离心力来提高压力，故气体流经这样的叶轮级时，其级效率不高。另外，D_1 过大还会显著降低轮盖的强度；反之，若轮径比 D_1/D_2 太小，则会使叶轮的叶道过长，因而气体流过叶轮的沿程摩擦阻力增大，同样会使级效率下降。

6.3.2.6 叶片数

一般压缩机型叶轮和径向叶片式叶轮的叶片数 z 取 14～32，水泵型叶轮的叶片数 z 取 6～12。若叶片出口安置角 β_{2A} 取 45°～90°，而叶轮直径又较小时，常会因叶片数目相对较多而造成叶道进口处出现较严重的阻塞现象，为避免该现象的发生，可采用一长一短两种叶片相间排列的设计结构来改善叶道进口处气流的流场。

若叶片数取值过少，则叶片对气流的引导作用减弱，叶道中轴向旋涡强度加大，环流系数减小，叶轮所提供的能头减小；叶片数过少还会使叶道的当量扩张角加大，容易引起边界层分离及效率下降。随着叶片数的增加，叶轮中的附加相对运动(轴向旋涡)减弱，使环流系数增大，叶道当量扩张角减小，这对叶轮是有利的。若叶片数取值过大，这会增加叶轮的阻塞程度，气体流过时摩擦损失也会增加，还会增加气体流过叶轮的阻力损失，影响压力升高并使效率下降。因此随着叶片数 z 的增加，级压力比、效率先增加后又减小，即存在一个效率较高的最佳叶片数。一般说来，β_{2A} 大的叶轮其叶道的当量扩张角较大，其最佳叶片数宜多些，β_{2A} 小的叶轮叶道较长，其最佳叶片数宜少些。

6.4 离心式压缩机的其他元件

对离心式压缩机来说，叶轮在提高气体压力上起着主要的作用，但如果气流在固定元件中的良好流动性得不到保证，同样会使压缩机级的效率下降，导致气体的压力和流量达不到要求,甚至会造成压缩机无法正常工作。本章节将讨论离心式压缩机的其他元件。

6.4.1　吸气室

吸气室的作用是把气体从进气管道或中间冷却器中引入叶轮进行增压。吸气室的结构形式有四种,分别是轴向进气式、径向进气肘管式、径向进气半蜗壳式和水平进气半蜗壳式。

气体在吸气室中流动性能的好坏,对于压缩机的流量、压力比和效率都有一定的影响。吸气室应满足下列要求:

(1)叶轮进口处的气流应具有一定的速度和流动均匀性,要尽量避免出现气流过快降速和脱离的现象。

(2)尽可能地减小吸气室的流动阻力损失。

(3)气流经过吸气室以后不应产生切向的旋绕,使叶轮的能量头和压力比下降。

为了使气流能均匀地流入叶轮,在吸气室中通常会设置导流筋,使气流分别在导流筋隔成的若干流道中均匀地流入叶轮,导流筋的数量应随吸气室尺寸的变大而增多。通过导流筋对气流的导向,气流流入叶轮时基本不出现旋绕,保证了叶轮的正常工作。

为了减少吸气室的流动阻力损失,一般都采用较低的流速,吸气室进口的流速一般为 $15\sim45$ m/s。对于高压气体和密度较大的气体,可采用较低的流速,进口流速可低至 $5\sim15$ m/s,但是流速较低的同时则需要吸气室的尺寸变大,因此吸气室进口流速的选取应综合考虑流量大小和气体密度大小两方面的因素。

目前吸气室的设计还缺乏完整的方法,需要通过吸气室的模型吹风试验才能获得可靠的结构形式。对于进口尺寸小、气流速度高的吸气室更是如此。

6.4.2　扩压器

从叶轮出来的气体速度很大,一般可达到 $200\sim300$ m/s,高能量头的叶轮出口气流速度甚至可达到 500 m/s。高速度的气体具有较高动能,对后弯式叶轮或强后弯式叶轮,其动能占叶轮功耗的 $25\%\sim40\%$,对径向直叶片叶轮,其动能几乎占叶轮功耗的一半。为了能充分利用这部分动能,使气体的压力进一步提高,在紧接叶轮出口处设置了扩压器。扩压器是叶轮两侧隔板形成的环形通道,结构形式主要有无叶扩压器、叶片扩压器和直壁扩压器。

6.4.2.1　无叶扩压器

无叶扩压器是由两个隔板平行的壁面所构成的环形通道,是一种结构最简单的扩压器,如图 6.16 所示。扩压器内通道一般都设计成等宽,其进口截面轴向宽度常比叶轮出口宽度略宽。气体从叶轮内进入扩压器后,随着流道截面的逐渐增大,气体速度会逐渐降低,压力会逐渐升高。

气体流出叶轮以后,以 c_3 的速度和 α_3 的方向角进入扩压器,假设不考虑气体在扩压器中的比体积的变化以及扩压器壁面对气体摩擦的影响,那么气流的流动应遵循流体连续性定律和动量矩守恒定律。

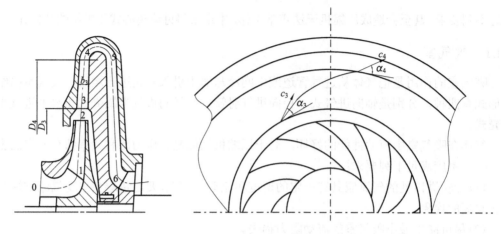

图 6.16　无叶扩压器

1. 流体连续性定律

由于气流总流量 Q 是一定的，随着通流截面直径 D 的增大，通流截面积将随直径的增大而增大。取无叶扩压器的任意直径 D、内径 D_3 和外径 D_4 三个截面，可列出流体的连续性方程为

$$Q = \pi D b c_r = \pi D_3 b_3 c_{3r} = \pi D_4 b_4 c_{4r} \tag{6.33}$$

式中，Q 为气体的总流量，m^3/s；b，b_3，b_4 为扩压器各截面气体流道的宽度，m；c_r，c_{3r}，c_{4r} 为扩压器各截面气流的径向分速度，m/s。

其中，$b = b_3 = b_4$，由式 (6.33) 得

$$c_r = c_{3r} \frac{D_3}{D} = c_{4r} \frac{D_4}{D} \tag{6.34}$$

式 (6.34) 表明，扩压器内的气流径向分速度随着直径的增大而成反比例地减小。

2. 动量矩守恒定律

气体在无叶扩压器的壁面流动时，如果不考虑壁面摩擦力对流体的作用，则气体的动量矩将保持不变。对无叶扩压器的任意直径 D、内径 D_3 和外径 D_4 三个截面，根据动量矩定理可得出

$$m c_u \frac{D}{2} = m c_{3u} \frac{D_3}{2} = m c_{4u} \frac{D_4}{2} \tag{6.35}$$

式中，m 为气体的质量，kg；c_u，c_{3u}，c_{4u} 为扩压器各截面气流的圆周分速度，m/s。

由式 (6.35) 可以看出，随着气体向扩压器外径方向流动，气体的圆周分速度将随直径的增大成反比例地减小。

$$c_u = c_{3u} \frac{D_3}{D} = c_{4u} \frac{D_4}{D} \tag{6.36}$$

图 6.16 中扩压器中的气体在任意直径 D 处的气流方向角 α 为

$$\tan \alpha = \frac{c_r}{c_u} = \frac{c_{3r} \dfrac{D_3}{D}}{c_{3u} \dfrac{D_3}{D}} = \frac{c_{3r}}{c_{3u}} = \tan \alpha_3 = \tan \alpha_4 \tag{6.37}$$

式中，α，α_3，α_4 为扩压器内任意截面 D、内径 D_3、外径 D_4 处的气流方向角，$^\circ$。

式 (6.37) 表明，在无叶扩压器任意截面处气流方向角相等，即气体的流线是一条气流方向角不变的对数螺旋线。对于实际无叶扩压器，气体进入扩压器后，因壁面摩擦阻力的影响，气体的圆周分速度 c_u 减小，但是随着截面尺寸的增大，气体在流动过程中的比体积也会减小，导致气体的径向分速度 c_r 也下降。可近似认为各截面处的气流方向角一致。

无叶扩压器出口处的气体流速为

$$c_4 = \frac{c_{4r}}{\sin \alpha_4} = \frac{Q}{K_{V4} \pi b_4 D_4 \sin \alpha_4} \tag{6.38}$$

式中，K_{V4} 为扩压器出口处的气体比体积比值。

无叶扩压器在变工况的流动条件下，具有良好的适应性。由于没有叶片，冲击损失很小，对于工况变化较大的压缩机级，采用无叶扩压器较好。在一般情况下，由于气体的流线是一条气流方向角不变的对数螺旋线，流动路程较长，气体在扩压器内流动时的流动损失较大，选用的流量系数也比较大，因此在设计工况时，无叶扩压器的压缩机级效率和压力比要比其他结构的扩压器低一些。

6.4.2.2　叶片扩压器

叶片扩压器在环形通道内沿圆周均匀设置叶片，引导气体按叶片规定的方向流动，如图 6.17 所示。扩压器的叶片一般可制成机翼形和等厚度薄板形，机翼形的叶片具有流动损失较小的优点，但在工艺加工上要比等厚度薄板叶片复杂。等厚度薄板叶片的厚度 δ 一般可取 $2 \sim 6$ mm。

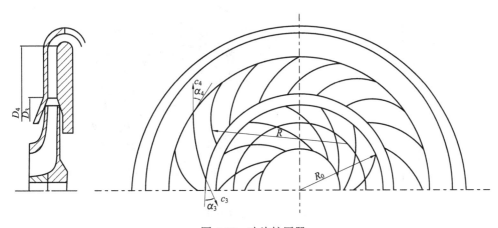

图 6.17　叶片扩压器

叶片扩压器中，从叶轮到扩压器入口的过渡段很重要，因为良好的过渡段可以改善气体流动的不均匀性，减少流动损失，还可以降低叶片扩压器进口气流脉动所产生的噪声。

由于扩压器中叶片的形状是做成 α 角逐渐增加的，气体以 α_3 的方向角进入扩压器后，由于叶片对气体流动的限制，气体流过扩压器时，气流的 α 角也逐渐增大，气体的流通面积快速加大，达到降速增压的目的。

由式 $c_i = \dfrac{Q}{K_{Vi}\pi b_i D_i \sin \alpha_i}$ 可求得 $\dfrac{c_4}{c_3} = \dfrac{D_3 \sin \alpha_3}{D_4 \sin \alpha_4}$，不难看出叶片扩压器的出口速度与直径和气流方向角两个因素有关，当直径比 D_3/D_4 一定时，由于叶片扩压器的 α_4 大于 α_3，而无叶扩压器的 α_4 等于 α_3，若进口条件相同的情况下，可知叶片扩压器的出口速度更低。换言之，即叶片扩压器比无叶扩压器有更好的降速增压作用。若所需的增压程度相同，叶片扩压器的尺寸可以做得比无叶扩压器小一些。

叶片扩压器的流量系数 φ_{2r} 一般取得较小，级的能量头会较大。叶片扩压器可使压缩机级获得较高的效率和压力比，其明显的缺点是稳定工作区要比无叶扩压器窄；随着流量的增大，叶片扩压器的压力比下降明显，若流量值偏离设计流量时，其效率下降更快。因此，其性能曲线要比无叶扩压器的性能曲线更陡一些。

在确定扩压器的叶片数时，应注意不要与叶轮的叶片数相等，或是出现超过 2 的公约数关系，以防止气流出现较大的脉动和噪声。

6.4.2.3 直壁扩压器

在压缩机级流量较小的情况下，气体流出叶轮时的出口方向角比较小，若采用叶片扩压器容易使气流的流动损失变大，这对压缩机级的性能是不利的。这种情况下，常采用如图6.18所示的直壁扩压器来对气体进行降速扩压，直壁扩压器一般设有4~12个通道。

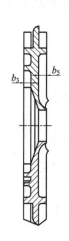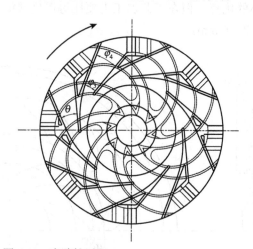

图 6.18　直壁扩压器

直壁扩压器的气体进口部分，采用了对数螺旋线结构，使气体能与无叶扩压器中的流动情况相似，气体沿半径方向以不变的气流方向角流动，然后进入直平板壁面构成的气体通道中进行增压流动，直平板壁面具有一定的扩张角，且每一个都与弯道、回流器直接连成一个通道。由于直壁扩压器具有较好的扩压效果，所配用的弯道和回流器可做成具有较大的曲率半径的形式，使气体流动时的损失较小，在小流量压缩机级中，可获得较高的级效率。

直壁扩压器的截面一般采用正方形的进口截面形式。在工况变化较大的情况下，采用直壁扩压器会使压缩机的性能变差。在叶轮出口宽度较窄的情况下，会使与扩压器相连的弯道、回流器的尺寸较大，带来加工困难。

6.4.3　弯道及回流器

为了把扩压器后的气体引到下一级继续进行增压，一般在扩压器后设置弯道和回流器。如图 6.19 所示。弯道是连接扩压器与回流器的一个圆弧形通道，该圆弧形通道内一般不安装叶片，气流在弯道中转 180° 弯才进入回流器。

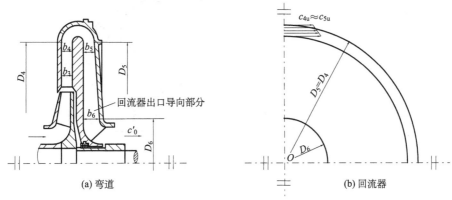

图 6.19　弯道和回流器

气体在弯道中的流动由两部分组成。一是气体绕压缩机主轴，按动量矩不变的定律做圆周方向的流动。另一个是气体绕弯道中心点 O_1 做转弯流动，如图 6.20 所示。

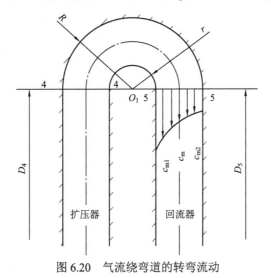

图 6.20　气流绕弯道的转弯流动

　　回流器的作用是引导气体从前一级进入下一级，为了更好地控制进入下一级叶轮时气流的预旋度，回流器中装有叶片来引导气流。回流器叶片的进口安置角是根据从弯道出来的气流方向角决定的，其出口安置角则决定了叶轮进气的预旋度。叶片的作用是使气流速度均匀地变化，顺利地进入下一级叶轮。

　　回流器叶片可采用圆弧形式，叶片数一般为12～18片，直径较小的回流器，叶片数应取得小一些。为了避免回流器出口截面处的叶片过于稠密，叶片也可采用长短结合的形式。图6.21所示为两种不同叶片形式的回流器，一种是变厚度叶片结构，变厚度叶片的回流器宽度保持相等；另一种是等厚度叶片结构，等厚度叶片的回流器一般做成宽度向内径方向逐渐增大的形式。回流器的出口导向部分大都做成径向直线形式。为了减少回流器中的流动损失，应减小回流器表面的粗糙度，提高回流器流道的表面质量。

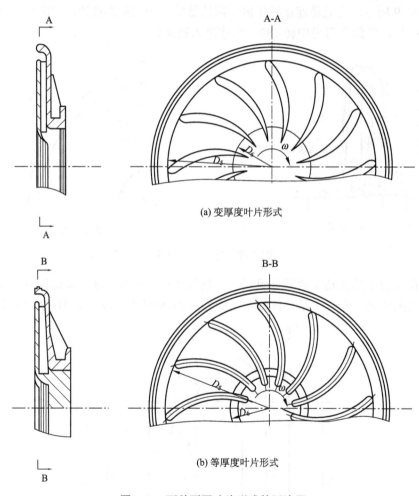

(a) 变厚度叶片形式

(b) 等厚度叶片形式

图6.21　两种不同叶片形式的回流器

6.4.4　蜗壳

　　蜗壳也称排气室，在离心式压缩机中，常见的蜗壳截面形式有梯形、等宽梯形、半

梯形、半等宽梯形、矩形、圆形和犁形等，结构如图 6.22 所示，沿着气流旋绕方向其流通截面逐渐增加。蜗壳一般设置在压缩机各级的末级，其作用是把扩压器或叶轮中排出来的气体收集起来，使其流向压缩机的排气管道或流入冷却器中。蜗壳截面形式的选取常常根据压缩机的具体结构和制造要求来考虑，且气体在选取的蜗壳截面中应具有良好的流动性。通常梯形和圆形截面的蜗壳用得比较多，对于无扩压器的蜗壳，可采用矩形或圆形等内涡形式的蜗壳，在轴向尺寸受到限制的情况下，可采用等宽梯形、半梯形和半等宽梯形截面的蜗壳。

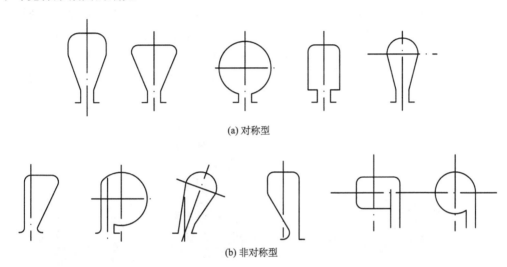

(a) 对称型

(b) 非对称型

图 6.22　蜗壳横截面形状

蜗壳的结构有多种，如图 6.23 所示，在扩压器后面设置蜗壳，称为带扩压器的蜗壳。蜗壳也可以直接设置在叶轮的后面，称为不带扩压器的蜗壳，此时蜗壳本身起一部分扩压器的作用。

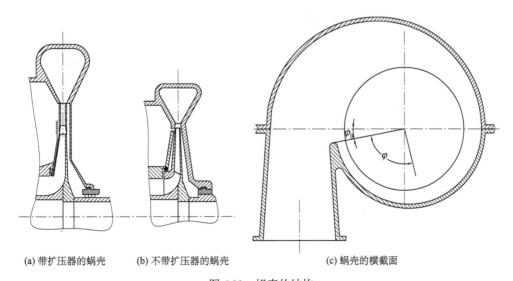

(a) 带扩压器的蜗壳　　　(b) 不带扩压器的蜗壳　　　(c) 蜗壳的横截面

图 6.23　蜗壳的结构

6.5　离心式压缩机的密封

　　在离心式压缩机中，有两种泄漏形式：一种是机器内部的气体介质在各腔间（如级与级间）的泄漏；另一种是机器内部的气体介质同机器外部气体介质的相互泄漏。为了减少或防止泄漏，可设置相应的密封装置。根据泄漏形式的不同，密封可分为内部密封和外部密封（或称轴端密封）两种。

　　内部密封常用迷宫密封，如级与级之间的密封，轮盖、定距套和平衡盘上的密封，图 6.24 所示。外部密封是根据气体介质的特性来选择密封形式，若气体介质无毒（如空气、氮气等），允许少量泄漏，多采用迷宫密封，如图 6.25 所示。若气体介质有毒或易燃易爆（如氨气、甲烷、丙烷、石油气、氢气等），不允许微量泄漏至机器外部，则须采用机械密封、液膜密封、干气密封等形式。

图 6.24　内部密封采用的迷宫密封

图 6.25　内、外部密封采用的迷宫密封

6.5.1　迷宫密封

　　迷宫密封在离心式压缩机中应用最普遍，气缸内部的级间密封几乎都采用了迷宫密封，迷宫密封也称梳齿密封。迷宫密封机理简要说明如下：迷宫密封为非接触式密封，结构上由系列的节流间隙和膨胀空腔组成，在密封前后压力差的推动下，气体会产生从高压侧向低压侧的流动，在节流间隙口气流发生节流收缩，速度迅速增加，压力能较大

部分转换为动能，之后进入齿间空腔，由于流通截面的突然扩大，气流会在膨胀空腔形成强烈的旋涡，旋涡会引起内摩擦以及与壁面的摩擦，摩擦产生的热量通过壁面传递出去。气流会接着进入下一节流间隙口和膨胀空腔，重复前面的节流收缩、旋涡以及能量逐步衰减的过程，从而达到阻漏的目的。从迷宫密封原理看出，有气体泄漏介质的流动，才会产生迷宫密封的效果，因此，仅迷宫密封本身不能实现完全密封。

如图 6.26 所示的迷宫密封结构，由转轴（光轴或轴上开设沟槽）和密封体之间的空腔组成，密封体具有环形密封齿（或密封片）。密封齿片的数目一般取 4～35 个。仅在叶轮进口轮盖处的密封齿数取 4～6 个外，其他的迷宫密封齿数 z 不应少于 6 个；齿数也不是越多越好，过多的齿数会使轴向尺寸加大，对降低漏气量作用不大，故齿数最多不超过 35 个。

(a) 转轴为光轴　　　　　　　　　　　　　　　(b) 转轴有沟槽

图 6.26　迷宫密封

密封齿的顶圈与轴的同心度不能过大，其值若超过允许值，则可能会因漏气量的增大而引起事故。另外，也可从齿形尖角形状来控制泄漏量，一般将气体来流一侧的齿顶做成尖角形。齿顶尽可能削薄，可减少漏气量的同时也可减弱转子与密封齿意外相碰时可能发生的危害。若做成圆角，则会使漏气量增大。一般做成图 6.27(a)、(b) 所示的尖角形。

在压缩机内的迷宫密封结构形式，较多采用平滑型、曲折型、台阶型、蜂窝型，如图 6.27 所示。

平滑型：转轴为光轴，密封体上车有梳齿或者镶嵌有齿片，结构简单，如图 6.26(a) 和图 6.27(a) 所示。

曲折型：其在轴上加工出沟槽，来增加齿片的节流降压效果，故密封效果比平滑型好。其可分为整体式和镶嵌式两种。整体式的密封齿节距 Ω 不能加工得太短（一般为 5～6mm），因而其轴向尺寸会较长，如图 6.27(b) 所示；而镶嵌式则可大大缩短密封体的轴向尺寸，如图 6.27(c)、图 6.27(d) 所示。

台阶型：其密封效果也优于平滑型，一般有 3～5 个密封齿，常用于轮盖或平衡盘上的密封，如图 6.26(b) 和图 6.27(e) 所示。

蜂窝型：由密封环内表面的蜂窝孔构成的蜂窝带，是由厚度为 0.05～0.1mm 的耐高温合金（HastelloyX）经焊接而成，故其加工工艺复杂，但密封效果好，密封片结构强度高，适用于高温、高压差工况。如图 6.27(f) 和图 6.28 所示。

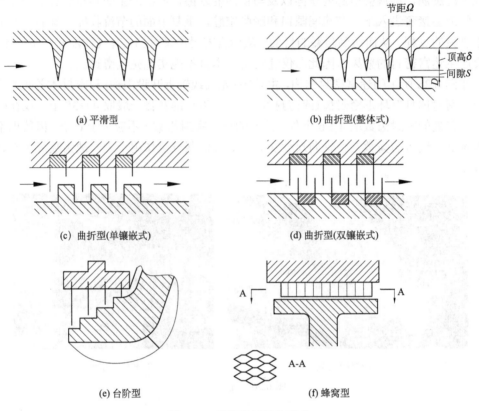

(a) 平滑型　　　　　　　　　　　(b) 曲折型(整体式)

(c) 曲折型(单镶嵌式)　　　　　　(d) 曲折型(双镶嵌式)

(e) 台阶型　　　　　　　　　　　(f) 蜂窝型

图 6.27　迷宫密封结构形式

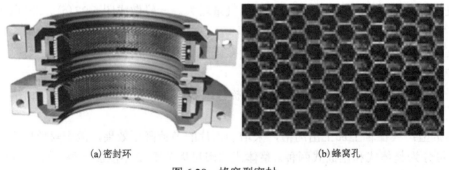

(a)密封环　　　　　　　　　　　(b)蜂窝孔

图 6.28　蜂窝型密封

　　按布置方向分为轴向迷宫密封和径向迷宫密封(图 6.29)。按密封齿的结构分为迷宫片和迷宫环及斜齿和直齿。

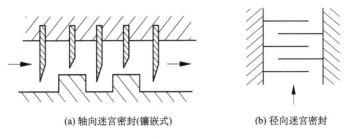

(a) 轴向迷宫密封(镶嵌式)　　　　(b) 径向迷宫密封

图 6.29　密封按布置方向分类

6.5.2　机械密封

机械密封亦称端面接触式密封。其原理是利用弹簧将静环端面紧贴在动环端面上，使动、静环端面间隙减小到零，从而达到封严的目的，为防止静、动环端面干摩擦，常用密封液润滑并带走摩擦产生的热量。

动、静环形成一对摩擦副，其压紧力是靠弹簧来提供。弹簧对接触面的压紧力应适当，偏大会加速材料的磨损，偏小会导致密封不严而泄漏。一般动件为硬质材料，如碳化钨硬质合金、不锈钢等，静件相对为软质材料，如石墨、青铜、聚四氟乙烯、工程塑料等。为改善端面的工作状态，往往在端面接触处开孔、开槽，并输入润滑油形成动压油膜，从而发展成为流体动力机械密封。

在 30 万 t/年的合成氨离心压缩机中就使用了机械密封，其线速度可达 70 m/s，且使用寿命较长。随着材料和技术的发展，机械密封适应高压、高温、高速和高寿命的能力也随之增强。机械密封还可按结构分为单端面或双端面密封、单弹簧或多弹簧结构、平衡型或不平衡型等多种结构形式。

6.5.3　浮环密封

浮环密封又称液膜密封，是利用密封间隙中充注的带压油膜所产生的节流降压原理，来阻止离心式压缩机内、外气体的相通，从而起到密封作用；密封间隙中设置了可以浮动的环，以减小密封间隙和带压液体的用量，故称浮环密封。浮环密封是将固体间的摩擦转化为液体摩擦，属于非接触式密封。浮环密封如图 6.30 所示，图 6.31 为浮环结构，浮动环只可浮动，不可随轴(或轴套)转动，当轴转动时，由于存在偏心而产生流体动压力将环浮起。浮动环与轴套间的间隙 δ 可以比轴承间隙还小，如相对间隙 (δ/d_0) 取 $(0.5\sim 2)\times 10^{-3}$，浮动环内径 d_0 为 85 mm 时，则该浮动环内径与轴套外径之间的间隙 δ 为 0.0425~0.17 mm，可见其间隙非常小，其漏油量也非常小，从密封装置两侧渗出的油，经处理后可继续使用。在正常工作时，浮动的环与轴(或轴套)不会发生接触摩擦，故运行平稳安全，使用寿命长，并特别适合于大压差、高转速的场合。另外，为了防止浮动环转动，需在浮动环与间隔环间加防转销钉。

由于浮环密封具有自动对正中心的优点，形成的液体摩擦比端面干摩擦好，故在离心压缩机的高速叶轮中，这种浮环密封装置应用得相当广泛。

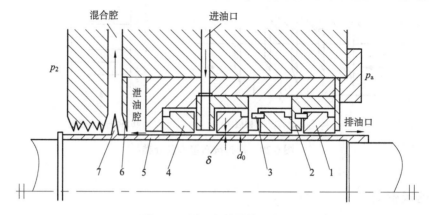

图 6.30　浮环密封结构示意图

1. 大气侧浮动环；2. 固定环；3. 防转销钉；4. 高压侧浮动环；5. 轴套；6. 挡板；7. 甩油环

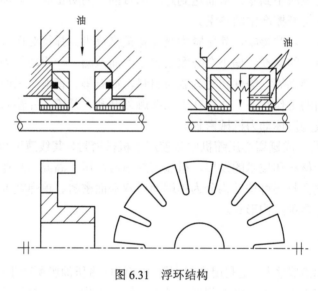

图 6.31　浮环结构

6.5.4　干气密封

　　干气密封是一种新型的非接触式密封，与机械密封、浮环密封最大的不同是采用气体密封，而不采用油密封；与机械密封在结构上并无太大区别，也由动环、静环、弹簧等组成，如图 6.32 所示，不同之处在于动环上的螺旋槽将密封面分为两个功能区，即外区域和内区域。动环结构如图 6.33 所示，外区域是指螺旋槽和密封堰（槽之间的平台）组成的槽堰部分；内区域是指槽的内径和动环内径之间的环面，其主要作用是保证密封装置在静止时的密封不漏，故又称密封坝。

　　工作时的动环随转子一起转动，气体被引入螺旋槽，槽内产生流体动压，故螺旋槽也称动压槽。引入沟槽内的气体在压缩的同时，遇到密封堰的阻拦，压力进一步升高，压力需要克服静环后面的弹簧力和作用在环上的流体静压力，把静环推开，使动环和静环之间的接触面分开而形成一层稳定的动压气膜，此气膜对动环和静环的密封面提供充

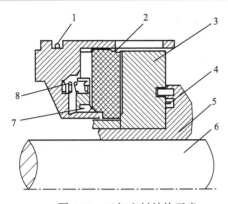
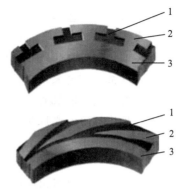

图 6.32　干气密封结构示意　　　　图 6.33　动环结构示意图

1,4,7. O 形环；2. 静环；3. 动环；5. 组装套；6. 转轴；8. 弹簧　　　1. 螺旋槽；2. 密封堰；3. 密封坝

分的润滑和冷却，气膜厚度一般为 2.5～7.6μm，这个稳定的气膜使密封端面保持一定的密封间隙。气体介质通过密封间隙时靠节流和阻塞的作用被减压，从而实现气体介质的密封，几微米的密封间隙会使气体的泄漏率保持最小。

与其他密封相比，干气密封具有泄漏量少、摩擦磨损小、寿命长、能耗低、操作简单、密封稳定性和可靠性明显提高、维修量低、被密封的流体不受油污染等特点。目前，国内的干气密封最高压力在 10MPa。由于干气密封结构简单(图 6.34)，工作可靠，泄漏量甚微，没有密封油系统，并由此节省了占地、维护和能耗，故日益受到重视与推广应用。在压缩机应用领域，干气密封正逐渐替代浮环密封、迷宫密封和机械密封。在泵和反应釜上干气密封的应用也越来越广泛。

干气密封根据介质的种类和压力的不同采取不同的布置，有单端面密封、双端面密封、串联密封、带迷宫密封的串联密封。

图 6.34　干气密封结构

思考题

1. 与活塞式压缩机相比，离心式压缩机有何特点？

2. 离心式压缩机的基本结构有哪些？并简述各自的功能。

3. 离心式压缩机的"级""段""缸"和"列"如何区分？

4. 何谓离心式压缩机的级？其由哪些部分组成？各部件又有何作用？

5. 多级压缩机为何要采用分段与中间冷却？

6. 试简述离心式压缩机的工作原理。

7. 离心式压缩机的主要性能参数有哪些？

8. 离心式压缩机有哪些工况形式？说明喘振的危害，以及为防止喘振可采取哪些措施。

9. 何谓连续方程？试写出连续方程表达式，并说明该方程的物理意义。

10. 何谓欧拉方程？试写出其理论表达式与实用表达式，并说明该方程的物理意义。

11. 何谓能量方程？试写出级的能量方程表达式，并说明能量方程的物理意义。

12. 何谓伯努利方程？试写出叶轮的伯努利方程表达式，并说明伯努利方程的物理意义。

13. 试说明级内有哪些流动损失。

14. 示意画出离心式压缩机的性能曲线，并标注出最佳工况点和稳定工况范围。

15. 何谓级的多变效率？比较效率的高低应注意哪几点？

16. 已知级的多变压缩功和总耗功，若要计算级的能量损失和级内的流动损失需要什么条件？

17. 示意画出级的总能量头与有效能量头和能量损失的分配关系。

18. 何谓离心式压缩机的内功率、轴功率？试写出其表达式，如何据此选取原动机的输出功率？

19. 轴端密封有哪几种？试简述各自的密封原理和特点。

 分析应用题

1. DA120-61 离心式空压机，低压级叶轮外径 D_2=380mm，叶片出口安置角 β_{2A}=42°，出口叶片数 z=16，叶轮转速 n=13 800 r/min，选用流量系数 φ_{2r}=0.233。试求：(1)叶轮出口速度三角形及各分速度；(2)对 1kg 气体所做的理论能量头 H_{th}。

2. DA450-121 离心式压缩机，第一级叶轮外径 D_2=655 mm，叶片出口安置角 β_{2A}=45°，叶片数 z=22，出口绝对速度 c_2=200 m/s，气流方向角 α_2=21.1°，叶轮转速 n=8400 r/min。试求：(1)叶轮出口速度 w_2，c_2，c_{2r}，c_{2u}；(2)叶轮对 1kg 气体所做的功 H_{th}；(3)若取 $\beta_1+\beta_{df}$=0.03，叶轮对 1kg 气体的总耗功 H_{tot}。

3. 一台离心式压缩机，一级叶轮有效气体的质量流量 G=6.95 kg/s，漏气损失系数 β_1=0.012，轮阻损失系数 β_{df}=0.03，叶片功 H_{th}=45 864 J/kg。试求：(1)1kg 有效气体下的总耗功 H_{tot}，漏气损失功 H_1，轮阻损失功 H_{df}；(2)G kg 气体时，总功率 P_{tot}，各损失功率 P_1、P_{df} 各是多少？(3)若多变指数 m=1.42(k=1.4)，其多变压缩功 H_{pol} 和功率 P_{pol} 各是多少？

4. 已知某离心式空气压缩机的第一级叶轮直径 D_2=380mm，D_1=202mm，β_{2A}=40°，

$z=16$，叶轮转速 $n=13\,800$ r/min，流量系数 $\varphi_{2r}=0.233$，$\alpha_1=90°$。求叶轮对单位质量气体所提供的理论能量头 H_{th} 及叶片无限多时的理论能量头 $H_{th\infty}$。

　　5. 已知某离心式空气压缩机的有效流量 $G=6.95$ kg/s，漏气损失系数 $\beta_1=0.013$，轮阻损失系数 $\beta_{df}=0.03$，叶轮对单位质量气体做功 $H_{th}=45\,895$ J/kg。试计算叶轮做功时消耗的理论功率、漏气损失功率、轮阻损失功率、总功率及叶轮对单位质量有效气体的总耗功。

第7章 离 心 机

流程性物料存在形式包括气、液、固，并且往往是非单一性的物料。离心机是利用其产生离心力的作用使非均一系混合物实现分离的设备，其中非均一系混合物包括固-液、液-液、液-液-固、液-固-固混合物。离心机能够用于工程上流程性物料的脱水、澄清、浓缩、分级分离等过程，广泛应用于化工、石油、食品、冶金、煤炭、船舶、国防等行业。

7.1 离心机的工作原理与基本参量

7.1.1 离心机的工作原理

采用离心机进行分离操作，其工作原理主要包括离心过滤、离心沉降和离心分离三种形式。

1. 离心过滤

离心过滤指的是在转鼓产生离心力，使混合液在离心推动力的作用下穿过滤饼，固体颗粒被滤饼截流，而液体顺利通过滤饼，在这个过程中实现了固-液分离。

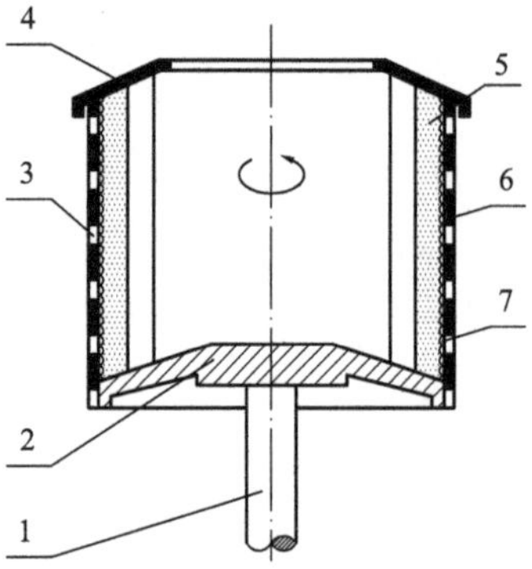

图 7.1 给出了过滤式离心机的简图。过滤式离心机主要由拦液板、转鼓壁、转鼓底、回转轴等组成。转鼓壁上布置有滤孔，转鼓壁内侧铺有过滤介质，包括滤网和滤布。在离心过滤的过程中，首先悬浮液进入转鼓内，在离心力的作用下混合物沿径向流动；颗粒度大于过滤介质孔洞的固体颗粒在转鼓壁过滤介质内侧无法通过并形成滤渣；颗粒度较小的固体颗粒以及液体直接渗透过滤渣、过滤介质及转鼓壁上的滤孔被转鼓甩出，从而实现了固-液分离。离心过滤能够实现分离的固体颗粒大小与过滤介质有关，并适用于固体颗粒度较大、固体含量较多的固-液混合液。

图 7.1 离心过滤机结构简图

1. 转鼓回转轴；2. 转鼓底；3. 开孔转鼓壁；
4. 拦液板；5. 滤渣；6. 滤液；7. 滤网

2. 离心沉降

对于固体颗粒度较小，含量较低的悬浊液无法使用离心过滤实现分离，此时需要运用离心沉降的方法进行分离。沉降式离心机结构简图如图 7.2 所示，它也是由拦液板、转鼓壁、转鼓底、回转轴组成。但是与过滤式离心机的区别在于转鼓壁不开孔，无过滤介质。离心沉降是利用悬浮液中不同组分密度的差异实现分离的。当悬浮液随着转鼓旋转时，悬浮液产生离心力，由于固体颗粒的密度大于液体密度，在离心力的作用下固体颗粒在鼓壁沉降，此时拦液板的作用是使悬浮液及固体颗粒不从顶部溢出，并在转鼓内形成沉降渣，而留在内层的澄清液则经过转鼓端部的溢流口流出。

3. 离心分离

离心分离过程与离心沉降过程原理相似，也是利用介质中各组分的密度差实现分离的，但离心分离的对象往往指的是乳浊液或含有微量固体颗粒的乳浊液。离心分离机的结构简图如图 7.3 所示，它的结构与沉降式离心机有所差别，主要体现在转鼓内安置有导流碟片，溢流口分为内外两层。在离心力的作用下，混合液按密度的不同会流至不同溢流口，密度大的重液在外层溢流口流出，而密度小的轻液在内层溢流口流出，微量固体颗粒则沉降于转鼓壁内侧。

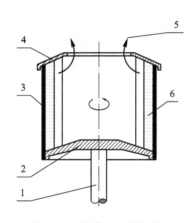

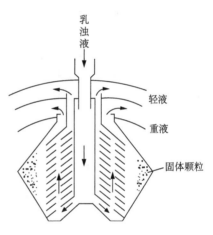

图 7.2　沉降离心机结构简图　　　　　　　图 7.3　离心分离机结构简图

1. 转鼓回转轴；2. 转鼓底；3. 转鼓壁；
4. 拦液板；5. 澄清液；6. 沉降颗粒

7.1.2　分离因数

在离心机工作过程中，混合物中的各质点随着转鼓做高速回转运动，从而受到离心力的作用。假设质点质量为 m，转鼓转速为 n，转鼓内半径为 R，则回转角速度 ω 与转鼓转速 n 的关系式可表示为

$$\omega = 2\pi n/60 \tag{7.1}$$

质点在转鼓内壁处的离心速度 a 最大为

$$a = R\omega^2 \tag{7.2}$$

由此产生的离心力 F_c 为

$$F_c = ma = mR\omega^2 \tag{7.3}$$

显然离心力的大小除了与转鼓的尺寸及转速有关外，还与质点的质量有关，无法直接用来衡量离心机的分离能力。因此常用分离因数即质点的离心力与其重力的比值来衡量离心设备的分离能力，即

$$K_c = \frac{F_c}{G} = \frac{R\omega^2}{g} \tag{7.4}$$

分离因数是表征离心机分离性能的主要参量，它是一个无量纲参量，与离心机的转鼓半径和转速的平方成正比。通常采用提高转速来提高离心机的分离能力。分离因数越大，分离的推动力越大，分离性能也越好。

对分离固体颗粒在 10～50 μm、液体黏度不超过 0.01Pa·s、较易过滤的悬浊液，分离因数不宜过高，取 $K_c=100～700$，织物的脱水可取 $K_c=600～1000$；对于高分散小颗粒、液体黏度较大的难分离物料，需要采用分离因数大的离心机。工业使用的离心机根据其结构的不同，其分离因数 K_c 从数百到数万。一般三足式过滤离心机的 K_c 为 500～2000，卧式螺旋卸料沉降离心机的 K_c 为 1500～4000，碟式分离机的 K_c 为 5000～12 000，管式分离机的 K_c 为 10 000～25 000。

值得注意的是转鼓本身也有质量，也会产生离心力，当转鼓的离心力达到其材料强度极限时，转鼓将发生破坏，因此分离因数还会受到转鼓材料强度的限制，存在极限值。以圆筒形离心机转鼓为例分析，转鼓壁质量产生的离心力 F_c 使转鼓像受内压的壳体一样，它的周向(环向)应力 σ_t 可由拉普拉斯方程求得

$$\sigma_t = \rho_0 R^2 \omega^2 \tag{7.5}$$

式中，ρ_0 为转鼓材料密度，kg/m^3。

若满足转鼓材料的强度要求，必须使材料的许用应力 $[\sigma] \geqslant \sigma_t$，则

$$[\sigma] \geqslant \rho_0 R^2 \omega^2 = g\rho_0 R \frac{R\omega^2}{g} = g\rho_0 R K_c \tag{7.6}$$

因此，

$$K_c \leqslant \frac{[\sigma]}{g\rho_0 R} \tag{7.7}$$

由式(7.7)可知，分离因数一方面受转鼓材料的限制，另一方面与转鼓结构有关。对于一定直径的转鼓，K_c 的极限值取决于转鼓材料的许用应力和密度。强度高、密度小的材料是转鼓的优选材料。当转鼓材料选定后，转鼓的直径减小，可以获得更大的分离因数。

7.1.3　离心液压

转鼓在高速运转时，转鼓中的物料层在离心力的作用下形成环状液层。根据分离因数的要求可知，物料受到的离心力远大于重力，因此可以认为混合液层的自由表面近似为与转鼓同轴心的圆柱面，如图 7.4 所示。离心机工作过程中，转鼓中的液体和固体颗粒会对转鼓内壁产生相应的压力，即离心液压。由于物料产生的离心惯性力随半径变化，因此在混合液层任意液面半径 r 处取一微元体，该微元体由半径为 r 与 $r+\mathrm{d}r$ 的两个圆弧

面、夹角为 $d\theta$ 的两个子午面以及垂直于轴向高度为 dy 的两个截面切割而成。

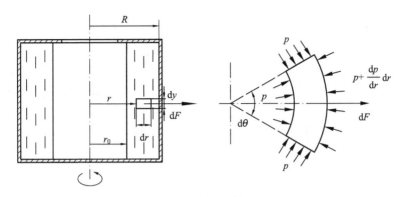

图 7.4 旋转转鼓内流体的分布与受力状态

该微元体的体积为 $dv = rd\theta drdy$，液体密度为 ρ_1，旋转时的离心惯性力为 $dF = dm\omega^2 r$，因此：

$$dF = \rho_1\omega^2 r^2 d\theta drdy \tag{7.8}$$

建立该微元体径向力的平衡方程，可得

$$\left(p + \frac{dp}{dr}dr\right)(r+dr)d\theta dy - prd\theta dy - 2pdrdy\sin\frac{d\theta}{2} = \rho_1\omega^2 r^2 d\theta drdy \tag{7.9}$$

对于微元体而言，$\sin\dfrac{d\theta}{2} \approx \dfrac{d\theta}{2}$，并且忽略高阶微分量，可得

$$\frac{dp}{dr} = \rho_1 r\omega^2 \tag{7.10}$$

积分可得

$$p = \frac{1}{2}\rho_1 r^2\omega^2 + C \tag{7.11}$$

式中，C 为积分常数，可通过边界条件进行求解。在转鼓内物料环的内表面半径 $r = r_0$ 处，$p = 0$，将其代入上式可得

$$C = -\frac{1}{2}\rho_1 r_0^2\omega^2 \tag{7.12}$$

因此，位于混合液层任意液面半径 r 处的离心液压可表示为

$$p = \frac{\rho_1}{2}\omega^2(r^2 - r_0^2) \tag{7.13}$$

显然随着 r 的增加，离心液压不断增加，当 r 为转鼓内半径时，离心液压最大为

$$p_{\max} = \frac{\rho_1}{2}\omega^2(R^2 - r_0^2) \tag{7.14}$$

离心液压不仅作用于转鼓内壁上，同时也作用于转鼓顶盖和底盖上，计算转鼓强度时离心液压是必须要考虑的因素。在离心机的铭牌上，往往都标有离心机的最高允许转速和悬浮液允许的最大密度，其目的在于保证离心机转鼓的许用安全强度。

7.1.4　离心过滤速率

过滤式离心机分离过程的推动力主要来自于混合液在转鼓作用下产生的离心液压。当物料混合液进入转鼓后，固体颗粒很快沉积到转鼓的过滤介质上形成滤渣层，大量物料液则在滤渣层内形成筒状液层；随着离心机的运转，液体在离心液压的作用下渗透过滤饼层和过滤介质，并从转鼓壁孔洞处甩出，同时固体颗粒在滤渣层堆积增厚，如图 7.5 所示。物料液的离心过滤过程可分为两个阶段：①过滤阶段，液体从悬浮液表面 R_0 运动至滤渣层内表面 R_s 处；②脱水阶段，液面由滤渣层内表面渗透至滤渣层外表面 R。

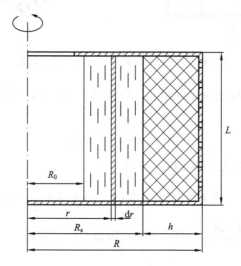

图 7.5　过滤式离心机分离过程

离心过滤的工程计算主要是为了获得离心过滤速率，为了简化理论推导，常采用基于达西定律的蔡特斯奇法进行计算，其基本假设包括：①假定过滤离心机的转鼓为圆筒形；②假设过滤介质的阻力与滤饼的阻力相比可以忽略不计；③假设过滤中形成的滤饼是均匀的，不存在分层现象。

基于达西定律的蔡特斯奇法推导出的过滤阶段离心过滤速率计算式为

$$q = \frac{\mathrm{d}Q_f}{\mathrm{d}t} = \pi KL\rho_1\omega^2\,\frac{R^2 - R_0^2}{\mu\ln(R/R_s)} = \frac{K\rho_1 g}{\mu}\,\frac{\pi L\omega^2(R^2 - R_0^2)}{g\ln(R/R_s)} \tag{7.15}$$

式中，K 为滤渣层的渗透率，m^2；L 为转鼓长度，m；ρ_1 为液体密度，$\mathrm{kg/m}^3$；ω 为转鼓角速度，$\mathrm{rad/s}$；R 为转鼓内半径，m；R_0 为自由液面半径，m；R_s 为滤渣层表面半径，m；μ 为液体黏度，$\mathrm{Pa\cdot s}$。

由过滤阶段离心过滤速率计算方程式(7.15)可知，过滤速率与物料的特征以及离心过滤机的结构有关，根据该方程可以分析提高离心过滤速率的方法。$K\rho_1 g/\mu$ 表征的是物料特征的影响，可以通过提高滤渣层的渗透率、增加液体的密度以及减小液体的黏度来提高离心过滤速率。滤渣层的渗透率则与固体颗粒的大小、形状、刚性有关，通过预处理加入适量的凝聚剂或絮凝剂使分散的细颗粒凝聚成较大的颗粒团，是增大颗粒渗透率的有效方法。$\dfrac{\pi L \omega^2 (R^2 - R_0^2)}{g \ln(R/R_s)}$ 表征的是离心过滤机结构对过滤速率的影响。可以通过增加转鼓长度、提高转鼓转速、减小滤渣层的厚度来提高过滤速率。

7.1.5　颗粒沉降速度及沉降离心机的生产能力

1. 沉降速度

沉降分离机具有分离因数高、无须使用过滤介质等特点，适用于固体颗粒粒径较小，固、液相密度差较小，分离困难的固-液分离场合，也用于液-液两相或液-液-固、液-固-固三相分离，在现代工业中应用广泛。

悬浮液静置于容器中，由于重力的作用，固体颗粒会发生沉降，固相和液相分层，这种现象称为重力沉降。物料液在转鼓中将随着转鼓以 ω 的回转角速度做旋转运动，当转速大小足够时，悬浮液中的固相会沉降到转鼓内壁与液相分层，这种现象称为离心沉降。

假设固相颗粒为球形颗粒并且不考虑颗粒浓度的影响，颗粒处于自由沉降过程。在重力沉降过程中，最初颗粒在重力的作用下加速沉降，同时阻力随着沉降速度的增加而增加，当沉降阻力与颗粒重力平衡时，重力沉降速度稳定。在离心沉降过程中则不同，颗粒的离心力和沉降速度将随着颗粒所处半径的增大而增加，同时颗粒的沉降阻力随之增加。虽然在离心沉降过程中也会出现离心力与阻力平衡的状态，但随着颗粒的运动，这种平衡状态随即被破坏，因此它是一种作用力和阻力均在不断变化的随遇平衡过程。

球形颗粒在离心力场中所受到的作用力为惯性力和浮力之差：

$$F_c = \frac{\pi}{6} d^3 \Delta \rho \omega^2 r \tag{7.16}$$

式中，$\Delta \rho$ 为固液相密度差；r 为固体颗粒所处的半径；d 为球形颗粒直径。

运动过程中的阻力可表示为

$$F_a = C_x \rho_1 v^2 d^2 \tag{7.17}$$

式中，v 为颗粒沉降速度；C_x 为阻力系数。

因此颗粒的沉降运动方程为

$$m \frac{dv}{dt} = \frac{\pi}{6} d^3 \Delta \rho \omega^2 r - C_x \rho_1 v^2 d^2 \tag{7.18}$$

颗粒沉降运动方程中的阻力系数为雷诺数的函数 $C_x = f(Re)$，因此颗粒的沉降速度与其运动状态有关。计算颗粒的沉降速度时，需要确定粒子运动状态所处的区域。粒子运动状态常用雷诺数 $Re = dv\rho/\mu$ 进行判断，但是沉降速度为未知量，无法直接获得雷诺数。粒子运动状态还可采用阿基米德数 Ar 进行判断，其表达式为

$$Ar = \frac{d^3 \rho_1 \Delta \rho \omega^2 r}{\mu^2} \tag{7.19}$$

根据表 7.1 不同运动状态区域的雷诺数和阿基米德数即可判断颗粒的运动状态。

表 7.1　不同运动状态区域的雷诺数和阿基米德数

运动状态	雷诺数 Re 范围	阿基米德数 Ar 范围
层流区	$Re \leqslant 1.6$	$Ar \leqslant 28.8$
过渡区	$1.6 < Re \leqslant 420$	$28.8 < Ar \leqslant 57\,600$
湍流区	$Re > 420$	$Ar > 57\,600$

根据颗粒在流体中的运动状态以及颗粒沉降运动方程，可求出球形颗粒在不同运动状态区域的重力沉降速度和离心沉降速度，列于表 7.2 中。

表 7.2　不同运动状态区域的沉降速度

运动状态	重力沉降速度	离心沉降速度
层流区	$v_g = \dfrac{\Delta \rho g d^2}{18\mu}$	$v_c = v_g K_c$
过渡区	$v_g = 0.1355 \dfrac{(\Delta \rho g)^{0.733} d^{1.2}}{\rho_l^{0.267} \mu^{0.467}}$	$v_c = v_g K_c^{0.733}$
湍流区	$v_g = 1.75 \left(\dfrac{\Delta \rho g d}{\rho_l} \right)^{0.5}$	$v_c = v_g K_c^{0.5}$

需要注意的是，表 7.2 中得到的沉降速度忽略了颗粒形状和浓度的影响，但是实际上颗粒往往并非球形，同时颗粒在悬浮液中的浓度又存在变化，因此需要在沉降过程中考虑两者对沉降速度的影响。

非球形颗粒的阻力较大，颗粒形状会影响其沉降速度，常采用颗粒当量直径 d_e 来考虑颗粒形状的影响：

$$d_e = \sqrt{\frac{6V_p}{\sqrt{\pi A}}} \tag{7.20}$$

式中，V_p 为颗粒体积；A 为颗粒表面积。典型颗粒的当量直径列于表 7.3 中。

表 7.3　典型颗粒的当量直径

形状	长片状	方片状	圆片状	圆柱状	针状	立方体	球状
几何尺寸	长×宽×厚	边长×厚度	直径×厚度	直径×长度	直径×长度	边长	直径
	$a \times b \times s$	$a \times s$	$d \times s$	$d \times l$	$d \times l$	A	d
d_e	$1.547\sqrt{s\sqrt{ab}}$	$1.547\sqrt{as}$	$1.456\sqrt{ds}$	$1.225\sqrt{\dfrac{dl}{\sqrt{0.5 + 1/d}}}$	$1.225\sqrt{d\sqrt{dl}}$	$1.182\,a$	d

悬浮液的固相浓度达到一定值后，会出现阻滞沉降现象。粒子沉降速度较自由沉降速度值小，并且随着浓度的增加会快速降低，因此采用阻滞沉降系数 η_l 来考虑浓度的影响：

$$\eta_l = (1 - x_0)^{5.5} \tag{7.21}$$

式中，x_0 为悬浮液中固相颗粒的体积分数。

考虑颗粒形状和固相颗粒浓度的影响，离心沉降速度可表示为

$$v_c = \begin{cases} \eta_1 v_g K_c & \text{层流区} \\ \eta_1 v_g K_c^{0.733} & \text{过渡区} \\ \eta_1 v_g K_c^{0.5} & \text{湍流区} \end{cases} \tag{7.22}$$

计算固体颗粒在悬浮液中的离心沉降速度时，首先基于物料的性质计算 Ar 值，并确定颗粒运动状态区域；然后根据离心沉降速度方程式(7.22)，计算相应运动状态区域的离心沉降速度。

2. 沉降式离心机的生产能力

一个内径为 r_2，高度为 L 的转鼓，以 ω 回转角速度旋转，构成一个简化的沉降式离心机的分离模型，如图 7.6 所示，混合液从底部进入，从上溢流口溢出，溢出口半径为 r_1。假定在离心机转鼓的入口和出口处，流体呈轴向流动，进料悬浮液的浓度很低，颗粒之间的相互作用可以忽略不计。悬浮液从进料入口处进入，固体颗粒和流体一起向上运动，经离心加速，颗粒的运动轨迹如图 7.6 所示。

在半径 r、高度 Z 处的一个固体颗粒，其运动分为两个方向进行：①平行于轴线方向的轴向分速度 dZ/dt；②垂直于轴线方向的径向分速度 dr/dt。其中径向分速度可由基于斯托克斯定律的沉降速度方程表示，而轴向分速度与流体在离心转鼓内的流动特征有关。

液体在沉降离心机转鼓内的流动特性包括流动状态和物料性质等，对离心机的生产能力、悬浮液的分离效果以及参数选择都有决定性的影响。目前关于沉

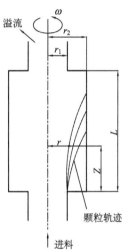

图 7.6　沉降离心机的颗粒运动轨迹

降离心机转鼓内流体流动特性主要有四种理论，包括：活塞式理论、层流理论、表面层理论和流线理论。其中活塞式理论概念清晰、表达式简单、易于工程应用，该理论认为，转鼓内流体像活塞一样整体向前流动，转鼓内液体在整个同心圆截面上流速均匀，新进入转鼓的流体将把原来留在转鼓内的液体均匀置换，在这种流动状态下，轴向流速等于平均轴向流速：

$$\frac{dZ}{dt} = \frac{Q}{\pi(r_2^2 - r_1^2)} \tag{7.23}$$

式中，Q 为体积流量。

假定流体中 d 粒径的颗粒沉降到转鼓内壁所需的时间为 t_1，流体从转鼓入口到出口轴向流动所需的时间为 t_2，要使离心机出液澄清，则要求 $t_1 \leqslant t_2$。

颗粒沉降到转鼓内壁所需的时间 t_1 为

$$t_1 = \int_{r_1}^{r_2} \frac{dr}{dv} = \frac{g}{v_g \omega^2} \ln \frac{r_2}{r_1} \tag{7.24}$$

颗粒在转鼓内停留的时间 t_2 为

$$t_2 = \frac{L}{\dfrac{Q}{\pi(r_2^2 - r_1^2)}} = \frac{\pi L(r_2^2 - r_1^2)}{Q} \tag{7.25}$$

为了满足 $t_1 \leqslant t_2$ 的要求，则

$$\frac{g}{v_g \omega^2} \ln \frac{r_2}{r_1} \leqslant \frac{\pi L(r_2^2 - r_1^2)}{Q} \tag{7.26}$$

由此可得圆柱形转鼓沉降离心机生产能力计算式：

$$Q \leqslant \frac{v_g \omega^2}{g} \frac{\pi L(r_2^2 - r_1^2)}{\ln(r_2/r_1)} = \frac{d^2 \Delta\rho \omega^2}{18\mu} \frac{\pi L(r_2^2 - r_1^2)}{\ln(r_2/r_1)} \tag{7.27}$$

由式(7.27)可知，圆柱形转鼓沉降离心机生产能力计算式由两部分组成，前半部分 $v_g \omega^2/g$ 为物料颗粒在离心力场中的沉降速度对沉降离心机生产能力的影响，提高沉降速度可提高生产能力。由此可看出固液相密度差越大，在悬浮液内加入适量的凝聚剂或絮凝剂使分散的细颗粒凝聚成较大颗粒团，可以增大颗粒的沉降速度；同样值得注意的是液体黏度 μ 的影响，选择适宜的操作温度、降低液体的黏度来提高沉降速度是常用的措施。后半部分 $\dfrac{\pi L(r_2^2 - r_1^2)}{\ln(r_2/r_1)}$ 表示离心机的机械参数、结构参数对沉降离心机生产能力的影响。

3. 分离极限

由于固体颗粒在混合液中的布朗运动，必然会存在粒子扩散现象，即粒子能自发地从靠近转鼓壁浓度高的位置向浓度低的位置扩散。当出现高分散的微小颗粒的离心力与其布朗运动产生的压力平衡时，固体颗粒在混合液中处于悬浮状态，无法利用分离机的离心力进行分离。因此，在一定的离心力场中，可被分离的固体颗粒大小是有限的，当低于某个极限尺寸时不能被离心分离，此时的颗粒直径被称为分离极限粒子直径。极限粒子直径 d_1 可表示为

$$d_1 = 1.6 \left[\frac{kT}{(\rho_s - \rho)\omega^2 R} \right]^{1/4} \tag{7.28}$$

式中，k 为玻尔兹曼常数，$k = 1.3805 \times 10^{-23}$ N·m/K。

基于极限粒子直径 d_1 和分离因数 K_c 可建立如下关系式：

$$K_c = \frac{R\omega^2}{g} = \frac{1.734^4 T}{d_1^4 (\rho_s - \rho)g} \tag{7.29}$$

在生产实际中，根据需要分离的最小颗粒直径，通过式(7.29)即可计算出所需的最小分离因数，在此基础上进行机器选型及结构的设计，来满足生产中分离的需要。

7.2 离心机的典型结构

7.2.1 离心机的基本结构及分类

离心机可以按照分离过程的差异、分离因数的大小、运转连续性、卸料方式等进行分类。

1. 按分离过程的不同

可分为过滤式离心机、沉降式离心机和离心分离机。

在过滤式离心机中，悬浮液在离心力的作用下通过过滤介质，此时固体颗粒截留在过滤介质上并不断沉积成滤饼，悬浮液通过滤饼层和过滤介质形成滤液。离心过滤对固-液两相没有密度差的要求，通常用于含刚性颗粒的悬浮液分离。此类离心机有三足式、平板式、上悬式、旁滤式、刮刀卸料、活塞卸料、螺旋卸料、离心力卸料、振动卸料等形式。

沉降式离心机利用固-液两相或三相的密度差，在离心力的作用下，形成两相或三相分层而形成的分离。这种类型的离心机不需要过滤介质，对刚性、塑性颗粒的悬浮液分离均适用，应用范围较宽。此类离心机有三足沉降、螺旋卸料沉降、刮刀卸料沉降等形式。

离心分离机与沉降式离心机的原理相同，但其分离因数高(分离因数大于4000)，沉降面积大，沉降距离短，适用于含固率低及密度差小的液-液、液-液-固分离。此类离心机有碟式离心机、室式分离机、管式离心机等形式。

2. 按分离因数大小

可分为常速离心机、高速离心机和超高速离心机。

分离因数小于3500的离心机为常速离心机，其转鼓直径较大，转速较低，一般为过滤式，也有沉降式。分离因数的范围一般为400～1200。

分离因数在3500～50 000范围内的离心机为高速离心机，其转鼓直径较小，转速较高，一般为沉降式。

分离因数大于50 000的离心机为超高速离心机，其转鼓为细长的管式，转速很高，一般为分离机。

3. 按离心机运转的连续性

可分为间歇运转式离心机和连续运转式离心机。

间歇运转式离心机的加料、分离、卸渣过程是在不同转速下间歇进行，操作时必须按照操作循环中的各个阶段顺序进行。一般操作循环包括空转鼓加速、加料、加速到全速、全速运转实现分离、洗涤、甩干、减速、卸渣等几个阶段，各个阶段的时间并不相等。如三足式、上悬式离心机均属于此类型。

连续运转式离心机是在全速运转条件下，加料、分离、洗涤、卸渣等过程连续进行，生产能力有所提高。如活塞推料离心机、卧式刮刀卸料离心机、螺旋卸料离心机等属于此类型。

4. 按卸料方式不同

可分为人工卸料、机械卸料(刮刀卸料、活塞推料、螺旋卸料等)、惯性卸料(离心力卸料、振动卸料、进动卸料等)等。

7.2.2　过滤离心机

7.2.2.1　三足式离心机

三足式离心机是指旋转部件及机壳垂直悬挂支撑在三根摆杆或多块弹性元件上的立式过滤离心机。三足式离心机是世界上最早出现的过滤离心机,1836 年第一台用于棉布脱水的工业用三足式离心机在德国问世。三足式离心机是分离机械产品中数量最多、应用最广泛的品种之一,广泛应用于化工、制药、食品等工业部门中,可用于分离从 10μm至数毫米、含固量从 5%到 75%的液固两相悬浮液,也可以用于块状及成件物品的脱水。目前常用的三足式离心机按其卸料方式有人工上卸料、人工下卸料、吊袋上卸料、刮刀下卸料等形式。

1. 工作原理

三足式离心机结构简图如图 7.7 所示。工作时需要分离的悬浮液或需脱液的物料、成件物品被加入带有过滤介质的离心机转鼓内;悬浮液在离心力的作用下向鼓壁运动,固相颗粒由于过滤介质的阻碍被截留在过滤介质上形成滤饼层;而液相和部分更细颗粒

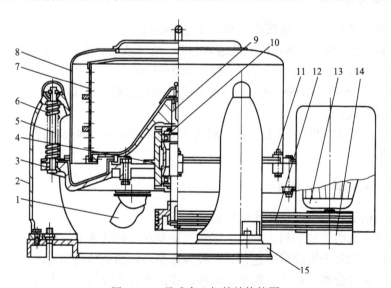

图 7.7　三足式离心机的结构简图

1. 出液管;2. 支柱;3. 底座;4. 轴承座;5. 摆杆;6. 弹簧;7. 转鼓;8. 机壳;9. 主轴;10. 主轴承;11. 机壳固定螺栓;
12. 传动胶带;13. 电机;14. 离心离合器;15. 底座

透过过滤介质和滤饼中的间隙而排出转鼓孔,实现了固-液两相的分离。根据分离工艺的要求,当滤饼形成一定厚度后,可停止加料,加入洗涤和置换液对滤饼进行洗涤和置换,再进行甩干、脱液分离,直至达到产品要求,降速停机后采用人工或机械方式将滤饼从转鼓内卸出。

三足式离心机的优点包括:对物料的适应性强,可以适应不同固相颗粒及不同浓度的悬浮液分离,选用合适的过滤介质可分离粒径为微米级的细颗粒,也可用于成件物品的脱液分离;结构简单,制造、安装、维修方便,成本低,操作简单,采用人工卸料方式易于保持固相晶粒;具有三足式弹性悬挂机构,能够有效地起到减振作用,保障设备的运行稳定;特殊结构的密封防爆型三足离心机使回转机构密封于一个密闭壳体内,可用于分离易燃易爆悬浮液。这种离心机的缺点在于其运行方式以间歇式或周期式操作,进料卸料需要停机或低速工作,升速过程物料不均匀易产生振动,降速过程刹车片磨损严重,生产能力低;人工卸料的三足式离心机劳动强度大,操作条件差,特别是在化工行业,敞开机壳卸料,存在环境污染,一般适用于中小规模的生产过程。

2. 主要零部件

三足式离心机主要由转鼓、主轴、悬挂支承装置、卸料装置、传动装置和制动装置组成,其中卸料装置和传动装置又因三足式离心机种类的不同而有所差异。

1)转鼓

转鼓是离心机的核心部件,由鼓底、鼓壁和拦液板组成。三者往往用铆接或者焊接形式连接,吊袋上部卸料的三足式离心机的拦液板在卸料时可与转鼓分离,随滤袋滤饼一起吊出。在鼓壁内侧衬有支撑滤布的金属网,方便排液。滤布通常制成袋形铺设在支撑网上。

上部卸料的转鼓底是封闭的,轮毂位于中部。下部卸料的转鼓底则为环形,在中空部分有数条轮辐状筋板与轮毂相连,各筋板形成的扇形开口即为下部卸料口。为了便于刮料,下部卸料的三足式离心机的环状鼓底均制成平板形。为了提高离心机主轴的临界转速,转鼓重心应尽可能靠近轮毂内轴承的支承中心,使轮毂尽可能伸入转鼓内部,呈凹形转鼓。一般采用轮毂和鼓底铸造,或用焊接的方法连成一个整体。

转鼓的鼓壁多用钢板卷焊而成,在筒身上均匀、规则地开设有许多排液孔,筒径较大时转鼓外侧配有补强圈。转鼓开孔率的大小由转鼓的转速和分离物料的性质所决定,三足离心机的开孔率在 5%左右。孔径的大小以小直径为原则,从而减小对转鼓强度的削弱,为了兼顾可加工性,常用的孔径为 6~10mm,孔间距 $L \geqslant (3 \sim 5)d$。转鼓排液孔分布主要包括菱形分布与矩形分布,为了减小对转鼓强度的影响,多采用菱形分布,并且开孔位置与拼接纵焊缝错开分布。转鼓的高度一般设置为转鼓直径的 0.4~0.6 倍,增加转鼓高度能够增加转鼓容积以及过滤面积,但同时也会使转鼓质心与转鼓支承点的距离增加,使转鼓的临界转速降低,并且会给装卸料操作带来困难。

位于转鼓上部的环形盖板称为拦液板,其作用是阻挡悬浮液从转鼓的顶部溢出,并使滤渣在转鼓内沉积成一定厚度的滤饼层。拦液板内径的大小决定了转鼓内可存储的滤饼体积的大小,也会受到转鼓强度的制约,同时还会影响到卸料操作的便利性。因此拦液板内径通常为转鼓直径的 0.7～0.8 倍。

2) 主轴

三足式离心机的主轴及其支承、驱动装置都安装在机器的外壳上，整个主机处于挠性支承。主轴往往设计为短而粗的刚性轴，有利于降低设备的高度，便于安装、操作、维修。主轴和转鼓的配合面为圆锥面，锥面的摩擦可以传递扭矩。近年来也较多地采用圆柱面进行配合，以柱销传递扭矩。在轴端用大压紧螺母将转鼓固定于主轴。

3) 悬挂支承装置

三足式离心机的悬挂支承装置是其区别于其他离心机的最大特点。悬挂支承装置能够形成挠性系统，系统的固有频率远低于刚性主轴的回转频率，在机身有较大摆动的情况下能够减小不均匀载荷对轴承的冲击，改善离心机的运转性能，保障离心机基础的稳定性。

4) 卸料装置

三足式离心机的卸料方式分为人工卸料和机械卸料两大类。人工卸料的生产效率低，劳动强度大，但对物料的适应性强；机械卸料的生产效率高，可实现程序控制自动化，应用日趋广泛，适用于较疏松颗粒状的滤饼物料。具体的卸料装置类型众多，包括吊袋式卸料机构、径向移动宽刮刀卸料机构、回转宽刮刀卸料机构、螺旋刮刀卸料机构、窄刮刀卸料机构、气流机械卸料机构、螺旋上部卸料机构、立式活塞上部卸料机构等。

5) 传动装置

三足式离心机主要采用单电机侧驱动形式，通过皮带轮带动主轴转动。若采用人工卸料的方法，需要电机停机后进行卸料操作；若采用机械卸料的方法，则较多采用双速或变频电机驱动，满足离心机在进料、分离和卸料过程对转速不同的要求。加料的转速要求为 200～800r/min，分离的转速往往为 1000～1600r/min，刮刀卸料的转速一般在 20～100r/min。除了侧驱动方式外，有些三足式离心机还采用上部驱动的形式。电机位于离心机顶部，直接通过联轴器与主轴连接，驱动转鼓运动。它的优点是能够更好地实现传动效果，并且为下部卸料提供了更好的空间。另外对于转鼓直径大，对转轴的转速精度、变速和卸料的要求高的情况，还可以使用液压驱动装置。

7.2.2.2　卧式刮刀卸料离心机

卧式刮刀卸料离心机是一种间歇操作的固、液分离设备，具有固定过滤床，在离心力的作用下周期性地进行进料、分离、洗涤、卸料等工序，并由液压和电器联合自动控制。卧式刮刀离心机的结构特点是其主轴水平地放置在一对滚动轴承上，转鼓装在主轴的外伸端。这种离心机对分离的物料具有较强的适应能力，可用于分离含固相颗粒粒径约大于 10 μm 的固-液两相悬浮液，固相含量的质量分数大于 25%，液相黏度小于 $1×10^{-3}$ Pa·s，能适用于使用三足式离心机分离的大部分物料。卧式刮刀卸料离心机的防爆型结构可用于易燃、易爆、有毒物料的固液分离，在石化以及医药行业应用广泛。值得注意的是该离心机在卸料过程中，刮刀在全速运动下切入滤饼层，对已脱液的固相颗粒有一定的破碎作用，因此对于不允许破碎的固相颗粒不适合采用这类离心机；另外对于脱液后滤饼黏结成块的物料，或者由于固相的析出容易堵塞过滤介质的场合，一般不适合使用卧式刮刀卸料离心机。

1. 工作原理

卧式刮刀卸料离心机的工作原理与三足式离心机相似，但是这种离心机的转鼓与主轴为水平即卧式布置，这样能够克服三足式离心机长径比较大时物料在转鼓内不均匀分布的问题。图 7.8 给出了卧式刮刀卸料离心机的工作原理图。当离心机启动达到工作转速后，进料阀开启，悬浮液通过进料管、扁平进料嘴进入离心机转鼓的下部，并均匀地分布于转鼓全长上。随着转鼓的回转，悬浮液在离心力的作用下，液相通过过滤介质及转鼓壁上的排液孔被甩出，转鼓壁上的滤饼层不断累积增厚，当达到设定的允许厚度触及加料限位开关，自动关闭进料阀，进料停止。随后根据工艺的要求，洗涤阀将开启，洗涤液由洗涤液管上均匀分布的小孔排出，对滤饼进行洗涤。当满足洗涤要求后，洗涤阀关闭，转鼓继续脱液甩干，然后刮刀切入滤饼层，实现刮削卸料，固相物料通过卸料斗从离心机排出。当刮刀到达极限位置后，完成卸料，根据需要完成过滤介质的再洗涤，并进入下一循环。

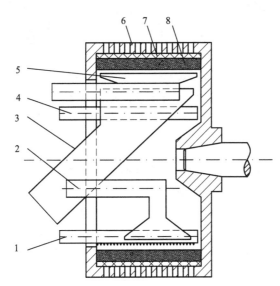

图 7.8 卧式刮刀卸料离心机工作原理

1. 耙齿；2. 进料管；3. 料斗；4. 洗涤液管；5. 刮刀；6. 转鼓；7. 过滤介质；8. 滤饼层

2. 主要零部件

图 7.9 给出了 WG-800 卧式刮刀卸料离心机结构简图，主要由机座、回转体(转鼓、主轴、皮带轮)、轴承箱、机壳、门盖、进料装置、卸料装置、洗涤装置、液压系统等零部件组成。机座上装有机壳和轴承箱，机座下有液压系统的储油空间。转鼓由转鼓壁、转鼓底以及拦液板组成。转鼓内侧过滤介质与转鼓间一般设有衬网，以架空滤布，使透过过滤介质的滤液能顺利地从转鼓壁上的小孔排出。门盖上装有卸料系统，包括卸料斗、卸料提升油缸及刮刀装置，通过油缸活塞杆的动作带动刮刀装置的上升而刮卸滤饼。门

盖上还装有进料管、洗涤管、料位观视镜、耙齿机构。耙齿机构的作用是使物料能够均匀地分布在转鼓壁,防止布料不均而引起噪声与振动,同时也能控制进料量,使转鼓内的滤饼厚度控制在最大装料限内。

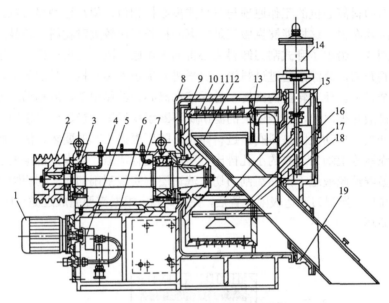

图 7.9　卧式刮刀卸料过滤离心机

1. 油泵电动机;2. 皮带轮;3. 双列向心球面滚子轴承;4. 轴承箱;5. 齿轮油泵;6. 机座;7. 主轴;8. 机壳;9. 转鼓底;10. 转鼓筒体;11. 滤网;12. 刮刀;13. 拦液板;14. 油缸;15. 耙齿;16. 进料管;17. 洗涤液管;18. 料斗;19. 门盖

1)转鼓支承形式

卧式刮刀卸料离心机的转鼓支承形式主要有悬臂支承、简支承和支承内凹三种形式。

图 7.10(a)所示的是悬臂支承结构简图,转鼓安装在两轴承支承之外形成悬臂结构。这种支承形式结构简单,操作、维护以及检修方便,并且不会影响进料、洗涤、出料装置的布置。但是在悬臂支承形式下,主轴的刚性较差,临界转速较低,并且当物料在转鼓中分布不均匀时离心机运行过程中振动相对较大。悬臂支承在卧式刮刀卸料离心机中的应用最广泛,特别适用于转鼓直径较小的场合。

图 7.10(b)所示的是简支承结构简图,转鼓安装在两轴承支承之间,主轴为简支梁,整个回转系统刚性较好,运转较平稳,振动相对较小。但由于主轴穿过转鼓支承,致使转鼓内进料管、洗涤管、料位探测装置、卸料机构、卸料斗等结构布置困难,同时给离心机的装配、检修带来了诸多不便。因此简支承结构在离心机中应用较少。

图 7.10(c)所示的是支承内凹结构简图,与悬臂支承结构相比,其特点是转鼓重心接近于前轴承中心,同时两支承的间距也得到了增加,从而提高了结构的临界转速,并使离心机在运转过程中更加平稳。但在这种结构中轴承伸入转鼓底部,减小了转鼓内的空间,致使刮刀卸料装置的布置造成了困难,同时还会影响轴承的润滑与散热。这种结构应用于转鼓直径较大、转鼓长径比较大的场合。

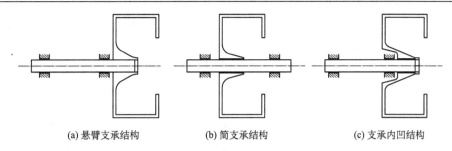

(a) 悬臂支承结构　　　　　(b) 简支承结构　　　　　(c) 支承内凹结构

图 7.10　转鼓支承结构示意图

2) 卸料结构

卧式刮刀离心机的卸料结构与转鼓长径比以及滤饼的特性有关。卸料刮刀分为宽刮刀和窄刮刀;进刀方式分为径向移动式和旋转式。各刮刀卸料装置的特点与应用见表 7.4。

表 7.4　各刮刀卸料装置的特点与应用

项目	宽刮刀		旋转窄刮刀
	径向移动式	旋转式	
卸料转速	全速	全速	全速
适用的滤饼	较松软	松软	较结实
适用的转鼓直径	≤800mm	大直径	大直径
特点	刚性好、结构简单	密封性好、刚性较差	刮料力较小、运转较平稳、结构较复杂

3) 减振装置

虽然卧式刮刀离心机的转鼓经过了动平衡校验,但仍然会存在一定的不平衡量,并且在工作过程中,进料的不均匀性、刮刀卸料过程产生的干扰力以及悬臂梁结构的变形等都会加剧高速转动的离心机的振动,采用合适的减振装置对离心机的正常工作起到了重要作用。目前常用的减振装置包括橡胶减振器以及组合阻尼减振器。

橡胶减振器通过橡胶材料产生弹性变形时与金属相比其内摩擦系数较大,有较大的阻尼作用。这种减振器结构简单、制作方便,一般用于全速使用的卧式刮刀卸料离心机。但是橡胶的阻尼作用随着其成分与硬度不同而发生较大变化,并且存在易老化、高温下耐久性差等缺点。

组合阻尼减振器为金属弹簧与高黏度阻尼油的组合,这类减振装置吸振率高,并且通过特殊黏度的阻尼油作用,能够有效减缓离心机振动对基座的影响。但当机器启动和停机越过振动系统的固有频率时,振动较严重,同时这类减振装置的制作成本较高。因此主要应用于对转速有变动的场合,如通过变频控制实现低速进料、高速分离、低速刮削卸料的卧式刮刀卸料离心机。

7.2.2.3　活塞推料离心机

活塞推料离心机是一种连续进料、脉动卸料的自动连续过滤式离心机,能够在全速下完成进料、过滤分离、洗涤、甩干和卸料的整个分离工序。最早于 1908 年提出,并由瑞士 ESCHER WYSS 制造，于 1939 年在瑞士阿巴韦甜菜制糖厂得到了应用。经过了几十年的发展，由最初的单级活塞推料离心机发展到双级、多级，转鼓形式由圆柱型发展到圆柱-圆锥组合型，转鼓尺寸由小直径发展到大直径，规格参数日趋完善。目前活塞推料离心机可用于分离具有良好过滤性的晶粒、颗粒、纤维等物料，广泛应用于化工、轻工、煤炭等行业。

活塞推料离心机的主要优点包括：分离后的滤饼残余含液量较低，质量分数可小于5%；便于对滤饼进行充分洗涤，可去除晶体颗粒 90%的杂质；整个操作过程连续、自动，劳动强度低，生产效率高。由于活塞推料离心机的工作过程是连续进料并且通过筛网过滤的，因此对分离的物料要求较高。首先，悬浮液的浓度需均匀、稳定，悬浮液中的固相含量一般需大于 30%，固相含量越高，生产能力越大；仅适用于固相与液相的分离，要求固相颗粒的形状和尺寸均匀，粒径分布集中，并且颗粒的粒径越大，分离效果越好，一般适用于固相颗粒粒径 90%以上大于 0.1mm 的悬浮液物料；由于活塞推料离心机的卸料过程是通过推料盘将滤饼层脉动向前推料进行，因此要求固相颗粒有一定的强度。

1. 工作原理

单级活塞推料离心机的工作原理如图 7.11 所示。当转鼓达到工作转速后，悬浮液由进料口进入，通过圆锥形布料盘均匀地分布在转鼓内的筛网上。在离心力的作用下，滤液通过筛网的孔隙以及转鼓上的排液孔被甩出转鼓，固相颗粒则被截留在筛网上并形成滤饼层。

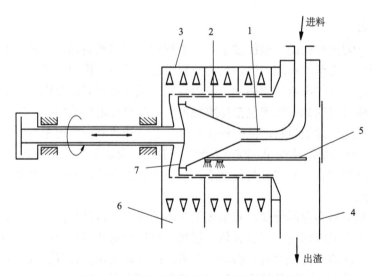

图 7.11　单级活塞推料离心机的工作原理

1. 进料管；2. 布料盘；3. 转鼓；4. 排料口；5. 洗涤管；6. 排液口；7. 推料盘

通过液压系统的驱动，在转鼓内的推料盘沿着转鼓轴线方向进行往复运动。推料盘往前移动推动滤饼层也往前移动，推料盘往后移动时筛网表面又形成新的滤饼层。在推料盘不断往复运动的过程中，滤饼层不断形成并沿着转鼓的轴向往前脉动，通过排渣口排出转鼓，实现滤饼卸料。滤液则通过机壳收集后，经排液口排出离心机。根据物料的需要，还可以进行洗涤操作，洗涤液通过洗涤管连续喷洒在滤饼层表面，在离心力的作用下对滤饼层进行洗涤。

双级活塞推料离心机的工作原理如图 7.12 所示。与单级活塞推料离心机的工作原理不同，双级活塞推料离心机中设有一个内转鼓，在工作过程中内转鼓做往复运动。而推料盘则通过螺栓与外转鼓相连，做旋转运动，因此推料盘与内转鼓间做相对往复运动。物料由进料管进入推料盘前的布料装置，均匀分布于内转鼓的筛网上，滤液通过筛网的网隙、内转鼓排液孔和外转鼓排液孔排出，同时固相颗粒则沉积在筛网上形成滤饼层。内转鼓在往复运动的过程中，往后运动时，推料盘将内转鼓筛网上的滤饼往前推一段距离；往前运动时，内转鼓端部的推料片将外转鼓筛网上的滤饼层往前推一段距离，同时内转鼓筛网表面又形成新的滤饼层。由此滤饼沿着转鼓轴向不断脉动移动，实现固液分离。

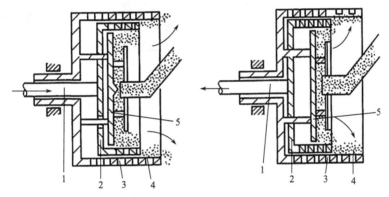

图 7.12　双级活塞推料离心机的工作原理图

1. 推杆；2. 内转鼓；3. 外转鼓；4. 筛网；5. 推料盘

2. 主要零部件

单级活塞推料离心机主要由转鼓、筛网、推料盘、主轴、推杆、轴承座、机座、机壳、复合油缸、传动系统、液压系统以及电控系统组成，结构示意图如图 7.13 所示。

空心的主轴安装在两个水平安置的滚动轴承上，转鼓悬臂支撑于主轴的右端，转鼓内装有筛网，主轴的左端与复合油缸相连。推杆通过两个滑动轴承支撑于主轴内，推杆一端与推料盘相连，另一端与复合油缸中的活塞相连。在工作过程中，推杆不仅做轴向往复运动，同时通过复合油缸中的导向杆与主轴做同步回转，由此确保推料盘做往复运动以及同步旋转运动。布料斗通过螺栓与推料盘相连，与推料盘做同步回转，从而保证均匀布料。

双级活塞推料离心机除了包含单级活塞推料离心机的零部件外，还设有内转鼓（又称一级转鼓）和外转鼓（又称二级转鼓）。与单级活塞推料离心机不同的是，推杆一端支承内转鼓，内转鼓一方面沿着转鼓轴向做往复运动，另一方面与外转鼓做同步回转运动。而推料盘、布料斗与外转鼓相连，仅做回转运动。

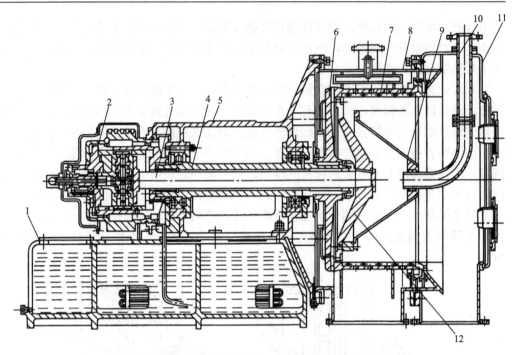

图 7.13　单级活塞推料离心机结构示意图

1. 机座；2. 复合油缸；3. 推杆；4. 主轴；5. 轴承箱；6. 转鼓；7. 筛网；8. 中机壳；9. 布料斗；10. 进料管；11. 前机壳；12. 推料盘

7.2.3　沉降离心机

利用离心沉降原理，实现固相和液相组成的悬浮液或液-液-固组成的三相混合液的分离过程称为离心沉降分离过程，所用到的机器称为沉降离心机。沉降离心机的特点包括分离因数高，分离的固相颗粒沉降在转鼓壁上不需要过滤介质，适用于分离固相粒径小、固-液两相密度差小的混合液。沉降离心机有间歇式和连续式两种。间歇式沉降离心机有三足式沉降离心机、刮刀卸料沉降离心机等；连续式沉降离心机主要有螺旋卸料沉降离心机。

7.2.3.1　卧式螺旋卸料沉降离心机

卧式螺旋卸料沉降离心机自 20 世纪 50 年代初问世以来，由于它具有分离因数高，能实现悬浮液的浓缩、脱水、澄清、粒度分级的过程，对分离物料的适应性强，单位生产能力的功耗低等优点，在石油、化工、轻工、食品、采矿、制药、环保等行业得到了广泛应用。

卧式螺旋卸料沉降离心机的主要优点包括：①对物料的适应能力强，可分离固相颗粒的粒度范围为 5 μm～5mm，固相浓度范围为 0.5%～40%，并且在分离过程中对固相颗粒粒度变化和固相浓度的变化不敏感；②分离操作连续，可实现自动化，操作成本低；③分离因数高，单机生产能力大，结构紧凑；④能够实现密闭，能够在加压和低温环境下操作，可分离处理易燃、易爆和有毒物料；⑤不需要过滤介质，不存在滤网堵塞问题，适用于塑性颗粒、菌体和油腻物料的分离。

卧式螺旋卸料沉降离心机的缺点包括：①卧式螺旋卸料沉降离心机沉渣的含湿量比过滤离心机高，同时沉渣的洗涤效果不好；②卧式螺旋卸料沉降离心机转速高，转动件加工精度高，结构复杂，造价高。

1. 工作原理

卧式螺旋卸料沉降离心机工作原理图如图7.14所示，主要由高转速的转鼓和与转鼓旋转方向相同但有一定转速差的输送螺旋、差速系统、驱动装置、机壳、底架等部分组成。需要分离的悬浮液由进料管输入，随后经过输送螺旋进入高速旋转的转鼓，在离心力的作用下密度较大的固相颗粒则沉积于转鼓壁；由于差速系统的作用，输送螺旋与转鼓存在一定速度差，输送螺旋利用这个速度差可以将沉积在转鼓壁的物料输送至转鼓的锥端干燥区；沉渣受到输送螺旋的推力以及转鼓的离心力双向挤压，使沉渣进一步挤压脱水，从转鼓锥端的固相排渣口排出；环形液流的液层深度可通过转鼓大端的溢流挡板进行调节，以获得沉渣和清液的各自分离效果，分离后的清液经大端溢流口排出。对于某些悬浮液的固液分离，可以加入合适的絮凝剂促进悬浮液中固相颗粒聚集成团，加速固相沉降，实现更好的分离效果。

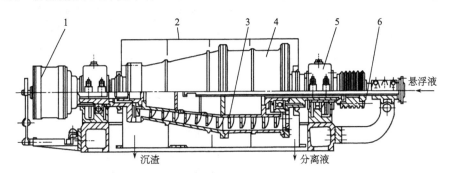

图 7.14 卧式螺旋卸料沉降离心机工作原理图

1. 差速器；2. 机壳；3. 输料螺旋；4. 转鼓；5. 轴承座；6. 进料管

2. 主要零部件

1) 转鼓

转鼓是卧式螺旋卸料沉降离心机的主要部件，转鼓的结构形状和技术参数直接关系到离心机的选型以及分离效果。最初卧式螺旋卸料沉降离心机的转鼓均为锥形转鼓，随后通过试验对比发现，柱锥形转鼓能够有效地增加转鼓内液池容量，从而提高离心机的分离效果。柱锥形转鼓由一个或多个圆柱体筒体、一个圆锥形筒体以及大小端轴颈组成。转鼓一般采用卷板焊接或离心浇铸制成。

卧式螺旋卸料沉降离心机的转鼓上设有溢流板、排渣口，根据需要转鼓内壁设有筋条，排液口外端设有刮刀。转鼓内液池的深度由大端轴颈上的溢流板调节，液池越深，液相澄清效果越好，但是沉渣的含水率会随之提高。排渣口设置于转鼓小端，并由径向排渣，排渣口的形状有圆形、方形、半腰形与梅花形等，数量有 4～10 个。排渣口的大小影响排渣能力与排渣阻力。为避免出现排渣不畅，在满足转鼓强度要求的前提下，排渣口径尽可能开大。为了提高排渣口的耐磨性，可以采用安装耐磨套或喷焊耐磨硬质合金等方法。为了解决转鼓内壁的磨损问题，可以在转鼓内壁焊接筋条或拉槽，也可以在内壁上粘接人造草皮。其中焊接筋条的方法最常用，它不但有利于防止沉渣的滑移，而且有利于防止沉渣与转鼓内壁产生磨损。为了防止沉渣黏附在排渣口，在转鼓排渣口外圆柱面上设置对称的、由耐磨材料制成的两个刮刀，并用螺栓与转鼓固定以便拆卸更换。

　　2）输送螺旋

　　输送螺旋是卧式螺旋沉降离心机的又一关键部件，它能够将沉渣连续自动地输送至排渣口，其结构、材料和参数不仅关系到离心机的生产能力、使用寿命，而且直接影响到排渣效率和分离效果。输送螺旋安装在转鼓内的轴承上，输送螺旋叶片外缘形成的母线与转鼓内壁轮廓线母线相同，但两者存在间隙。通过输送螺旋与转鼓旋转方向相同，但转速存在 0.3%～4%的转速差，从而实现输送沉渣至转鼓小端排渣口，输送螺旋的输渣方式见表 7.5。

表 7.5　　输送螺旋的输渣方式

螺旋缠绕方向	螺旋相对转鼓的旋转	转鼓与螺旋的旋转方向
右旋	超前	顺时针
	滞后	逆时针
左旋	滞后	顺时针
	超前	逆时针

　　输送螺旋主要由螺旋叶片、螺旋筒身、进料腔、大小端轴颈等部分组成，其结构图如图 7.15 所示。螺旋叶片是直接输送沉渣的部件，其结构形式包括连续整体螺旋叶片、连续带状螺旋叶片、间断式螺旋叶片。其中连续整体螺旋叶片最常用，其加工简单，使用范围广；而连续带状螺旋叶片刚度差，使用范围小，主要用于淀粉的分离；间断式螺旋叶片由若干错开的螺旋线组成，在脱水区螺旋叶片断开，可以使液体沿较短的路程流出。螺旋筒身是通过焊接或铸造而成的空心筒体，有单锥式、柱锥式和阶梯直筒式，其中柱锥式应用最广。筒内通过隔板分隔形成进料腔，进料位置往往布置在转鼓锥柱的交接处，可以防止螺旋出料对沉渣的冲击，提高分离的效果。螺旋内筒两端分别与大小端轴颈相连，轴颈支撑在转鼓两端端盖内腔中的轴承上。螺旋大小端轴颈与螺旋筒体采用止口配合结构相连，保证组合后的同轴度要求。螺旋枢轴的驱动端通过花键轴与差速器的输出相连。输送螺旋是高速回转部件，它与转鼓一样，在加工组装完成后，需要进行动平衡试验，满足平衡量的要求。

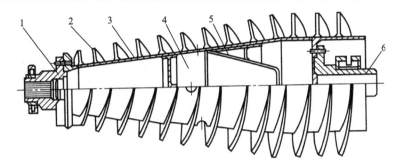

图 7.15　输送螺旋部件结构示意图

1. 螺旋小端轴颈；2. 螺旋叶片；3. 螺旋筒身；4. 进料腔；5. 加速腔；6. 螺旋大端轴颈

7.2.3.2　三足式沉降离心机

三足式沉降离心机转鼓壁无滤孔，操作时无须过滤介质，沉渣可沉积至转鼓有效容积的 60%~80%而不影响沉降效率。适用于含固相颗粒细、黏度高、浓度低、过滤介质再生困难的悬浮液固液分离，主要应用于医药、化工以及食品行业，可用于管式分离机前道工序的预处理设备。

三足式沉降离心机如图 7.16 所示。这种离心机的整体结构与三足式过滤离心机基本相似，主要的区别是将三足式过滤离心机带孔的过滤式转鼓换成不带孔的沉降式转鼓，同时增加了位置可调节的撇液管装置。沉渣用刮刀刮除或停机人工清除。转鼓材料通常为不锈钢，也可选用碳钢、钛合金以及碳钢衬橡胶或喷涂聚合物材料。三足式沉降离心机的优点是可任意调节澄清时间，对物料的适应性强，运转平稳，结构简单，造价低；缺点是间歇性操作，生产辅助时间长，生产能力低。

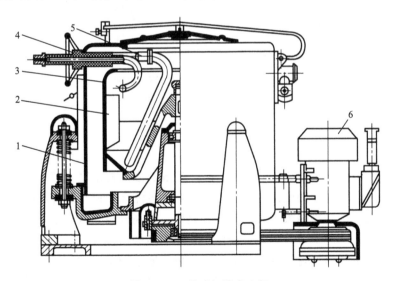

图 7.16　三足式沉降离心机

1. 机壳；2. 筋板；3. 转鼓；4. 撇液管装置；5. 进料装置；6. 电动机

三足式沉降离心机在转鼓达到工作转速后进行加料，加料方法有两种：①间歇式加料，将物料引入转鼓并将转鼓加满，悬浮液沉降分离后用撇液管撇除清液，采用低速刮刀卸料或停机人工卸料清除沉渣；②连续式加料，将悬浮液连续加入转鼓中，清液经拦液板溢流或用撇液管连续排出，当转鼓内沉渣沉积到一定厚度而影响到分离时停止加料，将转鼓内的液体用撇液管撇出，然后采用刮刀或人工卸料清除沉渣。

7.2.3.3　卧式刮刀卸料沉降离心机

卧式刮刀卸料沉降离心机可用于分离不易过滤、含不溶性固相的低浓度(5%~30%)悬浮液，悬浮液中固相颗粒度为 5~40 μm。

卧式刮刀卸料离心机的结构与卧式刮刀卸料过滤离心机的结构相似，主要区别也是转鼓不开孔，并在离心机中装有撇液管装置。卧式刮刀卸料离心机的示意图如图 7.17 所示，悬浮液由进料管加到转鼓底部由流道进入转鼓，物料沿着轴向流动，固相颗粒沉降到转鼓壁，液体在拦液板处溢流，固相颗粒在转鼓壁沉积增厚。当分离液的澄清度降低到极限值时，停止加料，用刮刀刮除滤渣。若沉渣具有流动性，可用撇液管排出。卧式刮刀卸料离心机的操作方法有两种：转鼓加满后停止加料以及连续加料连续排出清液，如图 7.17 所示。

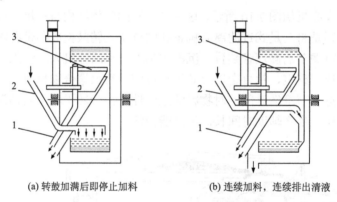

(a) 转鼓加满后即停止加料　　　　(b) 连续加料，连续排出清液

图 7.17　卧式刮刀卸料沉降离心机
1. 撇液管；2. 进料管；3. 刮刀

7.2.4　离心分离机

当分离固相浓度小于 1%、固体颗粒小于 5 μm、固液相密度差较小的悬浮液，两相密度差很小、分散性很高的乳浊液时，前面介绍的过滤离心机与沉降离心机已无法满足要求，此时需要采用分离因数更高的离心分离机。提高分离因数的途径有提高转鼓转速或者增加转鼓直径，但是随着转鼓直径以及转速的增加，转鼓材料的应力值不断增加，特别是当转鼓的半径增加时，分离因数的增加量远低于鼓壁应力的增加量，因此需要限制转鼓半径的大小。但是由于转鼓半径过小限制了分离机的生产能力并且影响了物料在转鼓内的停留时间，因此离心分离机结构可设计为碟式、管式和室式。

7.2.4.1 碟式分离机

碟式分离机是分离机中数量最多、应用最广的一种，其分离因数一般大于 3500，转鼓的转速一般为 4000～12 000r/min。常用于分离各相密度相近、颗粒度小、高度分散的物料，比如密度差很小的乳浊液、高黏度液相中含有颗粒度小的悬浮液等。碟式离心机的分离因数为 5000～15 000，当量沉降面积可达 30 000m²，生产能力可达 300m³/h。碟式分离机分离因数高，生产能力大，并且能够制成密闭防爆结构，被广泛应用于化工、石油、医药、食品、轻工、生物工程等行业。

1. 工作原理

碟式分离机的结构简图如图 7.18 所示。转鼓 3 在电动机以及传动齿轮的驱动与增速下达到工作转速，待分离的物料通过加料管输送至转鼓，在转鼓内进行分离。按工作原理的不同，碟式分离机可分为离心澄清型和离心分离型。离心澄清型碟式分离机主要用于分离固相颗粒粒度为 0.5～500μm 的悬浮液；离心分离型碟式分离机主要用于分离乳浊液，即液-液分离，也可以用于分离含有少量固相颗粒的乳浊液，即液-液-固分离。离心澄清型和离心分离型的区别主要体现在转鼓内的结构不同。

离心分离型碟式分离机的转鼓结构如图 7.19(a)所示，碟片上开有中性孔，中性孔的位置与轻重液的密度和体积比有关。工作过程中，乳浊液从中心管进入，经碟片底架 1 由中性孔 3 分别流入各碟片间的环隙进行分离，较轻的液体向中心流动，重液向转鼓壁流动，分离得到的轻重液分别由各自排液口流出。在运转过程中，转鼓顶端轻、重液的分界面即中性面可以通过改变设在重液出口处调节环的尺寸进行调节。如果乳浊液中含有少量固体颗粒，则会沉积于转鼓的内壁处，需人工卸料排出。

离心澄清型碟式分离机的转鼓结构如图 7.19(b)所示，碟片不开孔，出液口仅有一个。悬浮液经碟片底架流至转鼓内壁处，随后进入各碟片间隙；悬浮液中的澄清液向轴中心流动，由于碟片间的间隙很小，固相颗粒的沉降距离极短，形成薄层流动，悬浮液中的细小颗粒在极短时间内即被分离。

碟式分离机结构的最大特点是在转鼓内装有很多保持一定间距(一般为 0.4～1.5mm)的锥形碟片。碟片半锥角为 30°～50°，碟片厚度为 0.4mm，外径为 70～160mm，碟片数为 40～160 个。被分离的物料在碟片间隙呈薄层流动，这样可以减小液体间的扰动，缩短沉降距离，增加沉降面积，大大提高分离效率和生产能力。

2. 主要零部件

碟式分离机的结构主要由机座、机壳、转鼓、传动机构和控制组件等零部件组成。

1)机座与机壳

机座作为电动机、离合器和传动部件的支承构件，是整台分离机的基础部件，其结构形式主要有三种：交叉立轴式传动系统机座、下皮带传动系统机座和上皮带悬挂式传动系统机座，如图 7.20 所示。机座一般采用铸造或焊接而成，与转鼓和物料相接触的部分常采用不锈钢材料或进行防腐蚀处理。

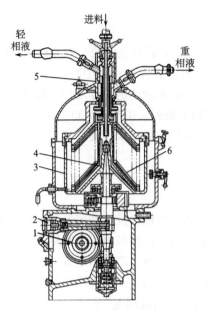

图 7.18　碟式分离机结构简图

1. 传动齿轮; 2. 转速表; 3. 转鼓; 4. 主轴; 5. 进出料装置;
6. 碟片

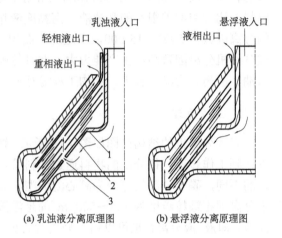

(a) 乳浊液分离原理图　　(b) 悬浮液分离原理图

图 7.19　碟式分离机分离原理

1. 转鼓底架; 2. 碟片; 3. 中性孔

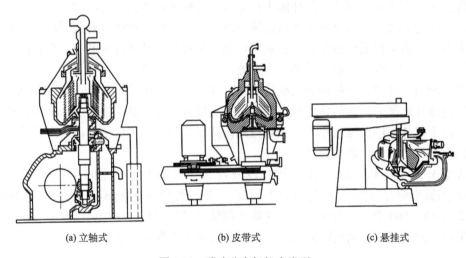

(a) 立轴式　　　　　　(b) 皮带式　　　　　　(c) 悬挂式

图 7.20　碟式分离机机壳类型

　　机壳主要用于收集从转鼓中分离得到的轻相与重相液体以及沉渣,另外机壳上还会设置进料装置、管道、视镜、监测仪表和传感器等。机壳的材料一般采用不锈钢制成。

　　2) 转鼓组件

　　转鼓组件是碟式分离机进行物料分离的核心部件,包含有转鼓、碟片组件、进出料系统和排渣装置等。

　　(1) 转鼓。为了提高碟式分离机的生产能力和分离效果,可以通过提高转鼓的直径以及转速来实现。但与此同时，转鼓在高速回转过程中会受到自身重力、离心力以及结构的约束力作用，随着转鼓的直径以及转速的增加，转鼓的应力也会急剧增加，若设计不当可能会出现转鼓强度破坏事故。因此转鼓直径和转速的极限值主要取决于转鼓材料的机械强度。通过计算分析与实验发现转鼓底的应力值最大，并且充液后的应力值还会有所增加。

　　转鼓直径与结构的设计，需要综合考虑机械强度与卸料过程。对于间歇性卸料，转鼓内留有适当的沉渣存储空间，以减小分离过程中卸料辅助时间所占的比例；对于连续卸料，则主要控制浓缩后沉渣的固液比及沉渣与转鼓摩擦角等参量，使沉渣区的形状与角度有利于沉渣的聚集与排放。转鼓底与顶盖常用锁紧螺母连接，由于锁紧螺母处应力较大，并且螺纹连接处存在应力集中，螺母的选材与加工需严格按照规程进行。

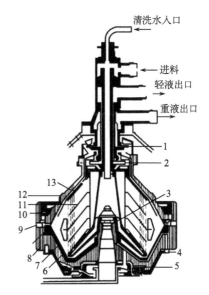

清洗水入口

进料
轻液出口

重液出口

图 7.21　碟片组件结构

1. 重液向心泵；2. 轻液向心泵；3. 碟片座架；
4. 泄水阀；5. 高压水腔；6. 操作水腔；
7. 活塞；8、12. 转鼓；9. 排渣口；
10. 大锁紧螺母；11. 碟片；13. 顶盘

　　(2)碟片组件。碟式分离机中料液的分离主要在碟片间进行，碟片结构如图 7.21 所示，物料在碟片中的流动状态与分离效果与碟片的形状、尺寸、间隙、碟片数量和旋转速度等参量均有关。

　　碟片母线与转鼓轴线的夹角为碟片的半锥角，用 α 表示。该值的大小与悬浮液中固相在碟片表面的摩擦角有关，根据 $\tan\alpha > f$ 的条件，α 值应取在 $30° \sim 45°$ 范围内。

　　碟片内的物料在层流状态最有利于分离的进行。研究与实践表明物料在碟片间隙的流动状态与碟片间隙尺寸 h 有关，h 值越小，层流转化为湍流的临界雷诺数越高，液体层流的稳定度越大。通常碟片间隙控制在 1mm 左右，具体取值还与物料中所含的颗粒大小以及黏度相关。

　　碟片数 Z 可根据分离机的生产能力 $Q(\mathrm{m^3/h})$ 和碟片间隙内液体的允许流量 $q(\mathrm{m^3/h})$ 确定，即 $Z=Q/q$。而碟片束的高度则为

$$H = \frac{Z(h+\delta)}{\sin\alpha} \tag{7.30}$$

式中，δ 为碟片厚度。综合考虑碟片形状的可加工性、耐磨性与结构稳定性，碟片厚度一般取 0.5～1mm。为了保障转鼓运行的稳定性，碟片束的高度 H 不宜取得过大，H 值的选择原则是转鼓对称轴线的惯性矩与垂直于对称轴线且穿过转鼓惯性中心轴线的惯性矩尽量接近。若 H 值过大，可通过改变碟片数 Z 进行调整。

　　碟片的大小端半径会对分离机的生产能力产生影响。分离机的生产能力可表示为

$$Q = v_{\mathrm{g}}\Sigma \tag{7.31}$$

式中，v_g 为颗粒重力沉降速度，m/s；$\sum$ 为分离机的当量沉降面积，m^2。

$$\sum = \frac{2\pi Z \omega^2 (r_{max}^3 - r_{min}^3)}{3g \tan \alpha} \tag{7.32}$$

式中，r_{max} 为碟片大端半径；r_{min} 为碟片小端半径；ω 为旋转角速度(rad/s)。由上面的分析式可知，增加 r_{max} 和减小 r_{min} 均能够提高分离机的生产能力。碟片的大端半径由标准化的碟片外径确定，碟片的小端半径主要受到机械结构、物料性质、进料管的尺寸的影响。

碟片叠放在一起后，其中性层半径处开孔构成的垂直通道称为中性孔。中性孔的数量以物料能够顺利通过且能均匀分布在各碟片间为原则，为了尽量减小中性孔进料时对周边层流稳定区域的影响，中性孔的数量与尺寸越小越好。对于密度大的物料常采用大孔径、孔数少的配置方式；对于密度小的物料则采用小孔径、孔数多的配置方式。中性孔的形状有圆形、长形圆边以及椭圆形，后两种中性孔能够提高分离机对物料的适应能力，并能有效降低中性孔对流动的干扰。常用的孔径配比关系如表 7.6 所示。

表 7.6　中性孔孔数与孔径的关系

中性孔孔数/个	中性孔直径 ϕ/mm
6～8	$(0.16～0.19)r_{max}$
6～12	$(0.10～0.16)r_{max}$

碟片间隙的变化对流体在间隙中的流动状态影响极大，因此为了保证流体在碟片间隙中的流动稳定性，需要确保碟片在加工过程中有足够的刚度、圆度和厚度的均匀性。碟片是通过键槽定位组叠在碟片架上，并通过碟片架上的键和碟片间隔片上的摩擦力带动碟片组旋转。对于不同机型的分离机和分离物料，由于传递扭矩大小的不同，碟片键槽可取 1～3 个。碟片架和分离盘一般采用精密铸件，并进行动平衡，转鼓与碟片组件安装完好后再进行整体动平衡，保证设备运行的稳定性。

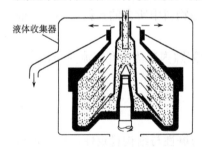

图 7.22　开式进液和出液装置

(3)进出料系统。进料装置将悬浮液或乳浊液加入分离机的转鼓内，其结构形式与分离机的结构和性能相匹配，主要分为两类：开式进料与密闭式进料。开式进料装置如图 7.22 所示，将进料口直接设置在转鼓中心，这种进料装置适用于开式分离机。密闭式进液装置中物料一般经空心的主轴进入转鼓，静止的进料管与旋转的主轴之间设置有机械密封装置，分离过程中用冷却水冷却。

出液装置的作用是将分离后的液体从转鼓中引出，固液分离从转鼓中仅排出澄清液，而液-液或液-液-固分离时从转鼓中将排出两种液体。出液装置的结构有：开式出液、向心泵出液、密闭式出液。

开式排液装置如图 7.22 所示，液体通过溢流排出转鼓，因离心力作用进入转鼓顶部静止的液体收集器中。碟式离心机的排液过程在撒液室中进行，撒液室内配有轻液液位环、轻液向心泵、重液液位环和重液向心泵。在碟式分离机中，一般轻液液位环为固定的，通过调节重液液位环可以改变轻重两相的输出流量和界面位置，以达到两相分离的目的。

向心泵出液结构充分利用物料的动能转化为压力能，结构简单，无机械摩擦与密封要求，流程之间分离的物料可以随意泵送，不必增加输送料泵，排出液也不会产生大量泡沫、乳化和汽化现象。此外，轻重液相分界面位置的微量调节，无须更换液位环，在不停机的情况下通过阀门来实现界面位置的调节。将液体动能转化为压力能的过程在向心泵的流道内完成，采用适宜的流道形状能够提高能量的转化率。流道的结构由叶片数与叶片形状决定，叶片数太多会增加阻力损失，太少影响能量转化率，一般取 4 片、6 片、8 片。对于液体排出压力较低的向心泵，可采用后弯形叶片，进口角 $\beta_1=20°\sim25°$，出口角 $\beta_2=90°$。理论上叶片的厚度越薄越好，实际中取 $2\sim3mm$。向心泵出液结构的出口压力一般为 $1.5\sim2.0MPa$，若需要提高排液压力，可选用对数螺旋线的流道，排液压力可达 $8.0MPa$ 以上。

密闭式出液结构的特点是转鼓中的液体经机械密封进入静止的排出管。密闭式出液装置适用于液体需要完全隔断与空气的接触，或转鼓内需保持一定压力的工况。

(4) 排渣装置。碟式分离机进行液-固分离和液-液-固分离时，分离出的固相沉渣聚集在转鼓内壁处；进行液-液分离时，乳浊液中不可避免地会有少量固相颗粒在转鼓内壁聚集成渣。因此所有的碟式分离机都会存在沉渣的排出问题，并且排渣方式将直接影响碟式分离机的结构。目前碟式分离机常用的排渣方式主要包括人工排渣、环阀排渣以及喷嘴排渣。

人工排渣主要用于间歇操作的澄清型碟式分离机。当转鼓内沉渣较多，分离液澄清度下降时，停机拆开转鼓，人工清除沉渣。它适用于处理固相含量少、固相粒度小于 $0.1\mu m$、固相体积浓度低于 1%的悬浮液澄清。

环阀排渣型又称为自动排渣或活塞排渣型。悬浮液连续进入转鼓，利用环状快门的动作，启闭排渣口，断续排渣。它适用于处理固相粒度 $0.1\sim500\mu m$、固液相密度差大于 $0.01g/cm^3$、固相浓度小于 10%的悬浮液。

喷嘴排渣型一般为连续操作、用于浓缩的碟式分离机。其周边装有均匀的排渣喷嘴，环状空间内被增浓的料浆从喷嘴连续排出。喷嘴排渣型分离机可提高原料液的浓度 $5\sim20$ 倍。适用于处理固相粒度 $0.1\sim100\mu m$、固相体积浓度低于 25%的悬浮液澄清。

3) 传动机构

由于碟式分离机的分离因数高，转鼓的转速通常高达每分钟数千转，为保证碟式分离机能高速正常运转，必须采用可靠的增速传动和挠性支承结构，以保证超临界高速转子系统的旋转稳定性。目前碟式分离机常用的增速传动装置有皮带传动和圆柱螺旋齿轮传动两种形式。

圆柱螺旋齿轮传动的优点是加工制造简单，结构紧凑，润滑方便，费用低廉，可用加工斜齿轮的方法制造。圆柱螺旋齿轮装配容易，对两齿轮的轴向移动或轴线夹角、中心距的微小变动不太敏感，这对于高速运转的碟式分离机的稳定工作极其重要。并且作为增速传动的螺旋齿轮一般不会发生自锁现象。但是圆柱螺旋齿轮在工作过程中呈点接触，接触应力较大，会使齿面沿着螺旋线方向产生一定滑动，加剧齿轮的磨损；重载情况下，如果润滑不好还会出现胶合。因此螺旋齿轮的材料需要具有足够的强度、良好的润滑性、耐磨性与抗胶合性。

皮带传动结构简单，但在碟式分离机挠性支承中，需要解决皮带张紧力对挠性轴定位的影响，使立轴处的皮带轮刚性定位在机壳上，让机壳承受皮带传动的张力，皮带轮与立轴采用间隙带键传动，使立轴具有既能传递扭矩，又不承受皮带张力，并允许在运行中有适当偏摆的特点。现在碟式分离机已采用新型平皮带结构，与齿轮传动方式相比，具有运转平稳、整机振动小等优势，尤其在转鼓排渣时通过皮带能大大缓冲对机座与立轴轴承的冲击力，从而延长机器使用寿命。

7.2.4.2　管式分离机

管式分离机的转鼓直径小(40～150mm)，长径比大(4～8)，形如管状，工作转速高(一般在 10 000r/min 以上)，分离因数高(可达 15 000～25 000)，分离效果好。主要适用于固相含量小于 2%、固相颗粒粒径大于 2 μm，且固液两相密度差很小的悬浮液澄清，同时也适用于液液两相密度差很小的乳浊液分离。由于管式分离机具有分离因数高、附属设备少、结构简单、操作维修方便、占地面积小等优点，在精细化工、油料处理、制药、食品等行业得到了广泛应用。

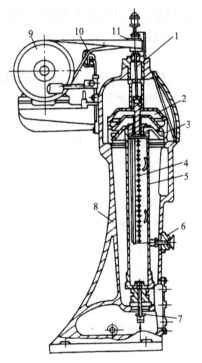

图 7.23　管式分离机的结构

1. 主轴；2. 轻液收集器；3. 重液收集器；4. 桨叶；
5. 管状转鼓；6. 刹车装置；7. 进料管；8. 机座；
9、11. 皮带轮；10. 张紧装置

管式分离机的结构如图 7.23 所示，它由挠性主轴、管状转鼓、上下轴承、机座外壳及制动装置组成。管状转鼓 5 由主轴 1 上悬支承，上部传动，转鼓下部设有限制振幅的阻尼装置，轴承盖可调节阻尼力，使转鼓的振幅限制在一定允许范围内，实现稳定安全运行。转鼓内装有互成 120° 夹角的三片桨叶 4，使物料快速地达到转鼓转速。在转鼓中部或下部的外壁上设置有一对对称的制动闸。当转鼓达到工作转速后，物料在 20～30kPa 的压力下由进料管 7 进入转鼓下部，在离心力的作用下，存在密度差的两相液体分离，并由转鼓顶部的轻、重液收集器排出。若是分离悬浮液中的固液两相，可将重液出口堵塞，固相颗粒将沉积于转鼓内壁，沉渣到达一定厚度后停机卸料。

根据用途的不同，管式分离机有 GF 型和 GQ 型两种，GF 型管式分离机适用于乳浊液的分离，而 GQ 型管式分离机适用于含固相颗粒小于 2% 的悬浮液澄清分离，特别适用于固相浓度小、黏度大、固相颗粒细、固液两相密度差小的悬浮液。

GF 型液液分离型管式分离机的工作原理图如图 7.24(a)所示,上部通过细长主轴与转鼓相连,下部底轴由径向可滑动阻尼轴承限幅。机器达到工作转速后,乳浊液由底部进料口进入转鼓,物料在离心力以及输送压力的作用下,沿着转鼓轴向向上旋转流动。由于密度差的作用,乳浊液分离形成两个同心液环,轻液靠近轴心并从轻液出口处排出,重液靠近转鼓内壁并从重液出口处排出,固相颗粒沉积于转鼓内壁,停机后进行人工卸料。

GQ 型液固分离型管式分离机的工作原理图如图 7.24(b)所示,机器达到工作转速后,悬浮液由底部进料口进入转鼓。由于固相与液相密度差引起的离心力场的差别,固相沉积于转鼓内壁形成沉渣层,而澄清液由转鼓顶部排液口排出。当沉渣层达到额定厚度后,停机进行人工卸料。

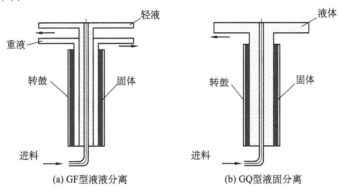

(a) GF型液液分离　　　　　(b) GQ型液固分离

图 7.24　GF、GQ 型管式分离机工作原理

7.2.4.3　室式分离机

室式分离机的转鼓直径较大、沉降面积大、分离因数高、被分离物料在转鼓内的停留时间长,分离液澄清效果好,生产能力高。室式分离机的分离因数范围为 2000~8000,处理量为 2.5~15m³/h,适用于处理固体颗粒粒度大于 0.1 μm、固体含量在 2%以下的悬浮液,适用于酒类、果汁、清漆等物料的澄清。

室式分离机的结构简图如图 7.25 所示,其结构特点是在转鼓内具有若干同心圆筒,这些同心圆筒间形成了环隙状分离室,各分离室依次上下相通相互串联,因而从转鼓中心到转鼓壁面形成了一条曲折的流通道,有效地增加了沉降面积,延长了物料在转鼓内的停留时间,同时还缩短了固相颗粒向转鼓壁沉降的距离,改善了分离效果。当转鼓达到工作转速后,悬浮液由进料管输送至第一

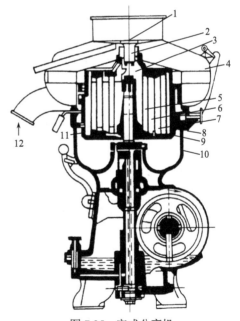

图 7.25　室式分离机
1. 悬浮液入口; 2. 加料管;
3、5、6、7、8、9. 第 1、2、3、4、5、6 分离室;
4. 分离液收集室; 10. 机壳; 11. 转鼓; 12. 分离液出口

分离室 3 中，物料由内而外依次流经各个分离室进行分离。通常有 3～7 个分离室，随着物料由中心层分离室向外流出，各分离式的分离因数逐步增加，颗粒较大的在内层环隙分离室中沉降，较细小的颗粒则在外层环隙分离室中沉降，最后澄清液由最外层分离室排出。室式分离机的卸料方式为间歇性操作的人工卸料，当转鼓各分离室中沉积的沉渣影响分离质量时，需要停机拆开转鼓后进行人工卸料。

7.3　离心机的选型

离心机的种类繁多，规格性能各异，同时需要处理的物料种类与性质千差万别，特别是不同物料的沉降特性以及过滤特性各不相同。因此针对某一特定物料选择最合适的离心机需要充分认识物料的特性、离心机的性能以及工艺的要求。

7.3.1　选型依据

1. 分离目的与要求

离心机选型前需要了解分离的目的，生产上需要离心机的处理能力的大小、操作方式、固相纯度等要求，具体可归纳如下：

（1）按分离目的可包括澄清、浓缩、脱水、分级、分离等，处理的目标产品如果是液相则要求澄清或浓缩，如果是固相则是固相的含水率要求、洗涤要求或分级要求；

（2）按单机处理量可包括大处理量、中等处理量和小处理量。

（3）按操作方式包括连续式和间歇式。

充分了解工艺过程中分离的目的、处理量的要求以及操作方式的要求是离心机的正确选型的前提，分离的目的与要求汇总于图 7.26 中。

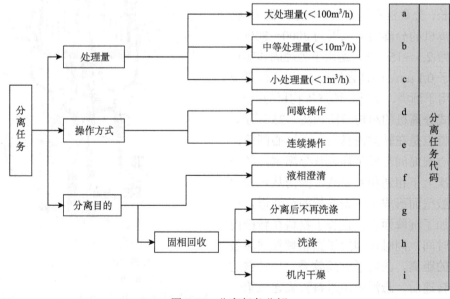

图 7.26　分离任务分解

2. 物料特征

离心分离的效果与分离物料的物性特征有着密切关系，物料性质是决定采用何种离心机类型的基本依据。沉降离心机的分离性能与固相颗粒的粒径与粒径分布、颗粒形状、固液两相密度差、液相黏度、表面张力等密切相关；过滤离心机的分离性能则与固体颗粒的粒径分布、物料的压缩性能、颗粒形状、颗粒群的比表面、液相黏度、表面张力、固液相的亲和程度等密切相关。以上参量若分别加以测定，既需要众多仪器，又消耗较多时间，简便起见可通过测定颗粒在液相的沉降特征和过滤特征为离心机的选型提供基础数据。

颗粒在液相的沉降特征可通过重力沉降实验测得。实验方法是把悬浮液样本混合均匀，取出 1.0L 加入 1.0L 量筒中，测定沉降速度，以毫秒记录沉降时间，沉降速度以澄清液和悬浮液的界面为准，将界面下降的距离除以沉降时间即可得到物料的重力沉降速度。观察上清液的澄清度，静置 24h 待固相全部沉降到底后，测定沉渣容积率，即沉渣容积占总容积的百分比。

悬浮液的沉降特征可按图 7.27 分别从沉降速度、澄清度、沉渣容积率三方面进行划分。沉降速度用 A~C 三级进行划分，能够反映固液相密度差、固相颗粒和液相颗粒的综合性质；澄清度用 D 和 E 两级进行划分；沉渣容积率用 F~H 三级进行划分，能够反映悬浮液的固相浓度。若沉降特性标记为 ADG，则表示沉降速度低、分离液的澄清度差、沉渣容积率中等。

悬浮液的过滤特征可通过布氏漏斗的过滤实验测得，用直径 75mm 的布氏漏斗取 200mL 物料，在真空度 370mmHg（1mmHg=133.322Pa）下做真空抽滤实验，测定滤饼生成速度。过滤特征可分为 4 级，如图 7.28 所示，该参数综合反映了固相颗粒层（滤饼）过滤阻力的综合特征。

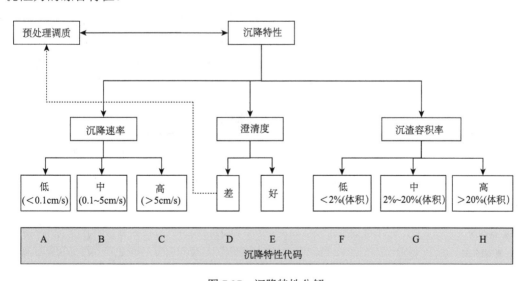

图 7.27 沉降特性分解

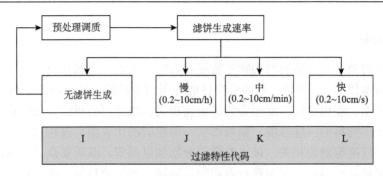

图 7.28 过滤特性分解

3. 特殊要求

对分离物料的一些特殊要求,在选型的过程中也需要进行关注,主要包括:
(1)固相为结晶体且要求分离后晶体不被破碎,应选用卸料时晶体不易被破碎的离心机;
(2)液相属于易挥发、易燃易爆物料,则不能选用真空过滤机且要求密闭防爆;
(3)腐蚀性较强的物料,应注意离心机材料的选择;
(4)固相颗粒硬度较大时,要考虑离心机材料的耐磨性;
(5)属于稀有昂贵物料,无论是固相还是液相均要求有较高的回收率。

4. 各离心机的适用范围

离心机的型号与规格分为很多种,选择合适的类型需要了解各类离心机的适用范围。离心机按分离原理划分包括过滤离心机和沉降离心机。过滤离心机按卸料方式划分有:三足式人工卸料、三足式刮刀卸料、刮刀卸料、虹吸刮刀卸料、活塞推料、离心卸料、进动卸料、螺旋卸料等形式。沉降离心机按卸料方式划分有:卧式螺旋沉降离心机、立式螺旋卸料沉降离心机、碟式人工排渣分离机、碟式喷嘴排渣分离机、碟式活塞排渣分离机等。不同机型对进料粒径大小和固相含量有着不同的要求,分离后的固相含水率和液相澄清度也有较大差异,因此在充分认识物料性质和分离要求的前提下,还需要根据不同类型离心机的特点进行分析比较,表 7.7 对各类离心机的应用范围进行了汇总。

表 7.7 各类离心机及分离机的应用范围

特征	过滤离心机						螺旋沉降离心机		管式分离机		碟式分离机		
	三足式、上悬式	虹吸刮刀	活塞单级	活塞双级	离心卸料	螺旋卸料	圆锥形	柱锥形	管式	室式	人工排渣	喷嘴排渣	活塞排渣
固-液分离	√	√	√	√	√	√	√	√	√	√	√	√	√
液-液分离								√	√	√	√	√	√
液-液-固分离								√	√	√	√	√	√
液-固-固分离								√					
颗粒分级							√	√	√	√	√	√	√

7.3.2　选型步骤

表 7.8 列出了各类分离机械的适应性。根据分离任务、被分离物料沉降特性和过滤特性的要求，从表中可初选出较合适的几种离心机，然后根据其他的要求结合离心机的特点再进一步筛选，选型步骤包括：

表 7.8　各类分离机械的适应性

序号	分离机类型	适宜的分离任务	所处理物料的沉降特性	所处理物料的过滤
1	刮刀卸料过滤离心机	a、b 或 c	A、B 或 C	K 或 L
		d	D 或 E	
		g 或 h	G 或 H	
2	活塞推料过滤离心机	a 或 b	B 或 C	K 或 L
		e	E	
		g 或 h	G 或 H	
3	上悬式、三足式离心机	b 或 c	A、B 或 C	K、J 或 L
		d	D 或 E	
		g 或 h	G 或 H	
4	振动卸料或进动卸料离心机	a	C	L
		e	E	
		g	H	
5	螺旋卸料过滤离心机	a	C	K 或 L
		e	E	
		g	H	
6	管式离心机	(b) 或 e	A 或 B	—
		d	D 或 E	
		f 或 g	F	
7	撇液管排液沉降离心机(三足式、卧式刮刀卸料)	b 或 c	B 或 (A)	—
		d	D 或 E	
8	碟式离心机	a、b 或 c	A 或 B	—
		d 或 e	D 或 E	
		f 或 g	F 或 G	
9	螺旋卸料沉降离心机	a、b 或 c	B 、C 或 (A)	—
		e	E 或 (D)	
		f、g 、(h) 或 (i)	F、G 或 H	

注：表中的括号表明该机型勉强能在该条件下使用。

(1) 根据分离任务的要求进行初选。如中等处理量的间歇操作方式并要求固体在洗涤后回收，按图 7.26 则为 bdh，据此按表 7.8 查出合适此任务和要求的有两种离心机，按表中顺序列为：刮刀卸料过滤离心机，上悬式、三足式离心机。

(2) 根据物料过滤特性和沉降特性进行筛选。如物料经沉降和过滤实验后得知为沉降速度中等、澄清度较好、固相容积率中等、滤饼生成速率慢，则该物料特性表示为 BEGJ。据此，从表 7.8 中查出，最适合的离心机为上悬式、三足式离心机。

表 7.9 各种离心机与分离机的综合选用表

机型 运行方式 特征	过滤离心机						螺旋沉降离心机 连续式		管式分离机		碟式分离机		
	间歇式		连续式						间歇式	连续式	间歇式	连续式	
	三足式,上悬式	虹吸刮刀	活塞单级	活塞双级	离心卸料	螺旋卸料	圆锥形	柱锥形	管式	室式	人工排渣	喷嘴排渣	活塞排渣
进料特征 分离因数	500~1200	1000~2000	200~500	300~1100	1000~2000	1000~2000	≤3500	≤3500	15 000~20 000	5000~8000	5000~11 000	5000~8000	5000~12 000
固相浓度/%	≤60	≤60	30~60	20~80	≥40	≥40	1~40	1~40	≤1	≤1	≤1	≤10	≤5
颗粒直径/μm	5~10	>10	>100	≥50	≥100	≥60	>5	>5	>0.5	0.5~1	≥0.5	≥1	≥1
固液两相密度差/(g/cm³)	—	—	—	—	—	—	≥0.1	≥0.1	≥0.02	≥0.02	≥0.02	≥0.02	≥0.02
出料特征 单机处理量	小至中	中至大	中至大	小至大	中至大	中至大	中至大	中至大	小	中至大	小至中	小至大	小至大
固相含湿度/%	3~40	3~40	3~40	1~40	≤50	≤50	10~80	10~80	10~45	10~45	10~45	70~90	40~80
液相含固度/%	0.5	≤0.5	<5	<5	<5	<5	≤1	≤1	≤0.01	<0.01	<0.01	<0.01	<0.01
应用范围 液相澄清	—	—	—	—	—	—	可	良	优	优	优	良	优
液液分离	—	—	—	—	—	—	可	可	优	优	优	优	优
固相浓缩	优	—	—	—	优	优	良	良	优	优	优	优	优
固相脱水	优	优	优	优	优	优	良	良	—	—	—	—	良
洗涤效果	低	优	可	中	可	可	中	中	—	—	—	—	—
晶体破碎	—	高	中	中	中	中	中	中	可	—	低	中	中
固相分级	—	—	—	—	—	—	可	可	可	可	可	可	可

7.3.3 多机种联用、综合选型与离心机标准

有些物料分离难度大，选择一种离心分离设备无法完成分离任务和要求时，可采用多种机型联用的方法来进行分离，具体情况包括：

(1)物料性质特殊，如悬浮浓度过低或悬浮液中固相粒度分布范围过宽，选择一种机型无法满足分离要求。

(2)对分离后产品有特殊要求时，比如要求滤饼含液量极低，要求分离得到的固相含液量极少。

(3)当某些机型对进料要求较高时，可先使用其他机型对物料进行预处理，处理后的物料再进一步使用此机型进行分离。如虹吸刮刀卸料离心机要求物料浓度较高，因此使用前需使用其他设备对物料进行预浓缩。

在实际生产过程中，由于分离的工艺过程不同、物料不同等需结合实际情况合理地选用离心机种类。离心机联用时需合理安排其顺序流程和各离心机之间的相互衔接，这样才能实现对物料的处理任务，达到期望的分离要求。

离心机的型号和规格有很多种，为了选型方便，把国产常用的离心机按不同的机型和进料的特性，包括进料固相浓度、颗粒粒径、固液相密度差和分离后固相含湿量、液相澄清度，以及各种机器的分离因数等综合性能，列在表 7.9 中，可根据物料特性和分离要求在表中进行综合选型。

表 7.10 列出了 2018 年现行的与离心机相关的国家标准和行业标准目录(归口单位为全国分离机械标准化技术委员会)，包括型号编制标准、性能测试标准以及各种类型离心机的标准，能够为离心机的检验、使用提供参考。

表 7.10 现行的离心机标准目录

标准号	标准名称	发布时间
GB/T 4774—2013	过滤与分离名词术语	2013-12-17
GB/T 7779—2005	离心机型号编制方法	2005-07-11
GB/T 7781—2005	分离机型号编制方法	2005-07-11
GB/T 7780—2016	过滤机型号编制方法	2016-08-29
GB 19814—2005	分离机安全要求	2005-06-27
GB 19815—2005	离心机安全要求	2005-06-27
GB/T 10901—2005	离心机性能测试方法	2005-07-11
GB/T 28695—2012	离心机转鼓强度计算规范	2012-09-03
GB/T 28696—2012	离心机分离机转鼓平衡检验规范	2012-09-03
GB/T 10895—2004	离心机分离机机械振动测试方法	2004-06-09
GB/T 10894—2004	分离机械噪声测试方法	2004-06-09
JB/T 6118—2016	沉降过滤离心机	2016-04-05
JB/T 8652—2008	螺旋卸料过滤离心机	2008-06-04
JB/T 4064—2015	上悬式离心机	2015-10-10
JB/T 447—2015	活塞推料离心机	2015-10-10

续表

标准号	标准名称	发布时间
JB/T 502—2015	螺旋卸料沉降离心机	2015-10-10
JB/T 7220—2015	刮刀卸料离心机	2015-10-10
JB/T 5284—2010	隔爆型刮刀卸料离心机	2010-02-21
JB/T 8101—2010	离心卸料离心机	2010-02-21
JB/T 10409—2013	圆盘加压过滤机	2013-12-31
JB/T 8866—2010	筒式加压过滤机	2010-02-21
JB/T 11096—2011	转台真空过滤机	2011-05-18
JB/T 5282—2010	翻盘真空过滤机	2010-02-11
JB/T 10966—2010	PT型圆盘真空过滤机	2010-02-21
JB/T 8653—2013	水平带式真空过滤机	2013-12-31
JB/T 10769.1—2007	三足式及平板式离心机 第1部分：型式和基本参数	2007-08-28
JB/T 10769.2—2007	三足式及平板式离心机 第2部分：技术条件	2007-08-28
JB/T 8103.1—2008	碟式分离机 第1部分：通用技术条件	2008-02-01
JB/T 8103.2—2005	碟式分离机 第2部分：碟式啤酒分离机	2005-03-19
JB/T 8103.3—2017	碟式分离机 第3部分：乳品分离机	2017-04-12
JB/T 8103.4—2014	碟式分离机 第4部分：胶乳分离机	2014-05-12
JB/T 8103.5—2005	碟式分离机 第5部分：碟式淀粉分离机	2005-03-19
JB/T 8103.6—2017	碟式分离机 第6部分：植物油分离机	2017-04-12
JB/T 8103.7—2008	碟式分离机 第7部分：酵母分离机	2008-02-01
JB/T 8103.8—2016	碟式分离机 第8部分：矿物油分离机	2016-04-05
JB/T 9098—2005	管式分离机	2005-03-19

 思考题

1. 离心机根据工作原理的不同，可分为哪些类型？各类离心机的特点有哪些？

2. 什么是分离因数？提高分离因数的方法有哪些？

3. 离心过滤速率推导的基本假设有哪些？

4. 什么是离心沉降？什么是重力沉降？重力沉降速度与离心沉降如何关联？随着固液两相密度差、固相颗粒粒径、液体黏度的变化，两种沉降速度如何变化？

5. 固体颗粒在沉降式离心机中如何进行运动？流体流动特性的理论有哪些？

6. 影响圆柱形转鼓沉降离心机生产能力的因素有哪些？

7. 为何沉降式离心机存在分离极限？

8. 三足式过滤离心机是如何进行工作的？其优缺点有哪些？

9. 过滤离心机、沉降离心机和离心分离机的适用范围有哪些区别？

10. 三足式沉降离心机与三足式过滤离心机的结构有何区别？使用范围有何区别？

11. 与三足式沉降离心机和卧式刮刀卸料沉降离心机相比，卧式螺旋卸料沉降离心机的优势与不足有哪些?

12. 碟式分离机是如何进行工作的? 由哪些零部件组成?

13. 管式分离机有哪些类型? 它们的区别是什么? 应用范围又有何不同?

14. 离心机的选型依据以及选型步骤有哪些?

 分析应用题

1. 已知离心机转速为 2800r/min, 分离物料的密度为 1600kg/m³, 离心机转鼓内半径为 1000mm, 转鼓内物料环的表面半径为 700mm, 分析离心液压与液面位置之间的关系, 并求出转鼓内壁处的离心液压。

2. 离心过滤用转鼓直径 1000mm、长度 500mm, 拦液板内直径 800mm、转速 1000r/min 的过滤离心机, 过滤得到的固相密度为 1680kg/m³, 液相黏度为 1×10^{-3}Pa·s, 液相密度为 1000kg/m³, 已知滤渣层的渗透率为 $K=1.6 \times 10^{-13}$m², 分别求滤渣层厚度为 10mm 和 30mm 过滤阶段离心过滤速率, 并比较它们的大小。

3. 某离心机其转鼓材料为 S31603 奥氏体不锈钢, 密度为 7980kg/m³, 材料抗拉强度为 550MPa, 屈服强度为 260MPa, 转鼓直径为 800mm, 求转鼓的最大许用转速以及分离因数极限值。

4. 某固相颗粒密度为 3200kg/m³、液相密度为 1000kg/m³ 的悬浮液, 固相颗粒为球形, 其直径为 5μm, 液体的黏度为 1×10^{-3}Pa·s, 试判别颗粒的运动状态, 并求其重力沉降速度。若在 3000r/min 的离心力场作用下, 试求其离心沉降速度以及分离因数。

5. 用转鼓长度为 $L=200$mm, 直径 $D=44$mm 的小型管式分离机, 在转速 $n=20\ 000$r/min 下处理固相密度 $\rho_s=2640$kg/m³ 的悬浮液, 液相密度为 $\rho_l=1000$kg/m³, 黏为 1.0×10^{-3}Pa·s, 测得分离液符合澄清度要求时的生产能力为 8×10^{-6}m³/s, 此时液层深度为 11mm, 试求能被分离的临界颗粒直径尺寸及其离心沉降速度。若用转鼓长度为 800mm、直径为 100mm 的管式分离机, 设在自由液面半径 $R=25$mm 和转速 15 000r/min 并保证同样的澄清度下, 可达到多大的生产能力?

第8章　高速回转件的强度

工程构件必须具备足够的承载能力(强度、刚度和稳定性等)，其中强度是最基本的要求，如果强度不足，意味着可能导致严重的破坏。压力容器考虑的是介质压力、自重、风力、地震力等载荷作用下的强度问题，过程流体机械许多是离心式机械(离心泵、离心式压缩机、离心机等)，转速较高，可从每分钟几百转至每分钟数万转，高速回转件在离心力的作用下会产生很大的应力，如果应力达到一定数值，回转件会因强度不足而产生飞裂的严重后果。因此需要计算高速回转件的应力，校核其强度。

高速回转件的结构在总体上可分为两种类型，一类为轮盘，如离心泵、离心式压缩机的叶轮，离心机转鼓底盘等；另外一类为转鼓，为离心机的重要构件，有圆筒形、圆锥形和组合式结构形式等。

8.1　高速回转轮盘的强度

8.1.1　轮盘的力学分析

轮盘的结构特点是轴向尺寸明显小于径向尺寸，大多有中心孔。实际轮盘为三向应力状态，即存在径向应力 σ_r、环向应力 σ_t 和轴向应力 σ_x，考虑到轴向应力 σ_x 通常较小，一般简化处理，略去 σ_x 不计，认为轮盘仅受径向应力 σ_r 和环向应力 σ_t 的作用，按平面应力问题来处理。

1. 静力平衡关系

现分析非等厚回转圆盘，如图 8.1 所示，从中取一微元体，由 r 和 $r+dr$ 两个圆弧面以及夹角为 $d\theta$ 的两个径向截面切出，其轴向厚度在半径 r 处为 y，在半径 $r+dr$ 处为 $y+(dy/dr)dr$。

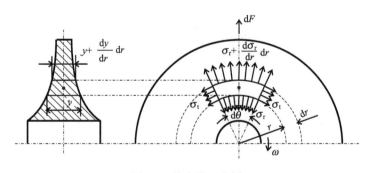

图 8.1　轮盘微元分析

该微元体的体积为 $\mathrm{d}V=r\mathrm{d}\theta\mathrm{d}ry$，微元的质量 $\mathrm{d}m=\rho\mathrm{d}V=\rho ry\mathrm{d}\theta\mathrm{d}r$，当轮盘以角速度 ω 旋转时，该微元产生的离心力为

$$\mathrm{d}F=\mathrm{d}m\omega^2r=\rho y\omega^2r^2\,\mathrm{d}r\,\mathrm{d}\theta$$

微元内外表面的面积分别为 $r\mathrm{d}\theta y$ 和 $(r+\mathrm{d}r)\,\mathrm{d}\theta(y+(\mathrm{d}y/\mathrm{d}r)\,\mathrm{d}r)$，其上作用的应力分别为径向应力 σ_r 和 $\sigma_r+(\mathrm{d}\sigma_r/\mathrm{d}r)\,\mathrm{d}r$。微元侧面的面积为 $y\mathrm{d}r$，作用着环向应力 σ_t。沿微元质心的径向建立该微元的静力平衡方程，有

$$\mathrm{d}F+\left(\sigma_r+\frac{\mathrm{d}\sigma_r}{\mathrm{d}r}\mathrm{d}r\right)(r+\mathrm{d}r)\,\mathrm{d}\theta\left(y+\frac{\mathrm{d}y}{\mathrm{d}r}\mathrm{d}r\right)-\sigma_r r\,\mathrm{d}\theta y-2\sigma_t y\,\mathrm{d}r\sin\frac{\mathrm{d}\theta}{2}=0$$

$\sin\mathrm{d}\theta/2\approx\mathrm{d}\theta/2$，略去高阶微量，上述静力平衡方程式可整理为

$$r\frac{\mathrm{d}\sigma_r}{\mathrm{d}r}+\sigma_r+r\frac{\sigma_r}{y}\frac{\mathrm{d}y}{\mathrm{d}r}-\sigma_t=-\rho\omega^2r^2 \tag{8.1}$$

2. 变形几何关系

在离心力的作用下高速回转轮盘的质点沿径向向外运动，设半径 r 处质点的径向位移为 v，则在半径 $r+\mathrm{d}r$ 处质点的径向位移为 $v+(\mathrm{d}v/\mathrm{d}r)\,\mathrm{d}r$，如图 8.2 所示。

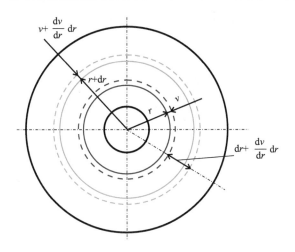

图 8.2 轮盘变形分析

根据半径微线段 $\mathrm{d}r$ 和 r 处圆周的长度变化，可导出径向应变 ε_r 和环向应变 ε_t 为

$$\begin{cases}\varepsilon_r=\dfrac{v+\dfrac{\mathrm{d}v}{\mathrm{d}r}\mathrm{d}r-v}{\mathrm{d}r}=\dfrac{\mathrm{d}v}{\mathrm{d}r}\\[3mm]\varepsilon_t=\dfrac{2\pi(r+v)-2\pi r}{2\pi r}=\dfrac{v}{r}\end{cases} \tag{8.2}$$

3. 物理关系

根据平面应力状态的广义胡克定律，在材料的线弹性范围内有

$$\begin{cases} \varepsilon_r = \dfrac{1}{E}(\sigma_r - \mu\sigma_t) \\[3mm] \varepsilon_t = \dfrac{1}{E}(\sigma_t - \mu\sigma_r) \end{cases} \tag{8.3}$$

即

$$\begin{cases} \sigma_r = \dfrac{E}{1-\mu^2}(\varepsilon_r + \mu\varepsilon_t) \\[3mm] \sigma_t = \dfrac{E}{1-\mu^2}(\varepsilon_t + \mu\varepsilon_r) \end{cases} \tag{8.4}$$

式中，E 为材料的弹性模量(Pa，MPa)；μ 为材料的泊松比。

4. 回转轮盘的位移关系式

式(8.1)、式(8.2)与式(8.4)联立，并令 $\rho\omega^2(1-\mu^2)/E = A$，简化整理后可得

$$\frac{\mathrm{d}^2 v}{\mathrm{d}r^2} + \left(\frac{1}{r} + \frac{\mathrm{d}\ln y}{\mathrm{d}r}\right)\frac{\mathrm{d}v}{\mathrm{d}r} + \left(\frac{\mu}{r}\frac{\mathrm{d}\ln y}{\mathrm{d}r} - \frac{1}{r^2}\right)v = -Ar \tag{8.5}$$

式(8.5)是非等厚回转轮盘在离心力作用下产生变形的微分关系式。在此基础上，下面分别讨论等厚度回转轮盘和锥形回转轮盘的应力分析。

8.1.2　等厚度回转轮盘的应力分析

轮盘等厚，即轴向厚度 y 值为常数，因此

$$\frac{\mathrm{d}y}{\mathrm{d}r} = 0, \quad \frac{\mathrm{d}\ln y}{\mathrm{d}r} = 0$$

式(8.5)可简化成

$$\frac{\mathrm{d}^2 v}{\mathrm{d}r^2} + \frac{1}{r}\frac{\mathrm{d}v}{\mathrm{d}r} + -\frac{v}{r^2} = -Ar$$

也即

$$\frac{\mathrm{d}}{\mathrm{d}r}\left[\frac{1}{r}\frac{\mathrm{d}(vr)}{\mathrm{d}r}\right] = -Ar$$

积分一次，可得

$$\frac{1}{r}\frac{\mathrm{d}(vr)}{\mathrm{d}r} = -\frac{1}{2}Ar^2 + 2C_1$$

再积分一次，得

$$v = -\frac{1}{8}Ar^3 + C_1 r + \frac{C_2}{r} \tag{8.6}$$

由此求得

$$\frac{\mathrm{d}v}{\mathrm{d}r} = -\frac{3}{8}Ar^2 + C_1 - \frac{C_2}{r^2} \tag{8.7}$$

式中，C_1、C_2 是积分常数。

将式(8.6)、式(8.7)代入式(8.4)，可得

$$\begin{cases} \sigma_r = \dfrac{E}{1-\mu^2}\left[(1+\mu)C_1 - (1-\mu)\dfrac{C_2}{r^2} - \dfrac{3+\mu}{8}Ar^2\right] \\[4mm] \sigma_t = \dfrac{E}{1-\mu^2}\left[(1+\mu)C_1 + (1-\mu)\dfrac{C_2}{r^2} - \dfrac{1+3\mu}{8}Ar^2\right] \end{cases} \tag{8.8}$$

式(8.8)为等厚轮盘的应力计算式，式中的积分常数 C_1 和 C_2 通过边界条件来确定。

1. 自由回转等厚轮盘

自由回转轮盘指的是除受离心力作用外，没有其他外载作用。边界条件为内孔($r=r_1$)和外缘($r=r_2$)处径向应力为零，即

$$r=r_1\text{时，}\quad \sigma_{r1}=0;\quad r=r_2\text{时，}\quad \sigma_{r2}=0$$

代入式(8.8)，求得积分常数 C_1 和 C_2 分别为

$$C_1 = \frac{3+\mu}{1+\mu}\frac{A}{8}(r_1^2 + r_2^2)$$

$$C_2 = \frac{3+\mu}{1-\mu}\frac{A}{8}r_1^2 r_2^2$$

将积分常数 C_1 和 C_2 代入式(8.6)和式(8.8)，可获得径向位移 v、径向应力 σ_r 和环向应力 σ_t 的计算式。

$$v = \frac{1-\mu^2}{E}\frac{\rho\omega^2}{8}\left[\frac{3+\mu}{1+\mu}(r_1^2 + r_2^2)r + \frac{3+\mu}{1-\mu}\frac{r_1^2 r_2^2}{r} - r^3\right] \tag{8.9}$$

$$\begin{cases} \sigma_r = (3+\mu)\dfrac{\rho\omega^2}{8}\left(r_1^2 + r_2^2 - \dfrac{r_1^2 r_2^2}{r^2} - r^2\right) \\[4mm] \sigma_t = (3+\mu)\dfrac{\rho\omega^2}{8}\left(r_1^2 + r_2^2 + \dfrac{r_1^2 r_2^2}{r^2} - \dfrac{1+3\mu}{3+\mu}r^2\right) \end{cases} \tag{8.10}$$

2. 内孔及外缘处有径向载荷作用的静止等厚轮盘

静止轮盘，转速 n 也即角速度 ω 为零，轮盘内孔及外缘处分别作用着径向应力 σ_{r1} 和 σ_{r2}，代入式(8.8)，求得积分常数 C_1 和 C_2 分别为

$$C_1 = \frac{1-\mu^2}{E(1+\mu)}\frac{\sigma_{r2}(r_2^2 - r_1^2) + (\sigma_{r2} - \sigma_{r1})r_1^2}{r_2^2 - r_1^2}$$

$$C_2 = \frac{1-\mu^2}{E(1-\mu)}\frac{(\sigma_{r2} - \sigma_{r1})r_1^2 r_2^2}{r_2^2 - r_1^2}$$

将积分常数 C_1 和 C_2 代入式(8.8)，可获得径向应力 σ_r 和环向应力 σ_t 的计算式。

$$\begin{cases} \sigma_r = \dfrac{1}{r_2^2 - r_1^2}\left[\sigma_{r2}r_2^2 - \sigma_{r1}r_1^2 - (\sigma_{r2} - \sigma_{r1})\dfrac{r_1^2 r_2^2}{r^2}\right] \\[4mm] \sigma_t = \dfrac{1}{r_2^2 - r_1^2}\left[\sigma_{r2}r_2^2 - \sigma_{r1}r_1^2 + (\sigma_{r2} - \sigma_{r1})\dfrac{r_1^2 r_2^2}{r^2}\right] \end{cases} \tag{8.11}$$

　　按照叠加原理，不同载荷作用下的应力可以相加。如离心式压缩机的叶轮轮盘，外缘处无径向载荷作用，可分别计算自身质量离心力和内孔处径向载荷作用下所产生的应力，然后叠加获得应力的计算结果。

3. 已知内孔处径向应力和环向应力的等厚轮盘

　　轮盘应力分析时，内孔处径向应力 σ_{r1} 可求得或选取，内孔处环向应力 σ_{t1} 难以事先知道，所以采取先假定 σ_{t1} 已知值进行计算。这种方法可用于组合轮盘的二次法计算，求取应力。

　　内孔处应力条件（$r=r_1$ 时，σ_{r1}，σ_{t1}）代入式(8.8)，有

$$\begin{cases} \sigma_{r1} = \dfrac{E}{1-\mu^2}\left[(1+\mu)C_1 - (1-\mu)\dfrac{C_2}{r_1^2} - \dfrac{3+\mu}{8}Ar_1^2 \right] \\ \sigma_{t1} = \dfrac{E}{1-\mu^2}\left[(1+\mu)C_1 + (1-\mu)\dfrac{C_2}{r_1^2} - \dfrac{1+3\mu}{8}Ar_1^2 \right] \end{cases} \tag{8.12}$$

由式(8.12)求得积分常数

$$C_1 = \frac{1-\mu}{2E}(\sigma_{r1}+\sigma_{t1}) + \frac{1}{4}Ar_1^2$$

$$C_2 = \frac{1+\mu}{2E}r_1^2(\sigma_{t1}-\sigma_{r1}) - \frac{1}{8}Ar_1^4$$

将积分常数 C_1 和 C_2 以及 A 代入式(8.8)，得

$$\begin{cases} \sigma_r = \dfrac{1+x^2}{2}\sigma_{r1} + \dfrac{1-x^2}{2}\sigma_{t1} + \dfrac{\rho}{8}\left[2(1+\mu)x^2 + (1-\mu)x^4 - (3+\mu) \right]r^2\omega^2 \\ \sigma_t = \dfrac{1-x^2}{2}\sigma_{r1} + \dfrac{1+x^2}{2}\sigma_{t1} + \dfrac{\rho}{8}\left[2(1+\mu)x^2 - (1-\mu)x^4 - (1+3\mu) \right]r^2\omega^2 \end{cases} \tag{8.13}$$

式中，x 为半径比或直径比，$x=r_1/r=D_1/D$。

　　为便于计算，式(8.13)简化表达为

$$\begin{cases} \sigma_r = \alpha_r\sigma_{r1} + \alpha_t\sigma_{t1} + \alpha_c T \\ \sigma_t = \beta_r\sigma_{r1} + \beta_t\sigma_{t1} + \beta_c T \end{cases} \tag{8.14}$$

式中，六个应力计算系数分别为

$$\alpha_r = \beta_t = \frac{1+x^2}{2}$$

$$\alpha_t = \beta_r = \frac{1-x^2}{2}$$

$$\alpha_c = 3.427\times10^6\rho\left[2(1+\mu)x^2 + (1-\mu)x^4 - (3+\mu) \right] \text{Pa·s}^2/\text{m}^2$$

$$\beta_c = 3.427\times10^6\rho\left[2(1+\mu)x^2 - (1-\mu)x^4 - (1+3\mu) \right] \text{Pa·s}^2/\text{m}^2$$

$$T=(Dn/10^5)^2 \text{m}^2/\text{s}^2$$

式中，D 为计算应力处直径，m；n 为轮盘转速，r/min。

例题 8-1　某等厚度钢质轮盘，内直径 $D_1 = 180$ mm，外缘直径 $D_2 = 900$ mm，转速

$n = 3600$ r/min。假定已知内孔处径向应力 $\sigma_{r1} = -4.8$ MPa，内孔处环向应力 $\sigma_{t1} = 210$ MPa，试求直径 750 mm 处的径向应力和环向应力。

解：半径比 $x = D_1/D = 180/900 = 0.2$，$\rho = 7850$ kg/m³，$\mu = 0.3$。

$$\alpha_r = \beta_t = 0.52, \quad \alpha_t = \beta_r = 0.48$$

$$\alpha_c = -8.595 \times 10^{10} \text{ Pa·s}^2/\text{m}^2, \quad \beta_c = -4.835 \times 10^{10} \text{ Pa·s}^2/\text{m}^2$$

$$T = \left(\frac{Dn}{10^5}\right)^2 = \left(\frac{0.75 \times 3600}{10^5}\right)^2 = 7.29 \times 10^{-4} \text{ m}^2/\text{s}^2$$

代入式(8.14)可求得

$$\sigma_r = 40.64 \times 10^6 \text{ Pa} = 40.64 \text{ MPa}$$

$$\sigma_t = 76.26 \times 10^6 \text{ Pa} = 76.26 \text{ MPa}$$

8.1.3 锥形回转轮盘的应力分析

锥形轮盘在实际结构中更为多见，其应力计算与等厚度轮盘应力计算的推导过程完全相同，其计算式为

$$\begin{cases} \sigma_r = \alpha_r \sigma_{r1} + \alpha_t \sigma_{t1} + \alpha_c' T_d \\ \sigma_t = \beta_r \sigma_{r1} + \beta_t \sigma_{t1} + \beta_c' T_d \end{cases} \quad (8.15)$$

式中，$T_d = (dn/10^5)^2$，其中 d 为锥顶圆直径，m。如图 8.3 所示，锥顶圆直径可由相似三角形关系求出：

$$d = D_1 + \frac{y_1}{y_1 - y_2}(D_2 - D_1) \quad (8.16)$$

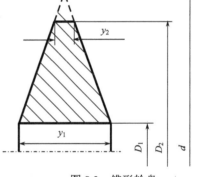

图 8.3 锥形轮盘

式(8.15)中六个应力计算系数是轮盘相对尺寸 $t_1 = D_1/d$ 和 $t = D_2/d$ 的函数，可通过轮盘强度计算系数表查取。

8.1.4 实际回转轮盘的应力计算

一般回转轮盘根据其几何形状可分成若干等厚段和锥形段(遇到倒锥形，可分为几个等厚段)，然后逐段由内向外计算。段与段之间如存在截面突变，根据总径向力相等和环向应变一致进行参量关联。

只要知道内孔处的径向应力 σ_{r1} 和环向应力 σ_{t1}，就可以通过逐段计算获得整个轮盘各截面的应力。内孔处的径向应力 σ_{r1} 一般范围为–20～–5 MPa，可依设计要求根据装配和驱动的情况选取。内孔处的环向应力 σ_{t1} 无法事先知道，不能由内向外直接逐段计算，采用"二次计算法"，才可以应用前面的计算式进行轮盘应力的计算。"二次计算法"的计算思路及步骤可参考文献余国琼等(1988)、潘永密和李斯特(1980)以及高慎琴(1992)。

上述高速回转轮盘的应力计算方法为理论解析法，当截面和(或)边界条件复杂时，求解过程烦琐，计算任务重。采用有限元数值模拟方法，可以很好地分析轮盘的应力、应变及位移等。不受复杂形状的限制，可模拟轮盘材料的非弹性行为，通过后处理可获

得更加直观的参量云图和动态显示等。几何及载荷均为轴对称时，可作为轴对称问题进行有限元模拟。如为非轴对称问题，可进行三维有限元分析。有限元方法的理论及应用技术请参考有关资料，本节举一例进行有限元模拟。

例题 8-2　图 8.4 所示为一自由回转钢质轮盘的组合截面及其尺寸（单位：mm），转速 $n = 15\,000$ r/min，试用有限元方法模拟其应力及变形。

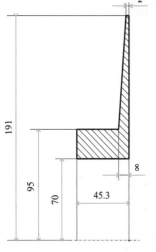

图 8.4　组合截面轮盘

解：采用 ANSYS 有限元分析软件进行模拟。

（1）根据图 8.4 所示截面尺寸进行几何建模。

（2）选择 PLANE182 单元（2D，4 结点，轴对称）。

（3）输入材料弹性模量（2.1×10^5 MPa）、泊松比（0.3）和密度（7850 kg/m³）。

（4）设置网格密度，划分单元。

（5）施加边界条件。

（6）施加惯性载荷，角速度为

$$\omega = \frac{2\pi n}{60} = \frac{\pi \times 15\,000}{30} = 1570.8 \text{ rad/s}$$

（7）求解。

（8）有限元分析结果后处理，导出或显示应力、位移、应变等计算结果，如图 8.5 所示。

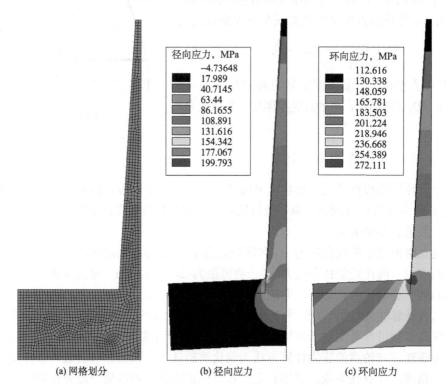

(a) 网格划分　　　　(b) 径向应力　　　　(c) 环向应力

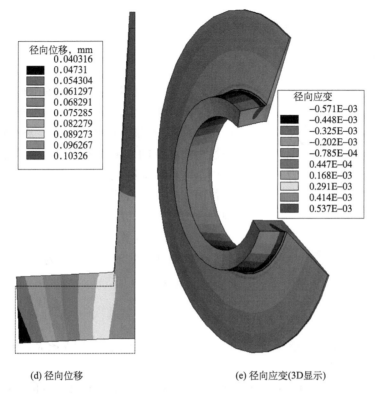

(d) 径向位移　　　　　　　　　　　(e) 径向应变(3D显示)

图 8.5　例题 8-2 有限元模拟结果

8.2　高速转鼓壁的强度

　　离心机转鼓工作过程中在高转速下(每分钟几百转至几千转)运行，会受到很大的离心力作用。为了保障离心机转鼓正常安全工作，需要对转鼓进行强度分析。

　　离心机转鼓的结构主要由鼓壁、鼓底及拦液板组成，过滤式离心机转鼓内还有筛网。在高速回转时转鼓受的力包括：由鼓壁质量产生的离心惯性力、由筛网质量产生的离心惯性力以及由物料质量产生的离心惯性力。此外，在转鼓壁与鼓底、拦液板的连接处，组合型转鼓的圆筒与圆锥的连接处等，由于变形的不协调而产生的边缘力和边缘力矩。在这些力与力矩的作用下几何不连续部位会出现边缘应力，这些边缘应力存在自限性以及局部性，随着边缘距离的增加而快速衰减。

　　转鼓壁的应力是由鼓壁、筛网和物料的质量产生的离心惯性力共同作用所引起的。由于转鼓的受力状态与受内压的薄壁容器的受力状态相似，其中转鼓所受的"内压"是由鼓壁、筛网、物料产生在单位面积上的离心压力产生。因此可以借助受内压的薄壁容器的无力矩理论对转鼓壁进行应力分析，但边缘应力的分析需要借助有力矩理论进行。在本节转鼓壁的强度分析中主要对因离心惯性力产生的应力进行分析，边缘应力不做分析。

8.2.1　鼓壁自身质量引起的应力

1. 圆筒形转鼓

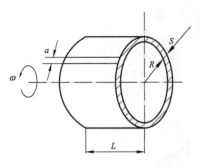

图 8.6　圆筒形转鼓结构简图

若转鼓是一圆筒形壳体，如图 8.6 所示，圆筒的半径为 R、壁厚为 S、长度为 L、材料密度为 ρ_0。当转鼓以角速度 ω 旋转时，鼓壁上将产生离心惯性力为 F_c，此惯性力对鼓壁的作用和内压圆筒的压力对薄壁圆筒的作用基本一致。因此可以根据离心惯性力计算出鼓壁单位面积上的离心压力，然后根据内压薄壁圆筒薄膜理论计算出鼓壁的应力。

（1）离心压力计算。在转鼓壁上取一宽度为 a 的单元体，回转时所产生的离心压力为

$$F_c = LaS\rho_0 \overline{R}\omega^2 \tag{8.17}$$

式中，$\overline{R}$ 为转鼓壁的中径，$\overline{R} = R + \dfrac{S}{2}$。

由于转鼓往往都是薄壁圆筒，壁厚 S 远小于转鼓半径 R，即 $S \ll R$，所以 $\overline{R} \approx R$。于是 $F_c = LaS\rho_0 R\omega^2$。

离心力 F_c 均匀地垂直作用在转鼓单元体的内表面上，因此鼓壁单位面积上的离心压力可表示为

$$p_1 = \frac{F_c}{La} = \rho_0 SR\omega^2 \tag{8.18}$$

（2）转鼓壁应力计算。由于转鼓壁自身质量产生的离心力的方向和转鼓轴线相垂直，因此它在鼓壁上不会产生轴向应力 σ'_x，即 $\sigma'_x = 0$。

鼓壁上产生的环向应力 σ'_t 可由拉普拉斯方程求得。拉普拉斯方程为

$$\frac{\sigma'_x}{R_1} + \frac{\sigma'_t}{R_2} = \frac{p}{S} \tag{8.19}$$

式中，R_1 为第一曲率半径；R_2 为第二曲率半径，对于圆筒而言 $R_1 = \infty$，$R_2 = R$。将 $\sigma'_x = 0$，$R_1 = \infty$，$R_2 = R$，$p = p_1$ 代入上式可得

$$\sigma'_t = \frac{p_1 R}{S} = \rho_0 R^2 \omega^2 = \rho_0 u^2 \tag{8.20}$$

式中，u 为转鼓的圆周速度。

2. 圆锥形转鼓

若转鼓为圆锥形转鼓，如图 8.7 所示。转鼓大端半径为 R，壁厚为 S，圆锥转鼓的半锥角为 α，转鼓材料的密度为 ρ_0，转鼓以角速度 ω 旋转。离心惯性力的大小与质点的半径有关，因此圆锥形转

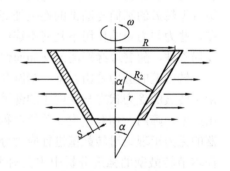

图 8.7　圆锥形转鼓结构简图

鼓鼓壁上的离心惯性力随着半径发生变化，离心压力也随之变化。设在鼓壁上任取半径为 r，该处所受的离心压力 p_1' 为

$$p_1' = S\rho_0 \bar{r}\omega^2 \cos\alpha \approx S\rho_0 r\omega^2 \cos\alpha \tag{8.21}$$

式中，$\bar{r}$ 为圆锥形转鼓内任意点 r 处的平均半径，因壁厚 $S \ll r$，故 $\bar{r} \approx r$。

因为鼓壁质量离心惯性力的方向始终沿半径向外垂直于轴线，无轴向分力，故不会产生轴向应力，则 $(\sigma_x')_r = 0$。

圆锥形转鼓鼓壁的任意点 r 处的第一曲率半径 $R_1 = \infty$，第二曲率半径为 $R_2 = r/\cos\alpha$，环向应力 $(\sigma_t')_r$ 可由拉普拉斯方程求得

$$(\sigma_t')_r = \frac{p_1' R_2}{S} = S\rho_0 r\omega^2 \cos\alpha \cdot \frac{r}{\cos\alpha} \cdot \frac{1}{S} = \rho_0 r^2 \omega^2 = \rho_0 u^2 \tag{8.22}$$

对比圆筒形转鼓与圆锥形转鼓的环向应力方程可知：两种转鼓的共同点是环向应力与半径平方成正比，与角速度的平方成正比，与圆周速度的平方成正比，而与壁厚 S 无关；两种转鼓的区别在于圆筒形转鼓由于鼓壁自身质量引起的环向应力沿经线是均匀分布的，而圆锥形转鼓中环向应力则是不均匀的，大端应力最大，小端应力最小。

8.2.2　筛网质量引起的鼓壁应力

对于过滤式离心机，转鼓内装有筛网随转鼓一起高速旋转。其产生的离心惯性力作用在转鼓壁上，相当于对转鼓施加内压，也可按拉普拉斯方程求出筛网质量引起的鼓壁应力。

1. 圆筒形筛网

由于筛网厚度较小，故回转半径取为转鼓内径 R，长度为 L，以角速度 ω 旋转，筛网材料的密度为 ρ_s，当量厚度为 S_s，则筛网的质量 m_s 为

$$m_s = 2\pi R L S_s \rho_s \tag{8.23}$$

鼓壁上单位面积上的离心压力为

$$p_2 = \frac{2\pi R L S_s \rho_s \cdot R\omega^2}{2\pi R L} = S_s \rho_s R\omega^2 \tag{8.24}$$

与转鼓自身质量引起的应力一样，筛网质量离心惯性力的方向与轴线相垂直，因此在转鼓壁内也不产生轴向应力，故 $\sigma_x'' = 0$。

环向应力可由拉普拉斯方程求得，将 $R_1 = \infty$，$\sigma_x'' = 0$，$R_2 = R$，$p = p_2$ 代入，可求得筛网质量引起鼓壁的环向应力：

$$\sigma_t'' = \frac{p_2 R}{S} = \frac{S_s \rho_s R^2 \omega^2}{S} \tag{8.25}$$

2. 圆锥形筛网

对于圆锥形转鼓，筛网作用于鼓壁表面上的离心压力 p_2' 是筛网质量产生的垂直于轴线的离心压力在转鼓壁法线方向的分力，即

$$p_2' = \rho_s S_s \bar{r} \omega^2 \cos\alpha = \rho_s S_s r \omega^2 \cos\alpha \tag{8.26}$$

式中，$\bar{r}$ 为锥形筛网任意半径 r 处的平均半径，$\bar{r} \approx r$。

筛网的当量厚度为

$$S_s = \frac{m_s}{2\pi \dfrac{R + R_0}{2} L \rho_s} \tag{8.27}$$

同样筛网质量离心惯性力在转鼓壁上不产生轴向应力，则 $(\sigma_x'')_r = 0$。因此环向应力可由拉普拉斯方程求得

$$(\sigma_t'')_r = \frac{p_2' R_2}{S} = \frac{\rho_s S_s r^2 \omega^2}{S} \tag{8.28}$$

8.2.3　物料质量引起的鼓壁应力

1. 圆筒形转鼓

由于物料在转鼓内随转鼓一起旋转，物料质量引起的离心液压为

$$p_3 = \frac{\rho_{mf}}{2} \omega^2 (r^2 - r_0^2) \tag{8.29}$$

式中，ρ_{mf} 为物料的密度；r_0 为转鼓内物料层内半径。在转鼓的内壁处，离心液压达到最大值：

$$p_{3max} = \frac{\rho_{mf}}{2} \omega^2 (R^2 - r_0^2) \tag{8.30}$$

由于离心机转鼓中有拦液板和鼓底，离心压力不仅作用在鼓壁上，同时也作用在拦液板和鼓底上，因此在鼓壁上将产生轴向应力，此应力可根据轴向力的平衡方程式求得

$$\sigma_x''' 2\pi RS = \int_{r_0}^{R} \frac{\rho_{mf}}{2} \omega^2 (r^2 - r_0^2) 2\pi r \mathrm{d}r = \frac{\pi \rho_{mf} \omega^2}{4} (R^2 - r_0^2)^2 \tag{8.31}$$

由此化简可得鼓壁的轴向应力为

$$\sigma_x''' = \frac{\rho_{mf} \omega^2}{8S} \cdot \frac{(R^2 - r_0^2)^2}{R} = \frac{\rho_{mf} \omega^2 R^3 K^2}{8S} \tag{8.32}$$

式中，K 为转鼓填充系数，$K = 1 - \dfrac{r_0^2}{R^2}$。

鼓壁的环向应力，可由拉普拉斯方程求得

$$\sigma_t''' = \frac{p_{3max} R}{S} = \frac{\rho_{mf} \omega^2 (R^2 - r_0^2) R}{2S} = \frac{\rho_{mf} \omega^2 R^3 K}{2S} \tag{8.33}$$

2. 圆锥形转鼓

对于圆锥形转鼓，物料产生的离心压力随着圆半径发生变化，在半径为 r 处的离心压力 p_3 为

$$p_3 = \frac{\rho_{mf}\omega^2}{2}(r^2 - r_0^2) \tag{8.34}$$

若圆锥形转鼓有拦液板或与圆锥形转鼓连接的圆筒转鼓有拦液板，并且具有流动性的物料到达了拦液板，则鼓壁上将产生轴向应力。在 $r_0 < r' < r$ 范围内，列轴向力的平衡方程式得

$$(\sigma_x''')_r 2\pi r S \cos\alpha = \int_{r_0}^{r} p_3 2\pi r' dr' = \int_{r_0}^{r} \frac{\rho_{mf}\omega^2}{2}(r'^2 - r_0^2) 2\pi r' dr' \tag{8.35}$$

化简可得

$$(\sigma_x''')_r = \frac{\rho_{mf}\omega^2(r^2 - r_0^2)^2}{8Sr\cos\alpha} \tag{8.36}$$

当物料具有一定流动性时，它所产生的离心压力各向同性，所以垂直作用于鼓壁的离心压力 p_3 所引起的环向应力，可根据拉普拉斯方程求得

$$(\sigma_t''')_r = \frac{p_3 \cdot \dfrac{r}{\cos\alpha}}{S} = \frac{\rho_{mf}\omega^2 r}{2S\cos\alpha}(r^2 - r_0^2) \tag{8.37}$$

物料位于圆锥形转鼓的小端即 $r = r_0$，则

$$\begin{cases} (\sigma_x''')_{r_0} = 0 \\ (\sigma_t''')_{r_0} = 0 \end{cases} \tag{8.38}$$

物料位于圆锥形转鼓的大端即 $r = R$，则

$$\begin{cases} (\sigma_x''')_R = \dfrac{\rho_{mf}\omega^2 R^3 K^2}{8S\cos\alpha} \\ (\sigma_t''')_R = \dfrac{\rho_{mf}\omega^2 R^3 K}{2S\cos\alpha} \end{cases} \tag{8.39}$$

由式可知：圆锥形转鼓大口端上的应力等于同样条件的圆筒形转鼓的应力除以 $\cos\alpha$。

8.2.4 转鼓壁的强度计算

转鼓的应力来源于转鼓、筛网以及物料对转鼓产生的应力之和，因此转鼓的总轴向应力为 $\sigma_x = \sigma_x' + \sigma_x'' + \sigma_x'''$；转鼓的总环向应力为 $\sigma_t = \sigma_t' + \sigma_t'' + \sigma_t'''$。根据上述分析，离心机各部分质量引起的应力汇总于表 8.1。

表 8.1 离心机各部分质量引起的应力汇总表

类型	应力产生原因	轴向应力	环向应力
圆筒形转鼓	转鼓	$\sigma_x' = 0$	$\sigma_t' = \rho_0 R^2 \omega^2$
	筛网	$\sigma_x'' = 0$	$\sigma_t'' = \dfrac{S_s \rho_s R^2 \omega^2}{S}$
	物料	$\sigma_x''' = \dfrac{\rho_{mf}\omega^2 R^3 K^2}{8S}$	$\sigma_t''' = \dfrac{\rho_{mf}\omega^2 R^3 K}{2S}$

类型	应力产生原因	轴向应力	环向应力
圆锥形转鼓	转鼓	$(\sigma'_x)_r = 0$	$(\sigma'_t)_r = \rho_0 r^2 \omega^2$
	筛网	$(\sigma''_x)_r = 0$	$(\sigma''_t)_r = \dfrac{\rho_S S_S r^2 \omega^2}{S}$
	物料	$(\sigma'''_x)_r = \dfrac{\rho_{mf}\omega^2 (r^2-r_0^2)^2}{8Sr\cos\alpha}$	$(\sigma'''_t)_r = \dfrac{\rho_{mf}\omega^2 r}{2S\cos\alpha}(r^2-r_0^2)$

沉降式离心机的转鼓不开孔也无筛网，而过滤式离心机的转鼓开有若干小孔，还带有滤网，两者的强度计算存在区别。下面首先分析不带孔的沉降式离心机转鼓强度分析方法。

8.2.4.1　整体转鼓(不开孔)的强度计算

1. 圆筒形转鼓

转鼓工作时鼓壁总轴向应力 σ_x 和总环向应力 σ_t 分别为

$$\sigma_x = \sigma'_x + \sigma'''_x = \sigma'''_x = \frac{\rho_{mf}\omega^2 R^3 K^2}{8S} \tag{8.40}$$

$$\sigma_t = \sigma'_t + \sigma'''_t = \rho_0 R^2 \omega^2 \left(1 + \frac{\rho_{mf}}{\rho_0} \cdot \frac{RK}{2S}\right) \tag{8.41}$$

根据第三强度理论，其强度条件为

$$\sigma_{max} - \sigma_{min} \leqslant [\sigma] \tag{8.42}$$

鼓壁中的最大应力是环向应力 σ_t，最小应力为径向应力 σ_r，并且因转鼓壁厚一般较小，$\sigma_r \approx 0$。$[\sigma]$ 为转鼓壁材料的许用应力，在按无力矩理论分析转鼓应力时，其值可取

$$[\sigma] = \min\left\{\frac{\sigma_s}{n_s}, \frac{\sigma_b}{n_b}\right\} \tag{8.43}$$

式中，σ_s 与 σ_b 为设计温度下材料的屈服极限和强度极限；n_s 为屈服极限的安全系数，一般取 1.5；n_b 为强度极限的安全系数，一般取 2.7~3。若转鼓是焊接的，还应考虑焊接强度的影响，即 $[\sigma]\varphi_H$，φ_H 为焊缝接头系数，其值可参考机械设计手册选取，它与焊接接头的形式以及无损检测的要求有关。

此时转鼓的强度条件为

$$\sigma_t = \rho_0 R^2 \omega^2 \left(1 + \frac{\rho_{mf}}{\rho_0}\frac{RK}{2S}\right) \leqslant [\sigma]\varphi_H \tag{8.44}$$

令 $\lambda = \dfrac{\rho_{mf}}{\rho_0}$，$\sigma'_t = \rho_0 R^2 \omega^2$，则上式简化为

$$\sigma_t = \sigma'_t\left(1 + \frac{\lambda RK}{2S}\right) \leqslant [\sigma]\varphi_H \tag{8.45}$$

由此可得到转鼓壁厚为

$$S \geqslant \frac{\sigma'_t}{2} \cdot \frac{\lambda RK}{[\sigma]\varphi_H - \sigma'_t} \tag{8.46}$$

2. 圆锥形转鼓

对于圆锥形转鼓，其轴向应力和环向应力均在大口端最大，因此强度校核只需校核圆锥大口端的鼓壁应力。圆锥形转鼓工作时鼓壁大端总轴向应力 σ_x 和总环向应力 σ_t 分别为

$$(\sigma_x)_R = (\sigma'_x)_R + (\sigma'''_x)_R = (\sigma'''_x)_R = \frac{\rho_{mf}\omega^2 R^3 K^2}{8S\cos\alpha} \tag{8.47}$$

$$(\sigma_t)_R = (\sigma'_t)_R + (\sigma'''_t)_R = \rho_0 R^2 \omega^2 \left(1 + \frac{\rho_{mf}RK}{\rho_0 2S\cos\alpha}\right) \tag{8.48}$$

令 $\lambda = \dfrac{\rho_{mf}}{\rho_0}$，$(\sigma'_t)_R = \rho_0 R^2 \omega^2$，则式 (8.48) 简化为

$$(\sigma_t)_R = (\sigma'_t)_R \left(1 + \frac{\lambda RK}{2S\cos\alpha}\right) \tag{8.49}$$

按第三强度理论，锥形转鼓的强度条件为

$$(\sigma_t)_R = (\sigma'_t)_R \left(1 + \frac{\lambda RK}{2S\cos\alpha}\right) \leqslant [\sigma]\varphi_H \tag{8.50}$$

由此可得到锥形转鼓壁厚计算式：

$$S \geqslant \frac{(\sigma'_t)_R}{2\cos\alpha} \cdot \frac{\lambda RK}{[\sigma]\varphi_H - (\sigma'_t)_R} \tag{8.51}$$

8.2.4.2　开孔转鼓的强度计算

过滤式离心机转鼓的鼓壁上开有许多小孔，这就削弱了鼓壁的结构强度。为了简化分析过程，可等效于降低了转鼓的许用应力，则在许用应力中引入开孔削弱系数 φ，因此开孔转鼓的许用应力降低为 $\varphi\varphi_H[\sigma]$。开孔削弱系数 φ 可由下式计算：

$$\varphi = \frac{t-d}{t} \tag{8.52}$$

式中，d 为开孔的直径；t 为孔的轴向或斜向中心距(取两者中之小者)。

另一方面由于开孔使鼓壁质量减小，降低了鼓壁质量离心惯性力引起的转鼓应力，为此在转鼓自身质量离心惯性力引起的应力 σ'_t 中引入开孔率 ψ，这样开孔转鼓环向应力可等效为 $\sigma'_t(1-\psi)$。开孔率 ψ 可表示为

$$\psi = \frac{\text{转鼓开孔总面积}}{\text{转鼓全面积}} \tag{8.53}$$

若 n 为开孔数目，L 为转鼓母线长度，则圆筒形转鼓的开孔率为

$$\psi = \frac{\frac{\pi}{4}d^2 \cdot n}{2\pi RL} \tag{8.54}$$

若孔以正三角形排列,则近似为

$$\psi = \frac{\pi d^2}{4t^2 \sin 60°} \tag{8.55}$$

为了便于计算,筛网质量离心惯性力引起鼓壁的环向应力也可等效为 $\sigma_t''(1-\psi)$。

1. 圆筒形开孔转鼓

圆筒形开孔转鼓总轴向应力 σ_x 和总环向应力 σ_t 分别为

$$\sigma_x = \sigma_x''' = \frac{\rho_{mf}\omega^2 R^3 K^2}{8S} \tag{8.56}$$

$$\begin{aligned}
\sigma_t &= \sigma_t'(1-\psi) + \sigma_t''(1-\psi) + \sigma_t''' \\
&= \rho_0 R^2 \omega^2 (1-\psi) + \frac{\rho_s S_s R^2 \omega^2}{S}(1-\psi) + \frac{\rho_{mf} R^3 \omega^2 K}{2S} \\
&= \rho_0 R^2 \omega^2 (1-\psi)\left[1 + \frac{\rho_s}{\rho_0}\cdot\frac{S_s}{S} + \frac{\rho_{mf}}{\rho_0}\cdot\frac{RK}{2S(1-\psi)}\right]
\end{aligned} \tag{8.57}$$

若转鼓的材料与筛网材料相同,即 $\rho_0 = \rho_s$,并令 $\lambda_k = \dfrac{\rho_{mf}}{\rho_0(1-\psi)}$,则式(8.57)可简化为

$$\sigma_t = \sigma_t'(1-\psi)\left(1 + \frac{S_s}{S} + \frac{\lambda_k RK}{2S}\right) \tag{8.58}$$

由第三强度理论以及开孔转鼓的强度条件可得

$$\sigma_t'(1-\psi)\left(1 + \frac{S_s}{S} + \frac{\lambda_k RK}{2S}\right) \leqslant [\sigma]\varphi_H\varphi \tag{8.59}$$

由此可得开孔圆筒形转鼓壁厚计算式为

$$S \geqslant \frac{\sigma_t'(1-\psi)}{2} \cdot \frac{2S_s + \lambda_k RK}{[\sigma]\varphi_H\varphi - \sigma_t'(1-\psi)} \tag{8.60}$$

2. 圆锥形开孔转鼓

对于圆锥形开孔转鼓,其大口处总轴向应力 $(\sigma_x)_R$ 和总环向应力 $(\sigma_t)_R$ 分别表示为

$$(\sigma_x)_R = (\sigma_x''')_R = \frac{\rho_{mf}\omega^2 R^3 K^2}{8S\cos\alpha} \tag{8.61}$$

$$\begin{aligned}
(\sigma_t)_R &= (\sigma_t')_R(1-\psi) + (\sigma_t'')_R(1-\psi) + (\sigma_t''')_R \\
&= \rho_0 R^2 \omega^2 (1-\psi) + \frac{\rho_s S_s}{S}R^2\omega^2(1-\psi) + \frac{\rho_{mf}\omega^2 R^3 K}{2S\cos\alpha} \\
&= \rho_0 R^2 \omega^2 (1-\psi)\left[1 + \frac{\rho_s S_s}{\rho_0 S} + \frac{\rho_{mf} RK}{\rho_0(1-\psi)2S\cos\alpha}\right]
\end{aligned} \tag{8.62}$$

若转鼓的材料与筛网材料相同，即 $\rho_0 = \rho_s$，并令 $\lambda_k = \dfrac{\rho_{mf}}{\rho_0(1-\psi)}$，则上式可简化为

$$(\sigma_t)_R = (\sigma_t')_R(1-\psi)\left(1 + \frac{S_s}{S} + \frac{\lambda_k RK}{2S\cos\alpha}\right) \tag{8.63}$$

由第三强度理论以及圆锥形开孔转鼓的强度条件可得

$$(\sigma_t')_R(1-\psi)\left(1 + \frac{S_s}{S} + \frac{\lambda_k RK}{2S\cos\alpha}\right) \leqslant [\sigma]\varphi_H\varphi \tag{8.64}$$

由式(8.64)可得圆锥形开孔转鼓的壁厚计算式：

$$S \geqslant \frac{(\sigma_t')_R(1-\psi)}{2\cos\alpha} \cdot \frac{2S_s\cos\alpha + \lambda_k RK}{[\sigma]\varphi_H\varphi - (\sigma_t')_R(1-\psi)} \tag{8.65}$$

通过上述分析，可获得不同结构的整体转鼓(沉降式离心机)以及开孔转鼓(过滤式离心机)的转鼓壁厚计算方程，列于表 8.2 中。

表 8.2　不同结构离心机转鼓壁厚计算方程

结构	整体转鼓(沉降式离心机)	开孔转鼓(过滤式离心机)
圆筒形	$S \geqslant \dfrac{\sigma_t'}{2} \cdot \dfrac{\lambda RK}{[\sigma]\varphi_H - \sigma_t'}$	$S \geqslant \dfrac{\sigma_t'(1-\psi)}{2} \cdot \dfrac{2S_s + \lambda_k RK}{[\sigma]\varphi_H\varphi - \sigma_t'(1-\psi)}$
圆锥形	$S \geqslant \dfrac{(\sigma_t')_R}{2\cos\alpha} \cdot \dfrac{\lambda RK}{[\sigma]\varphi_H - (\sigma_t')_R}$	$S \geqslant \dfrac{(\sigma_t')_R(1-\psi)}{2\cos\alpha} \cdot \dfrac{2S_s\cos\alpha + \lambda_k RK}{[\sigma]\varphi_H\varphi - (\sigma_t')_R(1-\psi)}$

例题 8-3　一活塞推料离心机，转鼓内直径为 830mm，有效长度 $L=400$mm，转鼓有效工作容积为 55L，鼓壁开孔直径 $d=10$mm，孔中心距 $t=50$mm，孔呈正三角形排列，材料为 S32168，转速 $n=1400$r/min，焊接接头系数 $\varphi_H=0.85$，筛网总质量 $m=45$kg，材料与转鼓相同，密度 $\rho_0=7850$kg/m^3，被分离物料为碳酸氢铵，密度 $\rho_{mf}=1570$kg/m^3，求能够满足强度条件的转鼓壁厚。

解： 圆筒形转鼓满足强度要求的条件为

$$S \geqslant \frac{\sigma_t'(1-\psi)}{2} \cdot \frac{2S_s + \lambda_k RK}{[\sigma]\varphi_H\varphi - \sigma_t'(1-\psi)}$$

(1) 转鼓自身环向应力 σ_t'

$$\sigma_t' = \rho_0 R^2 \omega^2 = 7850 \times (0.415)^2 \left(\frac{\pi \times 1400}{30}\right)^2 = 29.06 \times 10^6 \text{Pa} = 29.06 \text{MPa}$$

(2) 筛网等效厚度 S_s

$$S_s = \frac{m}{2\pi RL \times \rho_0} = \frac{45}{2\pi \times (0.415) \times 0.4 \times 7850} = 5.5 \times 10^{-3}\text{m} = 5.5\text{mm}$$

(3) 开孔率 ψ、开孔削弱系数 φ 及系数 λ_k 与 K

$$\psi = \frac{\pi d^2}{4t^2 \sin 60°} = \frac{\pi \times 1^2}{4 \times 5^2 \times 0.866} = 0.0363$$

$$\varphi = \frac{t-d}{t} = \frac{5-1}{5} = 0.80$$

$$\lambda_k = \frac{\rho_{mf}}{\rho_0(1-\psi)} = \frac{1570}{7850 \times (1-0.0362)} = 0.2075$$

$$K = 1 - \frac{r_0^2}{R^2}$$

根据定义可得

$$K = \frac{\pi R^2 L - \pi r_0^2 L}{\pi R^2 L} = \frac{55 \times 10^{-3}}{\pi (0.415)^2 \times 0.4} = 0.254$$

(4) 转鼓的许用应力

根据材料手册可得 $\sigma_s \approx 220\text{MPa}$，$\sigma_b = 550\text{MPa}$；取 $n_s = 1.5$，$n_b = 3$，则

$$[\sigma] = \min\left\{\frac{\sigma_s}{n_s}, \frac{\sigma_b}{n_b}\right\} = \min\left\{\frac{220}{1.5}, \frac{550}{3}\right\} = 146.67\text{MPa}$$

$$[\sigma]\varphi_H\varphi = 146.67 \times 0.85 \times 0.8 = 99.74\text{MPa}$$

(5) 将上述各值代入壁厚计算式，则得

$$S \geqslant \frac{29.06 \times (1-0.0363)}{2} \cdot \frac{2 \times 5.5 \times 10^{-3} + 0.2075 \times 0.415 \times 0.254}{99.74 - 29.06 \times (1-0.0363)}$$

$$= 0.00642\text{m} = 6.42\text{mm}$$

圆整后取常用钢板厚度 $S=8\text{mm}$。

 思考题

1. 高速回转等厚度圆盘和锥形圆盘，哪种受力差？

2. 回转轮盘可能受哪些载荷的作用？

3. 轮盘应力分析中微元体是通过哪些面截取的？

4. 构建微元平衡方程的过程中需要考虑哪些力的作用？

5. 应力平衡方程转化为变形微分方程的过程中需要利用哪些方程？

6. 高速回转轮盘内孔处的径向应力条件和什么有关？

7. 离心机转鼓在工作中会受到哪些力的作用？

8. 针对鼓壁自身质量引起的应力，分析圆筒形转鼓与圆锥形转鼓的异同点。

9. 针对物料质量引起的鼓壁应力，分析圆锥形转鼓的鼓壁应力如何分布。

10. 在转鼓的强度分析过程中，如何确定转鼓受到的总应力？

11. 过滤式离心机的转鼓与沉降式离心机的转鼓有何区别？在强度分析时如何进行考虑？

分析应用题

1. 一等厚度轮盘，材质为 ZG230-450，内孔直径 $D_1 = 200$ mm，外缘直径 $D_2 = 1000$ mm，转速 $n = 4000$ r/min。已知内孔处的应力 $\sigma_{r1} = 5$ MPa，$\sigma_{t1} = 268$ MPa，试求出直径 850 mm 处的径向应力和环向应力。

2. 一圆锥形转鼓大端直径为 1000mm，半锥角为 25°，转鼓未开孔，材料为 S30408 不锈钢（屈服强度为 205MPa，抗拉强度为 520MPa），当转鼓的转速为 1200r/min 时，试求转鼓壁上的最大应力。

3. 某三足式离心机，转鼓内直径为 600 mm，有效高度 $H=300$ mm，鼓壁开孔 $d=8$ mm，$t=50$ mm，孔呈正三角形排列，材料为 S30408 不锈钢，密度 $\rho_0 = 7850$ kg/m^3，转速 $n=1400$r/min，焊缝系数 $\varphi_H = 0.9$，被分离物料为硫代硫酸钠悬浮液，密度 $\rho_{mf} = 1620$ kg/m^3，转鼓最大装料量为 100 kg，求能够满足强度条件的转鼓壁厚。

第9章 高速转轴的临界转速

典型流体机械包括离心泵、离心压缩机、离心机等，在高速旋转工作过程中会产生振动现象，并且振动量随着转速的升高而发生变化，而当其转速接近或达到临界转速时，转动体的振动量会大幅提高，造成大幅振动与噪声，甚至引起转子的破坏。因此，对于高速旋转的流体机械需要了解临界转速的影响因素，确定其临界转速，防止其工作转速接近临界转速，从而保障流体机械的安全稳定工作。

9.1 高速回转机械的振动与临界转速

1. 高速回转机械的振动问题

所谓振动，即物体或质点系统按一定规律在其平衡位置附近做的周期性机械运动。高速回转机械，往往对于制造精度、装配精度以及操作环境要求较高，任意环节精度未达到要求就容易引起振动现象。振动形式可分为自激振动与强迫振动。前者是振动系统本身所产生的由非线性激励力作用所引起的一种自振现象。它主要是由于表面摩擦、材料内摩擦以及轴承中的油膜作用引起的。后者是系统在周期性干扰力的作用下产生的振动行为，其振动频率与干扰力频率相等。周期性干扰力在高速回转机械的工作过程中是难以避免的，例如转子受材质和加工装配技术等多方面的影响，在轴心与质心之间总会存在偏心距，导致在高速回转时转子受到方向周期性变化的离心惯性力作用，引起轴系的强迫振动，并通过轴承传递至其他零件、机身和基础。

高速回转机械需要通过严格的动平衡实验，从而保证转子在运转时不会产生较大的离心惯性力。但是当转子的转频与转子轴系的固有频率相接近时，引起离心惯性力的频率与轴系的固有频率接近或相等，此时就会发生强烈的共振现象，导致高速回转机械的失效。

2. 临界转速

对于高速回转机械，随着转子轴转速不断升高，在起初的加速过程中转子的振幅缓慢增加；当转速接近或达到某一特定转速时，振幅会随时间急剧增长，达到一个非常大的值（与转子的阻尼情况有关），甚至引起回转机械的破坏；但是当转速超过该特定转速继续升高，振幅又会降低，该特定转速被称为转子轴系的临界转速 n_c。转子挠度与转速的关系如图 9.1 所示，其中 y 为挠度，e 为转子偏心距，n 为转速。

临界转速的实质是：随着转速的升高，机械高速回转引起的离心惯性干扰力的频率不断升高，当其与轴系横向振动的某一固有频率相等时，引起轴系的共振。因此，在转子轴的设计过程中，应该防止转子的工作转速接近或等于其临界转速，避免旋转频率与

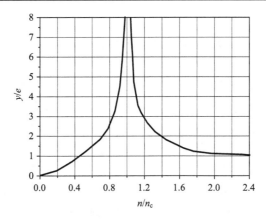

图 9.1　转速与挠度的关系

转轴系的固有频率接近或相等而产生共振现象。需要说明的是，由于回转效应等影响，转轴的共振频率不完全等于其横向振动的固有频率，但转轴的临界转速与其共振时的转速相等，因此引入临界转速的概念对于分析回转轴系的振动问题更为严密。

转轴临界转速的数量与系统的自由度数目有关，由于加工精度的限制，任何轴系都有多个自由度，有多个临界转速。但在实际的分析过程中，当轴上转子的集中质量远大于轴的质量时，其前几个临界转速与其相应的振型主要由转子的集中质量决定，轴的分布质量的影响很小。因此，将带一个转子的轴系简化为具有一个自由度的弹性振动系统，具有一个临界转速；当转轴上有 N 个转子时，简化成 N 个自由度系统，具有 N 个临界转速。其中临界转速数值最小者称为一阶临界转速，比一阶临界转速大的依次称为二阶临界转速、三阶临界转速等。工程上轴的工作转速范围是有限的，因此有实际意义的主要是前几阶临界转速。

3. 临界转速的工作要求

转轴系可分成刚性轴和挠性轴两类。对于刚性轴，其工作转速需低于其一阶临界转速，而挠性轴的工作转速高于一阶临界转速，介于某两阶临界转速之间。具体要求如下式：

$$刚性轴： \quad n < 0.75 n_{c1} \tag{9.1}$$

$$挠性轴： \quad 1.4 n_{ck} < n < 0.7 n_{ck+1} \tag{9.2}$$

式中，n_{c1} 为轴系的一阶临界转速；n_{ck} 为第 k 阶临界转速，$k=1,2,3,\cdots$。

具体的回转机械在设计过程中选择何种类型的转轴需综合考虑生产要求、安全、经济、强度、物料性质等因素。以离心机的转轴为例，有些做成刚性轴，如刮刀卸料离心机、活塞推料离心机等；也有不少做成挠性轴，如上悬式离心机、高速分离机等。

在轴系设计的过程中其工作转速往往是给定的，需要计算出轴系的临界转速值，尤其是一阶、二阶临界转速。然后根据式(9.1)和式(9.2)判断其工作转速能否满足要求，若不满足转速的工作要求，则需要对转轴系进行重新设计，以改变其临界转速。

9.2　临界转速的计算方法

临界转速的影响因素众多，包括：转子质量、转子几何形状、转子在轴上的位置、轴的直径、轴的长度、轴的材质、轴的支承形式等。但在实际计算过程中难以考虑所有的影响因素，工程上根据设计要求，考虑主要影响因素，并建立简化计算模型，求得临界转速的近似值。临界转速的计算方法包括解析法和近似法。解析法的理论依据充分，公式推导较严密，但随着系统自由度数的增加，解析法计算临界转速越发困难。近似计算法将计算公式和计算过程基于某些假设进行简化，获得临界转速的近似值满足工程的要求。本节首先介绍两种解析法，即特征值法和影响系数法，随后对工程近似法进行论述。

9.2.1　特征值法

若不考虑回转效应等因素的影响，轴的临界转速在数值上等于其横向振动固有频率。因此计算临界转速即转化为求解轴系的固有频率。可以采用线性系统的弹性振动解析法求解轴系的固有频率。自由振动运动方程的形式和求解步骤相对简单，可求得其固有频率。运动方程包括作用力方程和位移方程，两者各有优点，作用力方程概念更清晰，位移方程对于多自由度系统建立起来更简单，本节中将分别对两者进行介绍。

1. 单自由度系统

首先从单自由系统出发进行分析，图 9.2 为一转盘与轴组成的双简支转子轴系统，转盘质量远大于轴的质量，在计算过程中轴的质量可忽略。因此该转子轴系统可简化为受一集中载荷的单自由度系统，具有一个固有频率。根据牛顿第二定律可列出转子在轴弹性恢复力的作用下做自由振动时的运动微分方程，即作用力方程为

$$m\frac{\mathrm{d}^2 y}{\mathrm{d}t^2} + ky = 0 \tag{9.3}$$

式中，m 为圆盘质量，kg；k 为轴的刚度系数，N/m。其对应的特征方程为

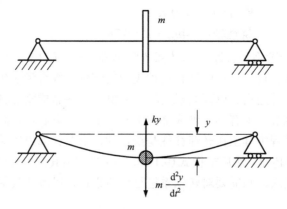

图 9.2　由转盘与轴组成的双简支转子轴系统

$$y^2 + \frac{k}{m} = 0 \qquad (9.4)$$

微分方程式(9.3)的通解为

$$y = A\sin\left(\sqrt{\frac{k}{m}}t + \phi\right) \qquad (9.5)$$

式中，A 为振幅；ϕ 为初始相位角，两者均由初始条件所决定。根据式(9.5)可得系统的固有频率 ω_n 为

$$\omega_n = \sqrt{\frac{k}{m}} \qquad (9.6)$$

单自由系统的固有频率随着轴刚度的增加和转子质量的减小而升高，因此在工作过程中可以通过改变轴的刚度和转子的质量来改变临界转速，确保工作转速远离临界转速。其中，轴的刚度系数 k 与轴的截面惯性矩、长度、支承形式以及材质有关。表 9.1 列举了几种典型支承形式的轴刚度系数 k 方程。

表 9.1　几种支承形式的轴的刚度系数

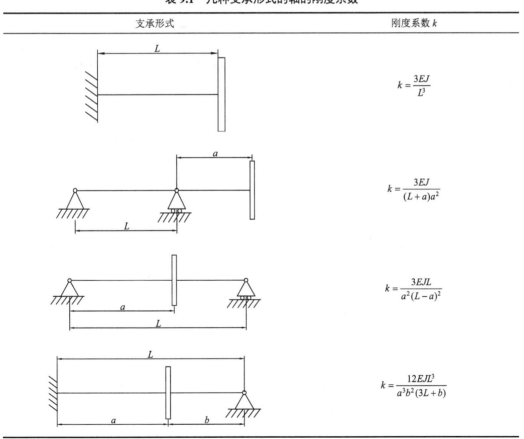

支承形式	刚度系数 k
	$k = \dfrac{3EJ}{L^3}$
	$k = \dfrac{3EJ}{(L+a)a^2}$
	$k = \dfrac{3EJL}{a^2(L-a)^2}$
	$k = \dfrac{12EJL^3}{a^3 b^2 (3L+b)}$

支承形式	刚度系数 k
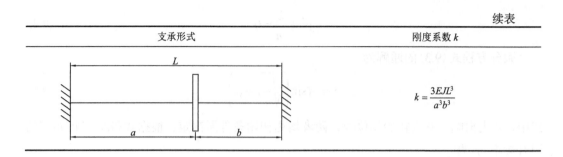	$k = \dfrac{3EJL^3}{a^3b^3}$

2. 多自由度系统

实际的转子结构往往属于多自由度系统，多自由系统就需要列出多个作用力方程或多个位移方程进行求解。

1）根据作用力方程进行求解

首先分析二自由度系统的运动，需要两个独立的坐标和两个运动方程。对于图 9.3 所示的两个自由度的简化系统（忽略轴的质量），可列出作用力方程为

$$\begin{cases} m_1\ddot{y}_1 + k_{11}y_1 + k_{12}y_2 = 0 \\ m_2\ddot{y}_2 + k_{21}y_1 + k_{22}y_2 = 0 \end{cases} \tag{9.7}$$

式中，y_1、y_2 分别表示质量 m_1、m_2 的横向位移；k_{ij} 表示在 j 点产生单位位移所需作用在 i 点上力的大小，又称之为刚度系数。

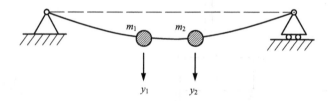

图 9.3 二自由度的简化系统

方程组（9.7）中两方程的弹性恢复力均包含两项，这是由于 m_1 和 m_2 同时受两点变形所产生的弹性恢复力。对于线性弹性系统，根据材料力学中的功和位移的互等定理可知：$k_{ij}=k_{ji}$。

设方程（9.7）的一组特解为

$$\begin{cases} y_1 = A_1 \sin(\omega_{n}t + \phi) \\ y_2 = A_2 \sin(\omega_{n}t + \phi) \end{cases} \tag{9.8}$$

式中，A_1、A_2 分别表示质量 m_1、m_2 的振动振幅。

对式（9.8）进行两次求导后代入式（9.7）可得

$$\begin{cases} (k_{11} - \omega_{n}^2 m_1)A_1 + k_{12}A_2 = 0 \\ k_{21}A_1 + (k_{22} - \omega_{n}^2 m_2)A_2 = 0 \end{cases} \tag{9.9}$$

式（9.9）为线性齐次方程组，由于振动时各质点的振幅不会均为零，因此存在非零解。则

该方程组的系数行列式等于零：

$$\begin{vmatrix} k_{11} - \omega_n^2 m_1 & k_{12} \\ k_{21} & k_{22} - \omega_n^2 m_2 \end{vmatrix} = 0 \tag{9.10}$$

式 (9.10) 为二自由度系统的特征方程，其解称为特征值，即二自由度系统的两个固有频率值。将式 (9.10) 展开，即可得到关于 ω_n^2 的二次方程式，可求得两正实根 ω_{n1} 和 ω_{n2} 即为二自由度系统的两个固有频率。

对于 N 个自由度系统，特征方程可表示为

$$\begin{vmatrix} k_{11} - \omega_n^2 m_1 & k_{12} & \dots & k_{1N} \\ k_{21} & k_{22} - \omega_n^2 m_2 & \dots & k_{2N} \\ \vdots & \vdots & & \vdots \\ k_{N1} & k_{N2} & \dots & k_{NN} - \omega_n^2 m_N \end{vmatrix} = 0 \tag{9.11}$$

式 (9.11) 是关于 ω_n^2 的 N 次方程，可求得 N 个正根，即可获得 N 自由度系统的 N 个固有频率。对于多自由系统固有频率的计算需要运用矩阵方法进行计算，在本书中不作分析。

2) 根据位移方程进行求解

对于多自由度系统的转子轴系，某一点由其他点上单位力作用所引起的挠度一般较容易求得，而该点的总挠度为各点的力引起挠度的总和。因此建立系统的位移方程比建立作用力方程更容易。可以基于力学的动静法，把惯性力作为载荷，而惯性力与频率有关，由此可求解出固有频率。

图 9.3 的二自由度系统列出位移方程为

$$\begin{cases} \alpha_{11} m_1 \ddot{y}_1 + \alpha_{12} m_2 \ddot{y}_2 + y_1 = 0 \\ \alpha_{21} m_1 \ddot{y}_1 + \alpha_{22} m_2 \ddot{y}_2 + y_2 = 0 \end{cases} \tag{9.12}$$

式中，α_{ij} 表示在 j 点作用单位力时在 i 点所产生的挠度，又称为柔度系数。对于线性弹性系统，根据互等定理可得：$\alpha_{ij} = \alpha_{ji}$。将特解式 (9.8) 代入式 (9.12) 整理可得

$$\begin{cases} \left(\alpha_{11} m_1 - \dfrac{1}{\omega_n^2} \right) A_1 + \alpha_{12} m_2 A_2 = 0 \\ \alpha_{21} m_1 A_1 + \left(\alpha_{22} m_2 - \dfrac{1}{\omega_n^2} \right) A_2 = 0 \end{cases} \tag{9.13}$$

由于该方程组有非零解，则其系数行列式等于零：

$$\begin{vmatrix} \alpha_{11} m_1 - \dfrac{1}{\omega_n^2} & \alpha_{12} m_2 \\ \alpha_{21} m_1 & \alpha_{22} m_2 - \dfrac{1}{\omega_n^2} \end{vmatrix} = 0 \tag{9.14}$$

此方程的解可求得两正实根 ω_{n1} 和 ω_{n2}，即为二自由度系统的两个固有频率。

对于多自由度系统，相应的特征方程可表示为

$$\begin{vmatrix} \alpha_{11}m_1 - \lambda & \alpha_{12}m_2 & ... & \alpha_{1N}m_N \\ \alpha_{21}m_1 & \alpha_{22}m_2 - \lambda & ... & \alpha_{2N}m_N \\ \vdots & & & \vdots \\ \alpha_{N1}m_1 & \alpha_{N2}m_2 & ... & \alpha_{NN}m_N - \lambda \end{vmatrix} = 0 \qquad (9.15)$$

式中，$\lambda = 1/\omega_n^2$。同样根据位移方程对于多自由系统固有频率的计算也需要运用矩阵方法进行计算。

9.2.2　影响系数法

当转轴的转速等于其临界转速时，干扰力频率与轴系固有频率相等，转轴系统便会产生共振。影响系数法是基于强迫振动在共振时振幅无限大的假设，求解对应的共振转速即轴系的临界转速。

1. 单自由度系统

如图 9.4 所示，一中间装有轮盘的等直径轴，轮盘质量为 m，质心为 G 点，转轴通过轮盘的几何中心 A 点，偏心距 $AG=e$，该转轴系统为单自由度转轴系统。当转轴与轮盘以角速度 ω 回转，由于转盘存在偏心引起不平衡离心惯性力将使转轴产生弯曲变形，此时，转轴中点 A 处的弯曲挠度为 y，可根据惯性力和轴弹性恢复力相平衡的条件求出弯曲挠度 y。

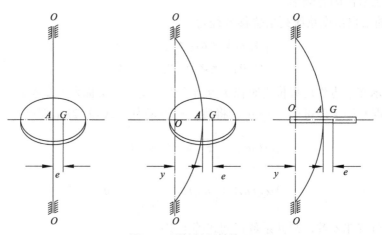

图 9.4　刚性轴回转情况

刚性轴在运转时，$OG=y+e$，此时离心惯性力为 $m(y+e)\omega^2$，轴弹性恢复力为 ky，其中 k 为轴的刚度系数。根据力的平衡方程可得

$$m(y+e)\omega^2 = ky \qquad (9.16)$$

由此可求得挠度为

$$y = \frac{e\omega^2}{\dfrac{k}{m} - \omega^2} \qquad (9.17)$$

由式 (9.17) 可得，当 $\omega = \sqrt{\dfrac{k}{m}}$ 时，挠度 y 趋于无穷大，即发生共振现象。轴系的固有频率即为此时的旋转频率：

$$\omega_{\mathrm{n}} = \sqrt{\frac{k}{m}} \tag{9.18}$$

其结果与用特征值法求解所得到的结果式 (9.6) 相同。

当 $e \to 0$ 时，式 (9.16) 变成

$$(m\omega^2 - k)y = 0 \tag{9.19}$$

共振时挠度 y 不为 0，则固有频率可得：$\omega_{\mathrm{n}} = \sqrt{\dfrac{k}{m}}$。因此固有频率仅与轴的刚度和转盘的质量有关，与偏心距 e 无关。由式 (9.17) 可得，转轴系在正常工作情况下，挠度随着偏心矩的增加而增大，减小偏心距有利于减小轴强迫振动的幅度。但在共振时，由式 (9.19) 可知，即使偏心距 $e \to 0$，挠度 y 仍为不定值，因此即使是加工精度很高的转轴也不允许转轴系在临界转速下工作。

对于挠性轴，当转速超过临界转速之后，转轴又会恢复平稳运转。如图 9.5 所示，此时质心 G 位于 OA 之间，即 $OG = y - e$，此时力的平衡方程可表示为

$$m(y - e)\omega^2 = ky \tag{9.20}$$

挠度可表示为

$$y = \frac{e\omega^2}{\omega^2 - \dfrac{k}{m}} = \frac{e}{1 - \left(\dfrac{\omega_{\mathrm{n}}}{\omega}\right)^2} \tag{9.21}$$

由式 (9.21) 可知，当 $\omega > \omega_{\mathrm{n}}$ 以后，随着 ω 的继续增加，y 反而减小，当 $\omega \gg \omega_{\mathrm{n}}$ 时，y 将趋近于 e，此时转子的质心 G 趋近于两轴承的中心连线 (静止时的轴线位置)。O 点与 G 点间距很小，因此离心惯性力也随之减小，转轴系平稳动作，振动减弱。

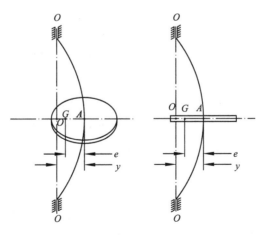

图 9.5　挠性轴回转情况

2. 多自由度系统

当转子轴有两个以上自由度，或轴的质量需要分成几个集中质量进行计算时，就要列出一组方程组，然后从这组方程组中求出使系统发生共振即挠度无限增大的频率，从而求得该转轴系的各阶临界转速。对两个以上自由度的轴系而言，求某点的变形挠度或柔度系数比求其刚度系数容易。因此，本节根据变形平衡条件列出平衡方程进行求解。

图 9.6 所示的双自由度转轴系统，转轴以角速度 ω 回转，圆盘的质量分别为 m_1 和 m_2，偏心距分别为 e_1 和 e_2，在不平衡离心惯性力作用下挠度分别为 y_1 和 y_2，则在①和②点所产生的离心惯性力分别为

$$\begin{cases} F_1 = m_1(y_1 + e_1)\omega^2 \\ F_2 = m_2(y_2 + e_2)\omega^2 \end{cases} \tag{9.22}$$

挠度平衡方程为

$$\begin{cases} y_1 = F_1\alpha_{11} + F_2\alpha_{12} \\ y_2 = F_1\alpha_{21} + F_2\alpha_{22} \end{cases} \tag{9.23}$$

式中，α_{ij} 为柔度系数，单位是 m/N。

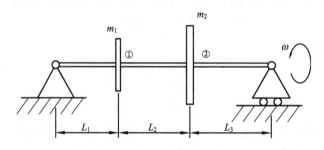

图 9.6　双自由度转轴系统

将式(9.22)与式(9.23)合并可得

$$\begin{cases} y_1 = m_1(y_1 + e_1)\omega^2\alpha_{11} + m_2(y_2 + e_2)\omega^2\alpha_{12} \\ y_2 = m_1(y_1 + e_1)\omega^2\alpha_{21} + m_2(y_2 + e_2)\omega^2\alpha_{22} \end{cases} \tag{9.24}$$

进一步整理可得

$$\begin{cases} (m_1\omega^2\alpha_{11} - 1)y_1 + m_2\omega^2\alpha_{12}y_2 = -m_1e_1\omega^2\alpha_{11} - m_2e_2\omega^2\alpha_{12} \\ m_1\omega^2\alpha_{21}y_1 + (m_2\omega^2\alpha_{22} - 1)y_2 = -m_1e_1\omega^2\alpha_{21} - m_2e_2\omega^2\alpha_{22} \end{cases} \tag{9.25}$$

式(9.25)为非齐次一阶线性方程组，可通过克莱姆法则求解挠度值为

$$y_j = \frac{\Delta y_j}{\Delta} \tag{9.26}$$

式中，Δ 为方程组的系数行列式之值；Δy_j 为把方程组中第 j 列元素用方程右端的常数项代替后所得到的 N 阶行列式之值。当轴系在临界转速下运转发生共振时，其挠度将无限增加，即 $y_j \to \infty$。由式(9.26)可得，当轴系共振时要使 $y_j \to \infty$，方程组的系数行列

式值 Δ 等于零，此时所对应的 ω 即为该轴系的临界转速。双自由度转轴方程组 (9.25) 的系数行列式为

$$\Delta = \begin{vmatrix} m_1\omega^2\alpha_{11} - 1 & m_2\omega^2\alpha_{12} \\ m_1\omega^2\alpha_{21} & m_2\omega^2\alpha_{22} - 1 \end{vmatrix} \tag{9.27}$$

令 $\Delta = 0$，此式称为频率方程式，将此行列式展开可求得两个正实根，即为双自由度系统的两个固有频率。其中较小的值对应于一阶临界转速，较大的值对应于二阶临界转速。并且由式 (9.25) 可知，偏心距对系数行列式没有影响，因此双自由度系统的临界转速同样与偏心距无关。

对于两个转子以上的多自由度系统，用相同的方法推导，可得到频率方程通式为

$$\begin{vmatrix} m_1\omega^2\alpha_{11} - 1 & m_2\omega^2\alpha_{12} & \cdots & m_N\omega^2\alpha_{1N} \\ m_1\omega^2\alpha_{21} & m_2\omega^2\alpha_{22} - 1 & \cdots & m_N\omega^2\alpha_{2N} \\ \vdots & \vdots & & \vdots \\ m_1\omega^2\alpha_{N1} & m_2\omega^2\alpha_{N2} & \cdots & m_N\omega^2\alpha_{NN} - 1 \end{vmatrix} = 0 \tag{9.28}$$

把上式两端同乘 $\lambda = \dfrac{1}{\omega^2}$，可得

$$\begin{vmatrix} m_1\alpha_{11} - \lambda & m_2\alpha_{12} & \cdots & m_N\alpha_{1N} \\ m_1\alpha_{21} & m_2\alpha_{22} - \lambda & \cdots & m_N\alpha_{2N} \\ \vdots & \vdots & & \vdots \\ m_1\alpha_{N1} & m_2\alpha_{N2} & \cdots & m_N\alpha_{NN} - \lambda \end{vmatrix} = 0 \tag{9.29}$$

式 (9.29) 与以特征值法得到的频率方程式 (9.15) 相同。可把求变形挠度所用的柔度系数 α_{ij} 称为影响系数，可以理解为每个影响系数对挠度都有影响，因而都影响轴的临界转速，而且在线性振动小变形的情况下，根据各个变形可以简单叠加的原理，可知各影响系数都是独立的。表 9.2 列出了几种支承形式下双自由度轴系的影响系数，其中 E 为轴材料的弹性模量，J 为轴的断面惯性矩。如果在支承中间再增加转子，其增加的影响系数也可以仿照表中所给的公式得出。

表 9.2　几种双自由度轴系的各影响系数

双自由度轴系	影响系数
	$\alpha_{11} = \dfrac{a^2(L-a)^2}{3EJL}$ $\alpha_{12} = \alpha_{21} = \dfrac{ab(L^2 - a^2 - b^2)}{6EJL}$ $\alpha_{22} = \dfrac{(L-b)^2 b^2}{3EJL}$
	$\alpha_{11} = \dfrac{a^2(L-a)^2}{3EJL}$ $\alpha_{12} = \alpha_{21} = -\dfrac{ab(L^2 - a^2)}{6EJL}$ $\alpha_{22} = \dfrac{(L+b)b^2}{3EJ}$

续表

双自由度轴系	影响系数
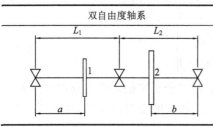	$\alpha_{11} = \dfrac{a^2(L_1-a)^2}{12EJL_1^2(L_1+L_2)}[(3L_1+a)(L_1-a)+4L_1L_2]$ $\alpha_{12}=\alpha_{21}=-\dfrac{ab(L_1^2-a^2)(L_2^2-b^2)}{12EJL_1L_2(L_1+L_2)}$ $\alpha_{22}=\dfrac{(L_2-b)^2b^2}{12EJL_2^2(L_1+L_2)}[(3L_2-b)(L_2-b)+4L_1L_2]$

例题 9-1　某卧式离心机结构如图 9.7 所示，电动机转子质量 m_1=100kg，离心机转鼓加上物料的质量 m_2=180kg，转鼓由电机直接驱动，电机的转速为 1450r/min，轴承跨距 L=600mm，质心到支承的距离 a=300mm，b=200mm，轴径 d=80mm。计算该离心机轴系的临界转速，并试判断离心机的操作是否安全。

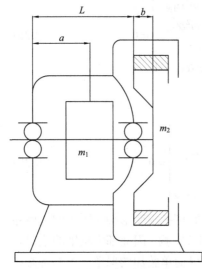

图9.7　卧式离心机结构示意图

解：

（1）临界转速计算

$$E = 2\times10^{11}\,\text{N/m}^2$$

$$J = \frac{\pi}{64}d^4 = \frac{\pi}{64}(0.08)^4 = 2.01\times10^{-6}\,\text{m}^4$$

$$EJ = 2\times10^{11}\times2.01\times10^{-6} = 4.02\times10^{5}\,\text{N}\cdot\text{m}^2$$

由表 9.2 几种双自由度轴系的各影响系数可得

$$\alpha_{11} = \frac{a^2(L-a)^2}{3EJL} = \frac{0.3^2\times(0.6-0.3)^2}{3\times4.02\times10^5\times0.6} = 1.12\times10^{-8}\,\text{m/N}$$

$$\alpha_{12}=\alpha_{21}=-\frac{ab(L^2-a^2)}{6EJL}=-\frac{0.3\times0.2\times(0.6^2-0.3^2)}{6\times4.02\times10^5\times0.6}=-1.12\times10^{-8}\,\text{m/N}$$

$$\alpha_{22}=\frac{(L+b)^2b^2}{3EJ}=\frac{(0.6+0.2)0.2^2}{3\times4.02\times10^5}=2.65\times10^{-8}\,\text{m/N}$$

$$m_1 = 100\text{kg}\,,\quad m_2=180\text{kg}$$

将上述参数代入式（9.29）可得

$$\begin{vmatrix} m_1\alpha_{11}-\lambda & m_2\alpha_{12} \\ m_1\alpha_{21} & m_2\alpha_{22}-\lambda \end{vmatrix} = \begin{vmatrix} 100\times1.12\times10^{-8}-\lambda & 180\times(-1.12)\times10^{-8} \\ 100\times(-1.12)\times10^{-8} & 180\times2.65\times10^{-8}-\lambda \end{vmatrix} = 0$$

整理后可得

$$\lambda^2 - 5.89\times10^{-6}\lambda + 3.084\times10^{-12} = 0$$

解得

$$\lambda_1 = 5.309\times10^{-6}\,,\quad \lambda_2 = 0.581\times10^{-6}$$

则

$$\omega_{n1} = \sqrt{\frac{1}{\lambda_1}} = 434 \quad \text{s}^{-1}, \quad \omega_{n2} = \sqrt{\frac{1}{\lambda_2}} = 1312 \quad \text{s}^{-1}$$

因此各阶临界转速为

$$n_{c1} = \frac{30}{\pi}\omega_{n1} = \frac{30}{\pi} \times 434 = 4144.4\text{r/min}$$

$$n_{c2} = \frac{30}{\pi}\omega_{n2} = \frac{30}{\pi} \times 1312 = 12\,528.7\text{r/min}$$

(2) 离心机操作安全性判断

离心机的正常工作转速为 1450r/min，$\dfrac{n}{n_{c1}} = \dfrac{1450}{4144.4} \approx 0.35 < 0.7$。

因此转轴处于刚性轴工作状态，远小于一阶临界转速，在安全工作范围内。

9.2.3　临界转速的近似法

以解析法计算临界转速，具有明确的物理背景，并且可以推导出求解的频率方程，有利于理解临界转速的实质。但是随着系统自由度数目的增多，频率方程中的项数剧增，而且方程阶次越高，求解难度越大。因此，只是在自由度较少（如离心机）的情况下才采用解析法，而对于汽轮机、离心式压缩机等多自由度轴系统，一般是根据不同的要求，采用近似方法或者数值方法，求得临界转速的近似值。下面就将分别介绍两种计算临界转速的近似法。

1. 能量法（瑞利法）

能量法又可称为瑞利法。对于一个弹性振动系统，在其做自由振动的任何时刻，总能量包括两部分：动能 T 和势能 V。动能是因为振动体有一定的质量和速度产生的，而势能则是由系统的弹性变形引起。在自由振动的过程中，振动系统的动能和势能进行互相转化。如果忽略摩擦损失，系统的总能量保持恒定，则

$$T + V = \text{const} \tag{9.30}$$

当系统处于平衡位置时，系统的势能为零而动能最大；而当系统处于最大振幅位置时，其动能为零而势能最大。根据总能量守恒定律可得

$$0 + T_{\max} = V_{\max} + 0 = \text{const} \tag{9.31}$$

因此，$T_{\max} = V_{\max}$。

对于单自由度系统，振动体的运动为简谐运动时，其运动规律为

$$y = A\sin\omega_n t \tag{9.32}$$

式中，y 为振动体的位移；A 为振幅；ω_n 为系统的固有频率。则系统的动能可表示为

$$T = \frac{1}{2}m\left(\frac{\mathrm{d}y}{\mathrm{d}t}\right)^2 = \frac{1}{2}m\omega_n^2 A^2 \cos^2\omega_n t \tag{9.33}$$

式中，m 为振动体的质量。因此最大动能为

$$T_{\max} = \frac{1}{2} m \omega_n^2 A^2 \tag{9.34}$$

而最大势能为弹性力所能做的功

$$V_{\max} = \frac{1}{2} k A^2 \tag{9.35}$$

式中，k 为系统的刚度系数。将式(9.34)、式(9.35)代入式(9.31)可得

$$\frac{1}{2} m \omega_n^2 A^2 = \frac{1}{2} k A^2 \tag{9.36}$$

由此可解出系统的固有频率为

$$\omega_n = \sqrt{\frac{k}{m}} \tag{9.37}$$

因此从能量原理出发得到的系统固有频率与解析解得到的结果一致。

对于多自由度系统，在各质点都做同步的简谐运动的情况下，系统的最大动能和最大势能可分别写成

$$\begin{cases} T_{\max} = \frac{1}{2} \omega_n^2 \sum_{i=1}^{N} m_i A_i^2 = \frac{1}{2} \omega_n^2 \{A\}^{\mathrm{T}} [m] \{A\} \\ V_{\max} = \frac{1}{2} \sum_{i=1}^{N} k_i A_i^2 = \frac{1}{2} \{A\}^{\mathrm{T}} [k] \{A\} \end{cases} \tag{9.38}$$

式中，$[m]$、$[k]$ 分别为系统的质量矩阵和刚度矩阵；$\{A\}$、$\{A\}^{\mathrm{T}}$ 为振幅列阵和其转置阵；k_i 为振动体 m_i 所在位置根据变形能求出的等效刚度，它和 i 点的刚度系数不相同。

将式(9.38)代入式(9.31)可得

$$\omega_n^2 = \frac{\{A\}^{\mathrm{T}} [K] \{A\}}{\{A\}^{\mathrm{T}} [m] \{A\}} \tag{9.39}$$

式中，$[m]$ 为正定矩阵；$\{A\}$ 为非零向量，故式(9.39)的分母不为零。若能把精确的第 i 阶振型代入其右端，即可解出第 i 阶固有频率平方的精确值。之所以能够用振型向量代替振幅向量，是因为 $\{A\}$ 的绝对值大小不会影响式(9.39)的比值。但是通常振型 $\{A\}$ 并不能预先确定，因此还不能利用式(9.39)直接求解。

对于给定的系统，如果考虑任意非零向量 $\{A\}$，式(9.39)右端表示一个数量，它是向量 $\{A\}$ 的函数，可把它称为瑞利函数或瑞利商(也有叫瑞利比数)。瑞利商的性质包括：系统最低固有频率的平方是瑞利商的最小值，最高固有频率的平方是其最大值，其他固有频率的平方是瑞利商的逗留值；瑞利商从上限(高值)接近于最低固有频率，而这个数值对假设的振幅(振型)并不是很敏感。

根据瑞利商性质，可假设一个"基本振型"，代入式(9.39)算得的瑞利商可以作为基本频率(最低固有频率)平方的近似值。这样假设的"基本振型"与系统真实的基本振型(第一振型)越接近，近似值就越接近于精确值。瑞利建议，系统在静载荷作用下平衡时的广义位移作为基本振型的近似值，以此代入式(9.39)算出瑞利商，就可以作为基本频率平

方的近似值。这种确定系统基本频率的近似方法称为瑞利法。

假设振型与真实振型相比存在一定偏差，以瑞利法求得的基本频率近似值总是偏高的。这是由于任何偏离固有振型曲线的偏差都需要附加约束条件，相当于增大系统刚度，因而造成获得的基本频率偏高。

对于多自由度的转子轴系，若以其静挠度曲线作为它的基本振型曲线，各质心处的重力(原为惯性力 $m_i\omega_n^2 y_i$)与弹性恢复力平衡：

$$k_i y_i = m_i g \tag{9.40}$$

式中，k_i 为 i 点的变形能等效刚度系数；y_i 为 i 点的静挠度，即振型在 i 点的振幅。

由此最大势能就可写成

$$V_{i\max} = \frac{1}{2}k_i y_i^2 = \frac{1}{2}gm_i|y_i| > 0$$

系统总的最大势能为

$$V_{\max} = \sum_{i=1}^{N} V_{i\max} = \frac{g}{2}\sum_{i=1}^{N}|m_i y_i|$$

系统的最大动能为

$$T_{\max} = \frac{\omega_{n1}^2}{2}\sum_{i=1}^{N} m_i y_i^2$$

根据式(9.31)有

$$\frac{\omega_{n1}^2}{2}\sum_{i=1}^{N} m_i y_i^2 = \frac{g}{2}\sum_{i=1}^{N}|m_i y_i|$$

所以

$$\omega_{n1} = \sqrt{\frac{g\sum_{i=1}^{N}|m_i y_i|}{\sum_{i=1}^{N} m_i y_i^2}} \tag{9.41}$$

式(9.41)即为按照瑞利法计算多自由度轴系一阶临界转速的公式。式中的各个静挠度 y_i，可用材料力学梁的挠度公式获得。由式(9.41)可知，由于挠度 y_i 是根据重力 $m_i g$ 求出的，因而分子、分母的重力加速度 g 可以抵消。因此，临界转速的大小与重力加速度无关，借用重力只是为了求得静挠度曲线作为假设的基本振型，而振幅(挠度 y_i)大小不影响瑞利商之值。

2. 邓克利法

按瑞利法计算可以得到轴系一阶临界转速是偏高的近似值，其优点是可以免去求解高次方程的困难。另一应用较广的近似法是邓克利公式(Dunkerley formula)，该方法能得到一阶临界转速的下限值。这样系统真实的临界转速往往位于能量法与邓克利法得到的临界转速之间。

从基于位移方程的解析法求解临界转速的特征方程式(9.15)出发，得

$$\begin{vmatrix} \alpha_{11}m_1 - \lambda & \alpha_{12}m_2 & \cdots & \alpha_{1N}m_N \\ \alpha_{21}m_1 & \alpha_{22}m_2 - \lambda & \cdots & \alpha_{2N}m_N \\ \vdots & \vdots & & \vdots \\ \alpha_{N1}m_1 & \alpha_{N2}m_2 & \cdots & \alpha_{NN}m_N - \lambda \end{vmatrix} = 0$$

将此行列式展开，可得到关于 λ 的 N 次方程式：

$$\lambda^N - (\alpha_{11}m_1 + \alpha_{22}m_2 + \cdots + \alpha_{NN}m_N)\lambda^{N-1} + \cdots = 0 \tag{9.42}$$

该方程第二项 λ 的 N–1 次幂的系数，只有在矩阵的主对角线位置上的系数才有机会与 λ 的 N–1 次幂相乘，且第一项 (λ^N) 因为多乘了一个 $(-\lambda)$，则其系数与第二项异号。如果方程式 (9.42) 的根为 λ_1，λ_2，$\cdots$，λ_N，则该方程可分解为

$$(\lambda - \lambda_1)(\lambda - \lambda_2)\cdots(\lambda - \lambda_N) = 0 \tag{9.43}$$

展开可得

$$\lambda^N - (\lambda_1 + \lambda_2 + \cdots + \lambda_N)\lambda^{N-1} + \cdots = 0 \tag{9.44}$$

式 (9.42) 和式 (9.44) 本质上是同一方程，因此两者的各项系数对应相等，可得

$$\lambda_1 + \lambda_2 + \cdots + \lambda_N = \alpha_{11}m_1 + \alpha_{22}m_2 + \cdots + \alpha_{NN}m_N \tag{9.45}$$

由于 $\lambda = \dfrac{1}{\omega_n^2}$，则

$$\frac{1}{\omega_{n1}^2} + \frac{1}{\omega_{n2}^2} + \cdots + \frac{1}{\omega_{nN}^2} = \alpha_{11}m_1 + \alpha_{22}m_2 + \cdots + \alpha_{NN}m_N \tag{9.46}$$

式中，ω_{n1}，ω_{n2}，$\cdots$，ω_{nN} 分别为系统的一阶临界转速、二阶临界转速……N 阶临界转速；m_1，m_2，$\cdots$，m_N 分别为各集中质量；α_{11}，α_{22}，$\cdots$，α_{NN} 分别为各集中质量处作用单位力引起的变形挠度，即柔度系数，又叫影响系数。

由于系统的固有频率或临界转速 ω_{n2}，ω_{n3}，$\cdots$，ω_{nN} 都远大于 ω_{n1}，因而 $1/\omega_{n2}^2$，$1/\omega_{n3}^2$，$\cdots$，$1/\omega_{nN}^2$ 远小于 $1/\omega_{n1}^2$，故可以将式 (9.46) 左端第二项及之后各项忽略，得其近似关系式为

$$\frac{1}{\omega_{n1}^2} \approx \alpha_{11}m_1 + \alpha_{22}m_2 + \cdots + \alpha_{NN}m_N \tag{9.47}$$

式中，$\alpha_{ii}m_i = \dfrac{m_i}{k_{ii}} = \dfrac{1}{\omega_{ii}^2}$（$i = 1, 2, \cdots, N$），式 (9.47) 右端的每一项都表示为第 i 个集中质量单独作用在轴上 (变成单自由度系统) 时所对应的固有频率，或第 i 个转子单独安装在轴上时的临界转速，因而式 (9.47) 可写成

$$\frac{1}{\omega_{n1}^2} \approx \frac{1}{\omega_{11}^2} + \frac{1}{\omega_{22}^2} + \cdots + \frac{1}{\omega_{NN}^2} \tag{9.48}$$

上式即为计算多自由度轴系一阶临界转速的邓克利公式，该公式表明多转子轴系的一阶临界转速平方的倒数约等于轴上各转子单独在其自身位置时所对应的一阶临界转速平方的倒数相加。然而由式 (9.46) 可知，实际上 $1/\omega_{n1}^2$ 是小于右端各项之和的，由式 (9.48) 得到的 $1/\omega_{n1}^2$ 会略大于真实值，因此根据邓克利公式近似计算出的一阶临界转速值会略低于

实际值。

例题 9-2　用邓克利公式计算例题 9-1 中的离心机轴系的一阶临界转速，并对比解析解与近似解得到的一阶临界转速大小。

解： m_1 单独作用时的临界转速为

$$\omega_{11}^2 = \frac{k_{11}}{m_1} = \frac{3EJL}{m_1 a^2 (L-a)^2} = \frac{3 \times 4.02 \times 10^5 \times 0.6}{100 \times 0.3^2 \times (0.6-0.3)^2} = 8.93 \times 10^5 \quad \text{s}^{-2}$$

m_2 单独作用时的临界转速为

$$\omega_{22}^2 = \frac{k_{22}}{m_2} = \frac{3EJ}{m(L+b)b^2} = \frac{3 \times 4.02 \times 10^5}{180 \times (0.6+0.2) \times 0.2^2} = 2.09 \times 10^5 \quad \text{s}^{-2}$$

其中 k 值可查表 9.1 中的公式。

应用邓克利公式可得

$$\frac{1}{\omega_{n1}^2} \approx \frac{1}{\omega_{11}^2} + \frac{1}{\omega_{22}^2} = \frac{1}{8.93 \times 10^5} + \frac{1}{2.09 \times 10^5} = \frac{1}{1.694 \times 10^5} \quad \text{s}^2$$

$$\omega_{n1} = \sqrt{1.694 \times 10^5} = 411.6 \quad \text{s}^{-1}$$

例题 9-1 以解析法算得该轴系的 $\omega_{n1} = 434\,\text{s}^{-1}$，二者相比 $\dfrac{411.6}{434} = 94.8\%$，偏低 5.2%。

9.3　影响临界转速的其他因素

无论在解析方法还是近似方法推导的过程中，均对系统进行了理想化假设，例如将转子简化为质点，转轴为绝对刚性轴等。但是转轴临界转速的大小除了会受到转子的质量、轴的长度以及直径、轴承的结构形式、载荷的作用位置等主要因素影响外，还会受到回转力矩、外伸悬臂、轴承刚度等因素的影响。

9.3.1　回转力矩的影响

为了简便起见，需把转子的质量集中在其重心位置，按照集中力来处理。这样的简化方法对处于轴中央、在旋转时不发生偏斜的转子是可行的。但当转子不处于轴中央甚至为悬臂时，运用这种简化方法将产生较大的误差。轴系在旋转作用下，会产生挠曲，转子发生偏斜，如图 9.8 所示。处于轴承中心线 *O-O* 上、下方的两部分质量产生的离心力如转化到转子的重心上就会形成一个总的惯性离心力和力矩 *M*,此力矩称为回转力矩。回转力矩 *M* 对轴临界转速的影响称为回转效应，又称陀螺效应。

不同的转子，由于其大小和形状不同，产生的回转力矩的大小及方向不同，对临界转速的影响也存在区别。窄转子的回转力矩会使轴的挠度减小，刚性增加，从而提高轴的临界转速；而宽转子的回转力矩会使轴的挠度增加，刚性减小，从而降低轴的临界转速。另一方面还需要注意，如果转子的直径越大，回转力矩 *M* 也就越大，产生的回转效应就越显著。

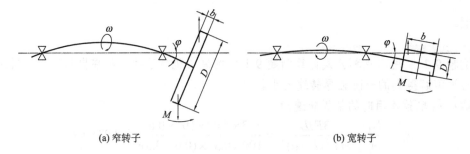

(a) 窄转子   (b) 宽转子

图 9.8 转子偏斜

9.3.2 臂长的影响

在前面计算轴的挠度时，转子的惯性力载荷被假定是直接作用在转子与轴的连接点处。当转子很窄时，惯性力作用点即转子质心点与转子和轴的连接点几乎重合，与假设情况相符。但是，当转子比较宽时，其质心与连接点就会存在一定的距离，特别是对于像离心机这样的外伸转子就更加显著。为了求出轴的挠度，需把作用在转子质心的惯性力载荷等效至连接点处(因转子的弯曲变形极小，故不能一同按轴来计算挠度)，折算的结果就相当于在连接点处作用一个力 C 并且还作用着一个力矩 M，这个力矩也会使轴产生附加的变形(挠度和转角)，因而也将对临界转速产生影响，这种影响称为臂长影响。

根据图 9.9 可看出，连接点 1 的挠度 y_1 和质心 G 的挠度 y_G 是不相同的，二者的关系为

$$y_G = y_1 + d \sin \varphi + e \cos \varphi \approx y_1 + \varphi d + e$$

故作用于质心的离心惯性力为

$$F = m\omega^2 y_G = m\omega^2 (y_1 + \varphi d + e) \tag{9.49}$$

由臂长 d 产生的附加力矩：

$$M_d = Fd \cos \varphi \approx Fd = m\omega^2 (y_1 + \varphi d + e)d \tag{9.50}$$

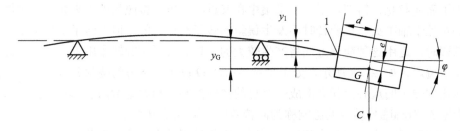

图 9.9 臂长的影响

对于窄转子，由于其质心与连接点 1 很接近，$d \to 0$，臂长的影响可以忽略不计。对于宽转子，如离心机的转鼓鼓底为平底或外凸，则臂长 $d > 0$，臂长影响会使轴的挠度

和转角增加，从而降低轴系的临界转速，这对于工作在"挠性轴"状态的转子轴是有利的。而如果轴系是工作于"刚性轴"状态，则最好能使 $d < 0$（如刮刀卸料式离心机的凹式转鼓），以提高轴系的临界转速。

9.3.3　约束支承影响

为了降低临界转速和减振，可以把轴系中的一些支承轴承做成挠性轴，例如把轴承安放在弹簧或橡胶座圈上，这样可降低系统的刚度，从而显著降低轴的临界转速。

此时临界转速的计算仍可用频率方程求解，但是需要改动频率方程中的各个影响系数即柔度系数。这是因为支座是带弹性的，在相同的载荷作用下，轴的总变形挠度和弯曲转角都会变大，其总的变形是轴自身变形和弹性支承所产生变形的叠加，总的影响系数（柔度系数）是轴和弹性支承的影响系数之和。轴的各个影响系数可根据材料力学中梁的变形公式求得，典型支承形式的多转子和单转子轴的影响系数列于表 9.2 和表 9.3，而弹性支承单独的影响系数根据力的平衡关系和几何关系便可推导出。

图 9.10 所示的外伸单转子轴系，为了求得弹性支承单独的影响系数，推导如下：

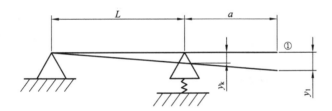

图 9.10　弹性支承外伸转子轴系简图

在轴上点①作用一单位力引起弹性支承点处的挠度 y_k 可以根据力矩的平衡条件得出：

$$1 \times (a + l) = k y_k l$$

式中，k 为弹性支承的刚度系数。

由于求的是弹性支承单独的影响系数，故此时轴可认为是刚性不变形，这样在弹性支承变形以后轴的几何关系为

$$\frac{y_k}{y_1} = \frac{l}{a + l}$$

由此可求得轴上点①的挠度为

$$y_1 = \frac{(a + l)^2}{k l^2}$$

因 y_1 是由单位力引起的，故得

$$\alpha'_{1,1} = \frac{(a + l)^2}{k l^2} \tag{9.51}$$

类似推导可得弹性支承的其他各影响系数：

$$\beta'_{1,1} = \frac{a+l}{kl^2} \tag{9.52}$$

$$a'_{1,1} = \frac{a+l}{kl^2} \tag{9.53}$$

$$b'_{1,1} = \frac{1}{kl^2} \tag{9.54}$$

式中，$\alpha'_{1,1}$ 为在点①作用一单位力，由弹性支承变形引起点①产生的挠度；$\beta'_{1,1}$ 为在点①作用一单位力，由弹性支承变形引起点①产生的转角；$a'_{1,1}$ 为在点①作用一单位力矩，由于弹性支承变形而在点①产生的挠度；$b'_{1,1}$ 为在点①作用一单位力矩，由于弹性支承变形而在点①产生的转角。

对于简支等其他支承形式的单转子轴系中弹性支承的影响系数，也可仿照上述推导获得，而单转子轴自身的各个对应的影响系数 $\alpha_{1,1}$、$\beta_{1,1}$、$a_{1,1}$、$b_{1,1}$ 可由表 9.3 中查得。

表 9.3　各种支承形式的单转子轴的影响系数

单转子轴	影响系数
	$\alpha_{1,1} = \dfrac{a^2(l+a)}{3EJ}$ $\beta_{1,1} = a_{1,1} = \dfrac{a(2l+3a)}{6EJ}$ $b_{1,1} = \dfrac{3a+l}{3EJ}$
	$\alpha_{1,1} = \dfrac{a^2(l-a)^2}{3EJl}$ $\beta_{1,1} = a_{1,1} = \dfrac{a(l-a)(l-2a)}{3EJl}$ $b_{1,1} = \dfrac{3al-3a^2-l^2}{3EJl}$
	$\alpha_{1,1} = \dfrac{l^3}{3EJ}$ $\beta_{1,1} = a_{1,1} = \dfrac{l^2}{2EJ}$ $b_{1,1} = \dfrac{l}{EJ}$

弹性支承轴系的总影响系数为轴的影响系数和弹性支承影响系数二者之和，对于图 9.10 所示的轴系有

$$\begin{cases} \alpha^*_{1,1} = \alpha_{1,1} + \alpha'_{1,1} \\ \beta^*_{1,1} = \beta_{1,1} + \beta'_{1,1} \\ a^*_{1,1} = a_{1,1} + a'_{1,1} \\ b^*_{1,1} = b_{1,1} + b'_{1,1} \end{cases} \tag{9.55}$$

式中，无上标的参量表示轴单独的影响系数；有上标"′"者表示弹性支承单独的影响系

数；带上标"*"者则表示轴系总的影响系数。$\alpha'_{1,1}$、$\beta'_{1,1}$、$a'_{1,1}$、$b'_{1,1}$ 的代表意义已在式(9.51)~式(9.54)中进行说明，而 $\alpha_{1,1}$、$\beta_{1,1}$、$a_{1,1}$、$b_{1,1}$ 和 $\alpha^*_{1,1}$、$\beta^*_{1,1}$、$a^*_{1,1}$、$b^*_{1,1}$ 的代表意义与其一一对应（差别仅在于表示轴单独的变形或轴系总的变形而替代原弹性支承单独的变形）。

根据功的互等定理可以证明：$\beta_{1,1} = a_{1,1}$，$\beta'_{1,1} = a'_{1,1}$，因此 $\beta^*_{1,1} = a^*_{1,1}$，即点 1 处由单位力所引起的转角与单位力矩引起的挠度具有相同的数值和量纲。

由上述分析可知，弹性支承通过改变整个轴系的变形影响系数即柔度系数，而对轴的临界转速产生影响。与回转效应和臂长影响不同，弹性支承不会产生附加的力矩。

 思考题

1. 分析转轴系临界转速产生的原因，以及转轴系临界转速数量的确定依据。

2. 什么是偏心距？偏心距对转轴振动如何影响？偏心距是否会影响临界转速？

3. 转轴系可分为哪两类？为了保障转轴系安全工作，它们各自的工作转速要求范围为多少？

4. 临界转速的计算方法有哪些？其中解析方法包括哪些？近似方法包括哪些？

5. 能量法和邓克利法两者的建立依据分别是什么？由两种方法计算得到的临界转速有何区别？

6. 临界转速的影响因素有哪些？提高临界转速的方法有哪些？

 分析应用题

1. 已知一单转子系统如图 9.11 所示，转盘质量为 20kg，轴的直径为 25mm，材质为 20 号钢，两支承点间距为 1m，忽略轴自身的质量，试求当转子位于轴 1/3 位置($a= L/3$) 处以及位于轴中间位置($a= L/2$)的临界转速，并比较它们的大小。

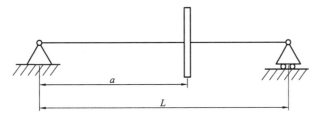

图 9.11　单转子轴系简图

2. 已知一双转子轴系如图 9.12 所示，轮盘 1 的质量为 m_1=50kg，轮盘 2 的质量为 m_2=100kg，轴承跨距 L=300mm，两轮盘的质心到两边支承的距离分别为 a=100mm，b=100mm，轴径 d=50mm，材质为 20 号钢。试分别应用影响系数法和邓克利法计算该离心机轴系的临界转速，并比较它们的大小。

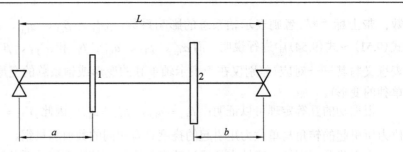

图 9.12 双转子轴系简图

参 考 文 献

丁成伟. 1981. 离心泵与轴流泵[M]. 北京: 机械工业出版社.

房桂芳. 2014. 分离机械维修手册[M]. 北京: 化学工业出版社.

高慎琴. 1992. 化工机器[M]. 北京: 化学工业出版社.

关醒凡. 1987. 泵的理论与设计[M]. 北京: 机械工业出版社.

关醒凡. 1995. 现代泵技术手册[M]. 北京: 宇航出版社.

关醒凡. 2011. 现代泵理论与设计[M]. 北京: 中国宇航出版社.

关醒凡, 施卫东, 高天华. 1998. 选泵指南[M]. 成都: 成都科技大学出版社.

国家自然科学基金委员会工程与材料科学部. 2010. 机械工程学科发展战略报告(2011~2020)[M]. 北京: 科学出版社.

国家自然科学基金委员会工程与材料科学部. 2011. 工程热物理与能源利用学科发展战略研究报告(2011~2020)[M]. 北京: 科学出版社.

黄钟岳, 王晓放, 王巍. 2014. 透平式压缩机[M]. 2版. 北京: 化学工业出版社.

《活塞式压缩机设计》编写组. 1981. 活塞式压缩机设计[M]. 北京: 机械工业出版社.

姬忠礼, 邓志安, 赵会军. 2015. 泵和压缩机[M]. 2版. 北京: 化学工业出版社.

靳兆文. 2014. 压缩机运行与维修实用技术[M]. 北京: 化学工业出版社.

康勇, 李桂水. 2016. 过程流体机械[M]. 北京: 化学工业出版社.

李云, 姜培正. 2010. 过程流体机械[M]. 北京: 化学工业出版社.

牟介刚, 李必祥. 2015. 离心泵设计实用手册[M]. 北京: 机械工业出版社.

潘永密, 李斯特. 1980. 化工机器[M]. 北京: 化学工业出版社.

全国化工设备设计技术中心站机泵技术委员会. 2014. 工业离心机和过滤机选用手册[M]. 北京: 化学工业出版社.

施卫东. 1996. 流体机械[M]. 成都: 西南交通大学出版社.

孙启才, 金鼎五. 1983. 离心机原理结构与设计计算[M]. 北京: 机械工业出版社.

王福军. 2005. 水泵与水泵站[M]. 北京: 中国农业出版社.

王子宗. 2015. 石油化工设计手册(第三卷)化工单元过程[M]. 北京: 化学工业出版社.

王宗明. 2012. 压缩机[M]. 北京: 中国石化出版社.

余国琮, 孙启才, 朱企新. 1988. 化工机器[M]. 天津: 天津大学出版社.

郁永章, 姜培正, 孙嗣莹. 2012. 压缩机工程手册[M]. 北京: 中国石化出版社.

袁寿其, 施卫东, 刘厚林, 等. 2014. 泵理论与技术[M]. 北京: 机械工业出版社.

查森. 1988. 叶片泵原理及水力设计[M]. 北京: 机械工业出版社.

张文. 1990. 转子动力理论基础[M]. 北京: 科学出版社.

张永学, 李振林. 2006. 流体机械内部流动数值模拟方法[J]. 流体机械, 34(7): 34-38.

中国国家标准化管理委员会. 2013. 大型往复活塞压缩机技术条件: JB/T 9105—2013[S]. 北京: 中国质检出版社.

中华人民共和国工业和信息化部. 2015. 一般用往复活塞空气压缩机主要零部件技术条件: JB/T 7240—2015[S]. 北京: 中国标准出版社.

中华人民共和国国家质量监督检验检疫总局, 中国国家标准化管理委员会. 2006. 石油及天然气工业用往复压缩机: GB/T 20322—2006[S]. 北京: 中国标准出版社.

周国良. 2011. 压缩机维修手册[M]. 北京: 化学工业出版社.

Holloway M D, Nwaoha C, Onyewuenyi O A. 2013. Process Plant Equipment[M]. New Jersey: John Wiley and Sons, Inc.

Jacobsen C B. 2007. The Centrifugal Pump[M]. Denmark: Aalborg Universitet.

Karassik I J, Messina J P, Cooper P, et al. 2008. Pump Handbook[M]. 4th ed. New York: McGraw-Hill Companies.

Korpela S A. 2012. Principles of Turbomachinery[M]. New Jersey: John Wiley and Sons, Inc.

Lüdtke D I K H. 2004. Process Centrifugal Compressors[M]. Berlin: Springer.

Ohashi H, Tsujimoto Y. 1999. Pump research and development: past, present, and future-Japanese perspective[J]. Transactions of the ASME Journal of Fluid Engineering, 121 (2): 254-258.

Pumps S. 2010. Centrifugal Pump Handbook[M]. 3rd ed. New York: Elsevier.

Treese S A, Pujadó P R, Jones D S J. 2006. Handbook of Petroleum Processing[M]. Netherlands: Springer.

Yuan S Q, Yuan J P, Liu H L, et al. 2010. Advances in design methods and characteristics of internal flow for centrifugal pumps[C]. ASME 3rd Joint US-European Fluids Engineering Summer Meeting, 1, Parts A, B, and C: 547-561.

附录1 常用气体的主要物理性质

气体	分子式	分子量	气体常数 /(J/(kg·K))	标准状态下密度 /(kg/m³)	临界参数 压力 p_c /kPa	临界参数 温度 T_c/K	临界参数 密度 ρ_c /(kg/m³)	绝热指数 k	比定压热容 c_p/(kJ/(kg·K)) 0℃	比定压热容 100℃	比定压热容 200℃
空气	—	28.96	287.04	1.2928	3775.58	132.42	—	1.40	1.0037	1.010	1.024
氮	N_2	28.016	296.75	1.2505	3282.02	126.05	311	1.40	1.0398	1.0428	1.0525
氧	O_2	32.00	259.78	1.428 95	5040.62	154.35	430	1.40	0.9146	0.933	0.962
氦	He	4.002	2079.01	0.1785	228.50	5.25	69	1.66	5.1930	5.1930	5.1930
氩	Ar	39.944	208.20	1.7839	4864.10	150.75	531	1.67	0.5218	0.5210	0.5207
氢	H_2	2.0156	4121.74	0.089 87	1294.50	33.25	31	1.407	14.174	14.291	14.504
水蒸气	H_2O	18.016	461.50	0.804	22 104.30	647	318.4	1.3/1.135[*]	1.859	2.0766	1.9754
氨	NH_3	17.031	488.175	0.7714	10 927.00	405.55	235	1.29	2.219	2.2383	2.4257
乙炔	C_2H_2	26.04	318.5	1.1709	6139.00	308.9	230	1.25	1.609	1.869	2.041
氟利昂-12	CF_2Cl_2	120.092	68.77	5.083	4010.92	384.65	555	1.14	0.618	0.6711	0.7310
一氧化碳	CO	28.01	296.95	1.2500	3491.17	132.95	301	1.40	1.039	1.044	1.058
二氧化碳	CO_2	44.01	188.78	1.9768	7355	304.15	460	1.31	0.8146	0.9133	0.9920
二氧化硫	SO_2	64.06	129.84	2.9263	7884.55	430.45	52.4	1.25	0.6064	0.6619	0.7109
甲烷	CH_4	15.04	518.772	0.7168	4628.74	190.65	162	1.3	2.309	2.611	2.993
乙烷	C_2H_6	30.07	276.744	1.356	4962.17	308.15	210	1.193	1.647	2.067	2.484
乙烯	C_2H_4	28.05	296.651	1.2605	5138.67	282.65	216	1.243	1.459	1.826	2.170
丙烷	C_3H_8	44.09	188.79	2.019	4246.28	369.95	226	1.133	1.544	2.016	2.458
丙烯	C_3H_6	42.08	198.0	1.915	4589.51	365.15	232	1.154	1.425	1.799	2.119
硫化氢	H_2S	34.08	244.186	1.539	9022.12	373.55	349	1.3	0.992	1.026	1.068
氯	Cl_2	70.914	117.288	3.22	7698.22	417.15	573	1.36	0.4725	0.4825	0.4925

*1.3，过热；1.135，饱和。

附录 2　汉英过程流体机械主要技术词汇

安全阀　safety valve；pressure relief valve
巴氏合金　Babbitt metal
摆动角　pivot angle
背压　back pressure
泵　pump
泵壳　pump case
泵体　pump body
比功率　specific power
比热　specific heat
比容　specific volume
比转数　specific speed
闭式　close-type
变工况　varying duty
标准大气压　standard atmosphere pressure
标准状态　standard condition
表压　gauge pressure
并联　connection in parallel
补偿泵　compensating pump
不可压缩流体　incompressible fluid
不平衡惯性力　unbalanced inertia force
侧向力　lateral force
层流　lamellar flow；laminar flow
常温　normal temperature
沉降　sedimentation
齿间密封　interlobe seal
齿面　tooth face
喘振　surge
喘振线　surge line
串联　connection in series
从动转子　driven rotor
大型压缩机　heavy duty compressor
带传动　belt drive
怠速　idle speed
单级　single stage
单列　single row；single throw
单螺杆压缩机　single-screw compressor
单作用气缸　single-acting cylinder
挡板　baffle plate；baffler
挡油环　oil baffle collar；oil retainer
等容过程　isometric process
等熵过程　isentropic process

等温过程　isothermal process
等压过程　isobaric process
电动机　electric motor
碟状阀　dish valve
动环　rotating ring；rotor ring
动力黏度　dynamic viscosity
动力学分析　dynamic analysis
动量　momentum
动压头　kinetic head
动平衡　dynamic balance
端板　end plate
端面密封　end plate seal
锻件　forgeable piece
对比温度　reduced temperature
对比压力　reduced pressure
对称平衡型压缩机　symmetrically balanced compressor
对动式压缩机　balanced-opposed compressor
多变过程　polytropic process
多变指数　polytropic exponent
多级　multistage
多级泵　stage pump
多级压缩　multistage compression
多级压缩机　multistage compressor
额定功率　rated power
额定容量　rated capacity
额定转速　rated speed；rated revolution
次应力　secondary stress
二级压缩　two-stage compression
二阶往复惯性力　secondary reciprocating inertia force
阀盖　valve cap；valve cover；valve guard
阀杆　valve stem
阀片　valve plate
阀片升程　valve lift
阀腔　valve pocket
阀芯　valve element；valve core
阀座　valve seat；valve case；valve carrier
法向力　normal force
飞溅润滑　splash lubrication
飞轮　flywheel
分离因数　separation factor
风冷式气缸　air-cooled cylinder

封闭容积　closed volume

浮环密封　floating ring seal

负载　load

附属设备　appurtenance；accessory equipment；auxiliary equipment

干式螺杆压缩机　dry screw compressor

缸盖　cylinder cover；cylinder head

缸径　bore；bore diameter；cylinder diameter

缸套　cylinder liner；cylinder sleeve

隔膜泵　diaphragm pump

工作介质　active medium；working medium

功耗　power consumption

共振　resonance；resonance oscillation

鼓风机　blower；blast blower

故障　malfunction；defect；failure；trouble

故障诊断　fault diagnosis

刮油环　oil scraper；scraper ring；oil wiper ring

惯性力　inertia force

惯性力矩　inertia moment

滚珠轴承　ball bearing

滚子轴承　cylindrical bearing；roller bearing

过程流体机械　process fluid machinery

过滤　filtration

横向振动　lateral vibration

后冷却器　after-cooler

后弯　backward leaning

滑动轴承　plain bearing

滑阀　guiding valve；slide valve；sliding valve；sliding spool

滑履　shoe

滑片式压缩机　sliding-vane compressor

环状阀　annular valve；ring valve

缓冲罐　buffer tank；surge tank

回流器　return channel

回转泵　rotary pump

回转式压缩机　rotary compressor

活塞　piston

活塞杆　piston rod

活塞环　piston ring

活塞力　piston force；piston rod load

活塞式压缩机　piston compressor

活塞速度　piston speed

活塞销　piston pin

活塞行程　piston stroke；piston displacement

机壳　casing

机身　frame

机械密封　mechanical seal

基本参数　basic parameter；general parameter

差动活塞　differential piston；step piston

级间冷却器　inter cooler

级间压力　inter pressure

级效率　stage efficiency

级压力比　stage pressure ratio

加速度　acceleration

夹套冷却　jacket cooling

角度式压缩机　angular-type compressor

角加速度　angular acceleration

紧固件　fastener；fastening piece

进口　inlet；intake；suction port

径向力　radial force

绝对速度　absolute velocity

绝对压力　absolute pressure

绝热过程　adiabatic process

绝热指数　adiabatic exponent

菌状阀　mushroom valve

颗粒　particle

可逆绝热压缩　reversible adiabatic compression

雷诺数　Reynolds number

冷却器　cooler

冷却水套　cooling water jacket

离心泵　centrifugal pump；impeller pump；rotary pump

离心力　centrifugal force

离心压缩机　centrifugal compressor

理想气体　ideal gas；perfect gas

理想循环　ideal cycle

立式压缩机　vertical compressor

粒度　grain；particle size

粒径　grain size；grain diameter；particle size

连杆　connecting rod

连杆长径比　ratio of crank radius to length of connecting rod

连杆长度　length of connecting rod

连杆衬套　connecting rod sleeve；connecting rod bushing

连杆大头　connecting rod big end；connecting rod tip；crank pin end

连杆大头瓦　crank pin bearing

连杆体　connecting rod body

连杆小头　connecting rod small end；piston pin end

联轴器　coupling；coupler；shaft coupling

流量　flow rate

流量系数　flow coefficient

流速　flow velocity；flow rate；current rate

罗茨压缩机　Roots compressor

螺杆压缩机　screw compressor

马赫数　Mach number

迷宫式密封　labyrinth seal

密封　seal；sealing

摩擦力　friction force

内功率　internal power

内泄漏　inner leakage；internal leakage

内止点　inner dead point

能量　energy

能量方程　energy equation

能量损失　energy loss

能量头　energy head

黏度　viscosity

扭矩　torque；torsional moment

排气阀　discharge valve；delivery valve；bleed valve；
　　blowdown valve；exhaust valve；outlet valve

排气管　discharge pipe；vent pipe；outlet pipe

排气量　discharge capacity；delivery

排气温度　discharge temperature；outlet temperature

排气压力　discharge pressure；outlet pressure；delivery
　　pressure

旁通阀　bypass valve；shunt valve

抛油圈　oil thrower

喷油螺杆压缩机　oil flooded screw compressor；oil
　　injected screw compressor

喷嘴系数　nozzle coefficient；nozzle constant

膨胀过程　expansion process

疲劳强度　fatigue strength

平衡重　balance weight

气阀　gas valve

气缸　cylinder

气缸盖　cylinder head；cylinder cover

气缸镜面　cylinder bore

气缸内径　cylinder bore diameter

气门弹簧　valve spring

气体常数　gas constant

气体力　gas force

汽蚀　cavitation corrosion

前弯　forward leaning

切向力　tangential force

切向力图　tangential force diagram

球墨铸铁　nodular cast iron；spheroidal graphite cast iron

曲柄　crank；crank arm

曲柄半径　crank radius

曲柄角　crank angle

曲柄销　crank pin

曲柄轴　crankshaft

曲拐　crank；crank throw

曲拐轴　crank throw type crankshaft

曲轴　crankshaft

曲轴箱　crankcase

驱动机　driver

热力过程　thermodynamic process

热力学　thermodynamics

容积流量　volume flow rate；volumetric discharge

容积式泵　positive displacement pump

容积式压缩机　positive displacement compressor

容积系数　volume coefficient

溶剂　solvent

溶液　solution

润滑剂　lubricant

润滑系统　lubricating system

润滑油　lubricating oil；lube oil

三元流　three-dimensional flow

舌簧阀　flap valve；reed valve；tongue type valve

设计工况　design condition

升程　lift

升程限制器　valve lift guard

失速　stall

湿式缸套　wet cylinder liner

十字头　crosshead

十字头滑履　crosshead shoe

十字头销　crosshead pin

实际气体　real gas

示功图　indicated diagram；indicator diagram

受力图　force diagram

输气系数　coefficient of capacity

双作用气缸　double acting cylinder

水泵　water pump

速度三角形　speed triangle；velocity triangle

弹簧　spring

特性曲线　characteristic curve

填料　packing；padding

填料函　packing case；stuffing box

填料压盖　packing gland；stuffer gland

条状阀　beam valve；leaf valve

真空调节阀　regulating valve

停机　rundown；shutdown

通风机　draft fan

通用气体常数　universal gas constant

筒形活塞　trunk piston

推力轴承　thrust bearing

外止点　outer dead point

网状阀　disk valve；plate valve

往复泵　reciprocating pump

往复惯性力　reciprocating inertia force

往复式压缩机　reciprocating compressor

微型压缩机　minitype compressor

温度系数　temperature coefficient

温熵图　temperature- entropy diagram

涡流泵　vortex pump

蜗壳　spiral case

卧式压缩机　horizontal compressor

无级变速　stepless speed；variable speed

无油压缩机　oil-free compressor

吸气阀　suction valve；intake valve；inlet valve

吸气量　suction capacity

吸气温度　suction temperature；intake temperature；inlet temperature

吸气压力　suction pressure；intake pressure；inlet pressure

相对余隙容积　relative clearance volume

相似定律　similarity law

小型压缩机　package compressor

效率　efficiency

泄漏系数　leakage factor

卸荷阀　unloading valve

星轮　gate rotor

行程　stroke

行程容积　stroke volume；swept volume

性能曲线　performance curve

循环　circulation

压力　pressure

压力润滑　pressure lubrication

压缩比　compression ratio

压缩机　compressor

压缩性系数　compressibility coefficient；compressibility factor

压头　head；pressure head

压力损失　head loss

扬程　head of delivery；lift

阳螺杆　male rotor

叶轮　impeller；vane wheel

叶片　vane

一阶往复惯性力　primary reciprocating inertia force

易损件　vulnerable part；wearing component

阴螺杆　female rotor

油泵　oil pump

油路　oil passage

油水分离器　oil-water separator

有限元分析　finite element analysis

余隙容积　clearance volume

原动机　prime power

圆周速度　peripheral velocity

运动黏度　kinematic viscosity

噪声　noise

真空泵　vacuum pump

真实气体　actual gas；real gas

振动　oscillation；vibration

指示功率　indicated power

周向速度　circumferential velocity

轴承　bearing

轴功率　shaft power

轴流泵　axial-flow pump

轴流压缩机　axial compressor

注油器　oil filler；oiler

柱塞泵　plunger pump；ram pump

转速　rotating speed；rotational speed

综合活塞力　multiple piston load

总压力比　overall pressure ratio

阻塞系数　blockage factor

主轴颈　main journal

自由活塞　free piston

V 型压缩机　V-type compressor

附录 3　导学微视频索引

附录4 主要符号表

a	加速度，m/s²	M_f	旋转摩擦力矩，N·m
A	面积，m²	M_k	旋转阻力矩，N·m
b	叶道宽度，m	M'_k	曲轴阻力矩，N·m
c	绝对速度，m/s	n	物质的量，kmol
C_m	活塞平均速度，m/s	n	转速，r/min
d	固相颗粒直径，m	N	十字头滑道侧向力，N
D	直径，m	n_c	临界转速，r/min
d_l	极限粒子直径，m	n_s	比转数，(m/s²)³/⁴
E	弹性模量，Pa	p	离心液压，Pa
f	活塞杆横截面积，m²	p	压力，Pa
F_c	离心力，N	p_i	平均指示压力，Pa
F	活塞工作面积，m²	p_r	对比压力
g	重力加速度，m/s²	p_v	液体饱和蒸气压，Pa
G	质量流量，kg/s	P	气体力，N
H	扬程，m	P	功率，W
H_{df}	轮阻损失耗功，J/kg	P_a	驱动附属机构功率，W
H_{hyd}	流道损失耗功，J/kg	P_{dn}	驱动机名义功率，W
H_l	泄漏损失耗功，J/kg	P_{dr}	驱动机输出功率，W
H_m	动能增加耗功，J/kg	P_e	有效功率，W
H_{pol}	多变压缩功，J/kg	P_f	摩擦损失功率，W
H_T	理论扬程，m	P_{hyd}	流动能量损失，W
H_{th}	叶片功，J/kg	P_m	机械能量损失，W
H_{tot}	实际总耗功，J/kg	P_r	比功率，W/(m³/min)
I	往复惯性力，N	P_{sh}	轴功率，W
I_1	一阶往复惯性力，N	P_t	连杆力，N
I_2	二阶往复惯性力，N	P_{th}	理论循环功率，W
I_r	旋转惯性力，N	P_{tr}	传动损失功率，W
J	惯性矩，m⁴	P_V	容积能量损失，W
J	转动惯量，kg·m²	R_Σ	综合活塞力，N
k	等熵指数(绝热过程称为绝热指数)	Q	离心过滤速率，m³/s
k	刚度系数，N/m	Q	体积流量，流量，m³/s
K_c	分离因数	Q_T	理论流量，m³/s
l	连杆长度，m	r	半径，m
L	管路外功能头，m	r	曲柄销半径，m
L	转鼓长度，m	R	转鼓内半径，m
m	多变过程指数	R	气体常数，J/(kg·K)
m	质量，kg	R_1	第一曲率半径，m
m_r	旋转运动件总质量，kg	R_2	第二曲率半径，m
m_s	往复运动件总质量，kg	Re	雷诺数
M	摩尔质量，g/mol	R_M	通用气体常数，J/(kmol·K)
M_d	驱动力矩，N·m	R_s	往复摩擦力，N

s	活塞行程，m	ε_t	环向应变
S	转鼓壁厚，m	η	效率
T	切向力，N	λ	连杆长径比，$\lambda = r/l$
T	温度，K	λ_l	泄漏系数
T_r	对比温度	λ_p	压力系数
u	圆周速度，m/s	λ_T	温度系数
v	比容，m³/kg	λ_V	容积系数
v	径向位移，m	μ	滑移系数(环流系数)
v	速度，m/s	μ	动力黏度，Pa·s
v_c	离心沉降速度，m/s	υ	运动黏度，m²/s
v_g	重力沉降速度，m/s	ρ	混合液密度，kg/m³
V	体积，容积，m³	ρ	静压系数
V_0	余隙容积，m³	ρ	密度，kg/m³
V_d	排气量，m³/min	ρ_0	转鼓材料密度，kg/m³
V_h	气缸行程容积，m³	ρ_l	液相密度，kg/m³
V_M	摩尔体积，m³/kmol	ρ_s	固相密度，kg/m³
w	滑移速度(相对速度)，m/s	σ_r	径向应力，Pa
W	功，J	σ_t	环向应力，Pa
x	位移，m	σ_x	轴向应力，Pa
z	高度，m	τ	叶片阻塞系数
z	叶片数	φ	流量系数
Z	气体压缩因子	ω	角速度，rad/s
$(NPSH)_a$	有效汽蚀余量，m	ω_n	固有频率，s^{-1}
$(NPSH)_r$	必需汽蚀余量，m		
$\Delta\rho$	固液相密度差，kg/m³		
$[\Delta h]$	允许汽蚀余量，m	下标：	
$\sum h_{hyd}$	水力损失，m	1	进入口
$\sum h_m$	局部阻力损失，m	2	排出口
$\sum h_{sh}$	冲击损失，m	ad	绝热过程
α	气缸相对余隙容积，$\alpha = V_0/V_h$	d, D	实际排气，出口
α	曲柄转角，rad	hyd	水力
β	连杆摆角，rad	i	指示
β	叶片流动角(相对速度与圆周速度反向的夹角)，(°)	is	等温过程
β_{2A}	叶片安置角(叶片离角)，(°)	pol	多变过程
β_{df}	轮阻损失系数	r	径向
β_l	漏气损失系数	s, S	实际吸气，进口
δ	相对压力损失	th	理论压缩循环
ε	压力比	u	周向
ε	角加速度，rad/s²	∞	叶片数无限多
ε_r	径向应变		